地域とともに歩む

大規模水田農業への挑戦

全国16の先進経営事例から

公益社団法人 大日本農会 編著

八木宏典　諸岡慶昇　長野間 宏　岩崎和已 著

農文協

はじめに

　本書の農業経営の事例は，大規模水田農業への挑戦の軌跡である。

　いずれの事例も，農業者は，単純に農業経営の成功物語を語ってはいない。それぞれ，わが国の農業と農村において，現時点で大規模水田作経営をめざした時の可能性と直面する多くの困難を語っている。

　いずれの農業経営も優れた企画力，実行力によって発展しているものであるが，個別の農業経営は，農業者の経営の考え方はもちろん，その立地する地域の気象や土地などの自然条件，文化や歴史的経緯，地域との関係などとともに，近年の各地域の社会経済条件や構成員の意識の変化によって，経営発展の道筋や経営の態様が大きく異なり，多様なものとなっている。

　それぞれ，経営の発展過程における経営方針，生産販売戦略の選択，作目・品種選定や農業技術へのこだわり，地域とのつながり，雇用者との関係などは農業の現場で考え抜かれ，優れた創意工夫の下に試行されつつ実践されている。各農業者のリアルな話は，その置かれた条件の下で何にぶつかり，何を考え，何をやり，何をなしえたか，何をなしえなかったかを語っており，それらは後に続く他の農業者の経営展開の参照例ともいうべきものになると思う。

　農業経営の規模拡大，特に土地利用型水田農業の規模拡大は，昭和36年の農業基本法制定以来の農政の最大の課題であった。小規模零細農業経営が大宗を占める農業構造は，生産性向上や農業生産拡大を阻む大きな桎梏要因とされてきた。

　しかしながら，近年，わが国の農業・農村は急速に変化している。農業の担い手の高齢化と農村人口の減少，米価の下落などが進み，農地が流動化する中で，各地域では，それぞれの条件に応じた大規模水田作経営が実現しつつある。

　これらの農業経営は，旧来の小規模な農業経営と異なり，市場経済の下で収益拡大をめざす主体として経営規模拡大を追求する企業的な農業経営の確立に取り組んでおり，それらの農業経営が今後の農業・農村を担っていくであろう姿は，新しい日本農業のシステムと農村のライフスタイルを創り出していくようにも見える。

　本書は，いま都府県で大規模水田農業に挑戦を続けている16の農業経営の事例を掲載しており，経営者が自らの言葉で農業経営の現状や展開過程，課題などについて語っていることを特徴としている。また，総括的な取りまとめとして，農林水産省の直近の統計データに基づき21世紀に入ってからのわが国における大規模水田

作経営のダイナミックな展開を解析するとともに，その動向の中での16事例の農業経営の概括的特徴を考察している。さらに，経営，生産技術，土地基盤のそれぞれの観点から，16事例の経営規模拡大の展開過程における課題や課題解決への取組み方策などについて論点整理し，考察を加えている。

　本書の事例は，公益社団法人大日本農会で開催した「わが国農業を先導する先進的農業経営研究会」の記録として取りまとめ，会誌「農業」に掲載した農業者の方々の話と研究会メンバーとの質疑応答・意見交換をもとに，研究会事務局で原文の語り口を出来るだけ損なわないよう配慮しながら再構成・再編集したものである。各話者の話の記述において十分に意を尽くしていない点もあろうが，それらは編集を担当した事務局の力不足によるところであり，ご容赦願う次第である。

　本書が，大規模水田作経営をめざす農業者の方々に希望と連帯を醸成するとともに，行政や普及，技術開発の関係者には支援策の方向付けの検討にも資するものとなれば幸いである。

　最後に，大変ご多忙の中を研究会に出席し，貴重な話をいただいた農業者の皆様，関連情報を提供いただいた県普及指導センターの皆様，多様な観点から意見交換と質疑をいただいた研究会メンバーの皆様，限られた時間と資料で執筆をしていただいた八木座長をはじめ執筆者の皆様に心から感謝を申し上げる。また，本書の刊行に当たり，株式会社農文協プロダクションの鈴木敏夫氏，田口均氏からは様々の指導をいただいたことに厚く御礼申し上げる。

公益社団法人大日本農会会長　　染　英昭

大規模水田農業への挑戦

CONTENTS

本書で取り上げた 16 事例の経営概要

農場記号	法人名または農業者名	所在地	経営形態	労働力			経営耕地面積		水稲作付面積（ha）	畑作物作付面積			作業受託面積		
				家族（人）	常時雇用（人）	臨時雇用（人）	水田（ha）	畑（ha）		小麦（ha）	大麦（ha）	大豆（ha）	水稲（ha）	麦類（ha）	大豆（ha）
A	豊心ファーム	青森県	（有）	4	5	100（人・日）	107	—	43	3	—	60	30	70	50
B	盛川農場	岩手県	（有）	2	1	—	70	2	22	36	—	12	—	—	—
C	おっとちグリーンステーション	宮城県	（有）	6	27	10	36	5	31	—	—	—	—	—	31
D	アグリ山﨑	茨城県	（有）	3	9	2	38	20	38	10	3	16	30	—	—
E	横田農場	茨城県	（有）	3	9	5	103	0.1	103	—	—	—	10	—	—
F	ヤマザキライス	埼玉県	（株）	2	4	—	70	—	70	—	—	—	15	—	—
G	神谷生産組合	新潟県	（株）	—	8	—	77	—	63	—	—	14	—	—	—
H	頼成営農組合	富山県	（農）	—	12	—	112	2	78	—	33	5	—	—	—
I	福江営農	岐阜県	（有）	4	12	2	323	—	200	119	—	120	—	—	—
J	鍋八農産	愛知県	（有）	4	12	—	127	—	127	29	—	17	150	—	—
K	フクハラファーム	滋賀県	（有）	5	10	—	167	—	160	7	—	1	30	—	—
L	夢前夢工房	兵庫県	（有）	—	5	1	43	0.5	28	16	—	4	6	—	—
M	田中農場	鳥取県	（有）	4	9	7	104	—	83	0.6	—	3.5	28	—	—
N	鹿野アグリ	山口県	（有）	—	7	6	50	—	40	—	—	9	—	—	—
O	小金丸満	福岡県	家族	4	—	—	24	—	24	24	16	—	28	—	—
P	野中保	鹿児島県	家族	4	—	3	17	—	12	—	10	—	15	—	—

注 1）本表は，研究会における報告者からの提出資料に基づき，研究会事務局の責任で整理したものである。
　2）数値は基本的には平成 25 年のもの。
　3）経営形態は右記のとおり。（有）：有限会社，（農）：農事組合法人，（株）：株式会社，家族：法人形態でない家族経営。
　4）茨城県の E 農場は，研究会開始前の座談会における報告に基づく。
　5）経営耕地面積は，全作業受託面積を含む場合もある。
　6）作業受託面積は基幹三作業の延べ面積。

1

報告 大規模水田作経営はいま

第1部の記述にある，A（農場），B（農場），C（農場）……P（農場）は，第2部で取り上げた経営事例を農場記号によって示したものである。その対応については10ページの表を参照のこと。

最前線を担う大規模水田作経営の挑戦と課題

八木宏典

1. はじめに

　日本の水田農業の起源は，今から2千数百年前に遡ると言われている。稲はもともと日本列島に自生していたものではなく，中国南部から朝鮮半島を経由して日本にやってきた。その時，稲とともに，きわめて初歩的な技術であったとはいえ，水田の囲い方，簡単な農具，田植えのやり方などが同時に伝来したとされている。それ以来，日本人は全国各地で水田を精力的に造成し，水路を拓いて，稲を育ててきた。

　2013年に「和食　日本人の伝統的な食文化」がユネスコの無形文化遺産に登録された。和食は「日本の多様な食材を新鮮なまま使用し，米を中心とした栄養バランスにすぐれている」こと，「食事に自然の美しさ，季節のうつろいが表現されており，自然の尊重という精神を表現している伝統的な食文化である」こと，などが高く評価されたものである。

　米を生産する水田は，水を湛える機能を持った耕地である。この水を湛える耕地を使って，水稲を中心とする作物や野菜，牧草などを育てる農業が水田農業である。水田農業の利点は，水さえ十分に制御できれば，雑草の害が軽減，長期の連作が可能，収穫が安定，土壌浸食が少ない等々にある。しかもアジア・モンスーン地域の一角に位置するわが国の気候や地形にもうまく適合し，水田農業はわが国農業の大黒柱として，2千年以上の長きにわたり日本人の食生活を支えてきた。

　平成27（2015）年におけるわが国の水田面積は194万7千ha，米の生産量は744万tである。しかし，高度経済成長期頃から始まる米の消費量の減退により，生産数量は毎年およそ8万tほどずつ減り続けている。こうした需給状況を反映して，米価も少しずつ低下傾向にあり，これに稲作農家の高齢化の進行なども加わって，1980年代末頃から稲作からリタイアする農家が増えはじめている。その

一方で，リタイアした農家の水田を集積しながら，規模を拡大している大規模経営が各地でみられるようになってきた。

　大日本農会「わが国農業を先導する先進的農業経営研究会」では，こうした大規模水田作経営の経営者の方々から，経営の実態やこれまでの経緯，規模拡大を進めるうえでの創意と工夫，直面している問題と今後の課題などについて，ご報告をいただいた。水田農業の最前線で奮闘している16の大規模経営の主な特徴をまとめれば，①地域に生きる大規模経営，②米需要に対応した生産と販売，③多品種・多栽培体系の取組みを通じた規模拡大，④直播等の先進技術への挑戦，⑤雇用型経営への転換と若い人材の育成，⑥複合化・多角化による周年就業化とビジネスサイズの拡大，⑦ICTへの挑戦，⑧事業連携とネットワークづくり，などである。

　ところで，社会経済の変革期でもあった明治の初めに，全国の老農たちが集結して「農談会」を開催した。全国の老農たちの先進的な経験と知恵を出し合い，新しい明治農法に生かそうとしたものであった。平成期に入り，いまわが国の水田農業は大きな変動期を迎えている。しかし，この動きがどのようなものかについては，大きく議論の分かれているところである。こうした時期において，水田農業の最前線で奮闘している経営者たちの技術や経営に関する現場からの生の声は，わが国水田農業のこれからのあり方を考えるうえで大いに参考にすべき課題を提起している。

2. 大きく変わりつつあるわが国の水田農業

　わが国の水田作経営の数は，21世紀に入ってから大きく減少している。その一方で，各地で大規模な経営が新たに出現しつつある。こうした動きをまず農林業センサスによって概観しておこう（表1）。

　わが国の水田作経営（田を持つ経営体）の数は，2005年の174万経営から2015年には115万経営となり，このわずか10年間で数にして60万経営，割合にして34%減少した。こうした動きは主として小規模な経営の減少によるものである。例えば，1ha未満の水田を耕作する小規模階層は，2005年の117万経営から2015年には73万経営となり，数にして45万経営，割合にして38%減少している。減少の動きは1〜5haの階層にも及んでおり，この階層も数にして17万経営，割合にして32%減少している。

　こうした激しい動きの背景には，これまで米生産の中心を担ってきた農家の高齢化が著しく進み，また近年における米価の低落等もあって農業から撤退するも

出所：農林水産省「農林業センサス」各年次の調査票情報を独自集計して作成した。集計にあたっては安武正史氏（農研機構・中央農業研究センター）の労をわずらわせた

表1　水田を有する経営体の数と面積（2005 ～ 2015 年）

水田を有する経営体数（千経営体）

年次	全経営体	1ha 未満	1 ～ 5ha	10ha 以上
	A	B	C	D
2005 年	1,744	1,174	519	17
2015 年	1,145	726	354	29

上記経営の累積水田面積（千 ha）

年次	全経営体	1ha 未満	1 ～ 5ha	10ha 以上
	A	B	C	D
2005 年	2,084	580	964	311
2015 年	1,947	360	682	657

注）田を持つ経営体の数と面積である。

表2　年齢別・規模別の経営体数と面積（2015 年）
（単位：千経営体，千 ha）

階層		65 ～ 70 歳	70 歳以上
1ha 未満	経営体数	436	305
	累積面積	213	148
1 ～ 5ha	経営体数	84	55
	累積面積	100	65
小計	経営体数	520	360
	累積面積	313	213

出所：表 1 に同じ

のが続出していること，また，地域によっては集落営農等が数多く設立され，そうした地域集団に組織化される農家が増えていることがある。

　離農した農家や組織化された農家の水田の多くは，地域で営農する規模の大きな水田作経営や集落営農に流動化されている（もっとも，成熟していない集落営農の場合には，水稲栽培は個別で行われている場合がある）。小規模農家の減少にともない，1ha 未満の経営が耕作する水田面積はこの 10 年間で 58 万 ha から 36 万 ha へ，面積にして 22 万 ha，割合にして 38％減少している。また，1 ～ 5ha 層の経営が耕作する水田面積も 96 万 ha から 68 万 ha へと，面積にして 28 万 ha，割合にして 29％減少しているが，そのうちの 35 万 ha の水田が，10ha 以上を耕作する経営へと集積されている。このため，10ha 以上の階層が耕作する水田の総水田面

積に占める割合は，この10年間で15％から34％へと2倍に増加している。まだそのシェアは大きいとはいえないが，10ha以上の階層が，わが国水田農業の担い手としての地位を築き始めていることがわかる。

ところで，2015年農林業センサスによれば，水田の耕作面積が5ha未満で，かつ経営主の年齢が70歳以上である経営体の数はおよそ36万経営あり，これらの経営体が耕作する水田面積は21万haである（表2）。もし仮に，80歳でこれらの経営主が水田農業からリタイアし，しかも経営の後継者がいないとすれば，こうした水田の多くは地域の担い手へと集積されることが想定される。さらに，経営主が65〜70歳で1ha未満の経営はおよそ44万経営体であり，耕作されている水田面積は21万haである。後継者がいなければリタイア時には，こうした水田の多くも将来は規模の大きな経営や地域の集落営農へと集積されることが想定される。2015年以降のこれからの10年間あるいは15年間に，相当な面積の水田がさらに流動化されることを示唆している。

以上のように，21世紀に入ってから，わが国の水田農業の担い手層が5ha未満の規模階層から，10ha以上の階層へと急速に移行しつつあることが読み取れる。それでは，このような規模の大きな階層が，現段階において，全国でどのように存在しているのかをみていこう。

2015年農林業センサスでは，経営の形態を（ア）法人経営体（家族経営と組織経営を含む），（イ）非法人の家族経営体のほか，（ウ）非法人でかつ非家族の経営体という3つのタイプの経営体に区分することができる。この中で（ア）（イ）が従来の個別経営体であるのに対して，（ウ）は集落営農や営農集団のような任意組織である。この任意組織には成熟していない集落営農なども含まれていることから，ここではとりあえず，（ア）と（イ）の経営体のみに限って，その動きをみていこう（表3）。

2015年に10〜30haを耕作する個別経営〔（ア）＋（イ）〕の数は，全国で21,535経営体である。また，30〜100haを耕作する経営は3,687経営体，100ha以上を耕作する経営は225経営体である。これらの経営が耕作する水田面積は，10〜30haの階層では34万5千haで総水田面積の18％を占めている。また，30〜100haの階層では16万4千haで8％，100ha以上の階層では3万5千haで2％である。まだその数についてはもちろんのこと，総水田面積に占める割合もそれほど多くはない。しかし，注目されるのは，2005年以降におけるこれらの階層の増加の勢いである。

10〜30haの経営の数は，この10年間で6,500経営体ほど増加しており，1.4倍の伸びとなっている。また，30〜100haの経営では，この間の増加数は2,500経

表3　水田を耕作する大規模経営体の数と面積の動向（2005 ～ 2015 年）

階層		2005 年（%）	2015 年（%）	増加数	増加倍率
10 ～ 30ha	経営体数	14,964 (0.9)	21,535 (1.9)	6,571	1.4
	累積面積（千 ha）	226(10.8)	345(17.7)	119	1.5
30 ～ 100ha	経営体数	1,131 (0.1)	3,687 (0.3)	2,556	3.3
	累積面積（千 ha）	48 (2.3)	164 (8.4)	116	3.4
100ha 以上	経営体数	45 (0.0)	225(0.02)	180	5.0
	累積面積（千 ha）	7 (0.3)	35 (1.8)	28	5.0
計	経営体数	16,140 (0.9)	25,447 (2.2)	9,307	1.6
	累積面積（千 ha）	281(13.5)	544(27.9)	263	1.9

注 1）法人経営と家族（非法人）経営のみの集計値である。
　2）（　）内の数値は全経営体ならびに全水田面積に対する割合。　　　　　　　　　　出所：表 1 に同じ

表 4　販売金額別にみた経営体数の割合（2015 年）

階層	経営体数	販売金額区分									計
		100 万円未満	100 ～ 300 万円	300 ～ 500 万円	500 ～ 1,000 万円	1,000 ～ 3,000 万円	3,000 ～ 5,000 万円	5,000 万 ～ 1 億円	1 億 ～ 3 億円	3 億円以上	
		%	%	%	%	%	%	%	%	%	%
全水田経営体	1,139,118	63	18	6	6	5	1	0	0	0	100
10 ～ 30ha	21,535	2	3	5	27	56	5	2	1	0	100
30 ～ 100ha	3,687	1	1	1	4	43	30	17	3	1	100
100ha 以上	225	1	0	1	4	8	12	37	35	1	100

注）階層別の経営は法人経営と家族（非法人）経営のみの数値である。　　　　　　　　出所：表 1 に同じ

営体で，その増加倍率は3.3倍である。さらに100ha以上の経営では，この間の増加数は180経営体，増加倍率は実に5.0倍となっている。言い換えれば，30～100haの階層では，7割の経営がこの10年間に新たに出現した経営であるということであり，100ha以上の階層では，実に8割の経営がこの間に出現したものである。まだ数は少ないものの，21世紀に入ってから，わが国の水田農業において大規模化への激しい動きがみられるのである。

　それでは，こうした階層変動の中で，水田の耕作面積はどのように変化したのか，その動きをみておこう。10～30haの個別経営が耕作する水田面積は，この10年間に22万6千haから34万5千haへ1.5倍，30～100haの階層では4万8千haから16万4千haへ3.4倍，100ha以上の階層では7千haから3万5千haへと5.0倍の増加となり，上層へいくほど耕作面積の増加倍率が高くなっている。これらの階層全体では，2005年の28万1千haから2015年の54万4千haへ，この10年間で面積にして26万3千ha，倍率にして1.9倍の水田が増加している。これらの農地は，先にみたように，主として離農した小規模農家の農地が集積されたものである。この結果，10ha以上の個別経営が耕作する水田面積は，全水田面積の28％を占めるようになった。

　なお，注目されるのは，北海道を除く都府県では，2010年以降においても増加の勢いが続いているという点である。例えば，2005～2010年の5年間に増加した経営数に比べて，2010～2015年に増加した経営数は，10～30ha層では1.03倍，30～100ha層では1.5倍，100ha以上層では2.3倍に増えている。上層にいくほど増加の勢いが強いという傾向がみられる（2010年までの5年間に設立された2,400を超える集落営農等の一部が法人化され，こうした傾向を支えているものと思われる）。

　それでは，水田作経営のビジネスサイズの指標ともいえる事業収入の大きさはどの程度であろうか。販売金額区分別の経営体数割合を階層別に集計して示したものが表4である。全経営（113万9千経営体）の平均では，販売金額が100万円未満の階層が63％を占めており，次いで100万～300万円の階層が18％で，合わせると81％となる。水田作経営の実に8割の経営体が，販売金額300万円未満の販売金額のもとにあることがわかる。これらの経営は農業所得率を5割と見積もっても年間所得は150万円未満であり，農業のみで自立した生計を立てるには難しい状況にあるといえる。

　その一方で，水田耕作面積10～30haの階層になると，販売金額の中心は1,000～3,000万円のクラス（56％）となり，販売金額500～1,000万円のクラスと合わせると8割を超えている。水田耕作面積30～100haの階層では，中心は1,000～

3,000万円のクラスで43％，次いで3,000〜5,000万円のクラスが30％となっている。最後に，水田耕作面積100ha以上の階層であるが，中心は販売金額5,000万〜1億円のクラスで37％，次いで1〜3億円のクラスが35％となっている。

　ここで仮に，水田10a当たり販売金額の基準を10万円に設定してみると，10〜30ha層では1,000〜3,000万円，30〜100ha層では3,000万〜1億円，100ha以上層では1億円以上が基準になる。この販売金額基準のもとにある，あるいはそれ以上のクラスに属する経営は，10〜30ha層で64％，30〜100ha層で51％，100ha以上層で36％である。言い換えれば，この販売額基準で売上額をあげている経営は，10〜30ha層では6割以上であるが，30〜100ha層では半数となり，100ha以上層では，3分の1強に低下している。農林業センサスの販売金額区分における調査精度の問題を考慮したとしても，同じ階層の中でも販売金額に大きなバラツキがみられるだけでなく，水田の規模拡大が必ずしも販売金額の向上には結びついていない状況にあることがうかがわれる（注1）。

　次に，こうした個別経営の常時雇用の現状をみたものが表5である。常時雇用者の数は水田経営全体では0.1人，また個別経営も0.1人である。全経営や個別経営で常時雇用者が1人を超えるのはいずれも30ha以上の経営であり，30〜100haの階層になると全経営で1.8人，個別経営で2.1人の常時雇用者が雇われている。また，100ha以上の階層になると全経営で4.5人，個別経営では6.5人の常時雇用者が雇われており，これらの経営の常時雇用者の延べ雇用日数は1,000人・日を超えている。現在の水田農業においては，日々の農作業をこなすためにも，農業機械のオペレーターとして働ける常時雇用者の確保が不可欠となり，いわゆる雇用型経営への転換が進んでいることがわかる。しかも，雇用人数は全経営に比べて水田農業の方が多くなっている。

　なお，水田農業の分野では，古くから農繁期などに多くの臨時雇用が雇われてきた。この点は，人数が少なくなったとはいえ，現在においても基本的には変わらない。しかし，常時雇用は，戦後になってからは機械化が進展したこともあって，ほとんど行われなくなっていた。近年における常時雇用を不可欠とする新しい雇用型大規模経営の出現は，その一方で，雇用と人材育成に関わる新たな経営課題を生み出している。

　なお，こうした水田農業における大規模化の動きは，これを地域別にみると，その動きに大きな開きがみられるという点にも注意する必要がある。10ha以上の水田面積を耕作する経営体〔法人と家族（非法人）〕の数を，地方別に集計して示したものが表6である。まず総数では，7千経営体台の北海道が最も多く，ついで6千台の東北，3千台の北陸と関東・東山と続いている。この地域は水田面積も

表5　1経営体当たり常時雇用者数（2015年）（単位：人）

区分		常時雇用者数				
		全経営体	10ha未満	10～30ha	30～100ha	100ha以上
全水田経営体	男	0.04	0.03	0.4	1.3	3.2
	女	0.04	0.04	0.2	0.5	1.3
	計	0.1	0.1	0.6	1.8	4.5
うち 法人経営と家族 （非法人）経営	男	0.04	0.03	0.3	1.5	4.5
	女	0.04	0.04	0.2	0.6	2.0
	計	0.1	0.1	0.5	2.1	6.5

出所：表1に同じ

表6　地方別にみた大規模水田作経営の数（2015年）

地方	10～30ha	30～100ha	100ha以上	計
北海道	6,845	947	43	7,835
東北	5,320	690	45	6,055
関東・東山	2,604	428	25	3,057
北陸	2,444	734	32	3,210
東海	864	352	42	1,259
近畿	830	174	10	1,014
中国	997	192	13	1,202
四国	250	29	3	282
九州・沖縄	1,380	141	12	1,533
計	21,535	3,687	225	25,447

出所：表1に同じ

注）法人経営と家族（非法人）経営のみの集計値である。

多く，また，地形的にも平坦な水田の多い地域でもある。平野など条件の良い水田地帯で経営の大規模化が進んでいることをうかがわせる。これを規模別にみると，10～30haの階層では，北海道や東日本の地域のほかに，九州・沖縄にもかなりの数の経営がある。九州では二毛作地帯であるという地の利を活かして，水田を集約利用した複合型の経営が活躍していることをうかがわせる。また，30～100haの階層では，北陸が都府県の中では最も多くなっており，100ha以上の階層では東海が多い。これらの地域では，平坦地帯などで急速に水田作経営の大規模化が進んでいるためである。その一方で，近畿，中国，四国の地域では大規模経営の数はそれほど多くはない。平坦でまとまった水田地帯が比較的少ないこと

などがその要因であろう。しかし，四国を除く西日本の地域でも大規模化は徐々に進んでおり，100ha以上を耕作する水田作経営の数がすでに2桁になっている点が注目される。

　ところで，これらの経営体〔法人＋家族（非法人）〕のほかに，経営形態で非法人・非家族と分類される集落営農等の組織の数も，この間に著しく増加している。特に2005〜2010年の増加倍率は，実に2.8倍を超える急増であった（なお，非法人の集落営農等の組織の数は2010〜2015年にはマイナスに転じている。この間の設立数が減少したこと，設立された集落営農の一部が法人化したこと，などがその理由であると考えられる）。これら非法人の組織の中には，枝番方式のようにまだ成熟していない集落営農なども含まれているようであるが，これらをも含めた10ha以上の階層が耕作する水田面積割合は34％に達している。

　これらの階層の水田面積割合を，さらに都道府県別にみると，その割合にも大きな違いがみられる。最も割合の高い地域は北海道の77％であり，北海道ではすでに10ha以上の個別経営が生産の中心を担っていることがわかる（北海道の水田作経営では，30ha未満の全ての階層で経営数が減少に転じており，すでに増減の分岐点が30haになっている）。

　都府県で割合の高い地域は，富山と佐賀の2県でそれぞれ50％台にあるが，佐賀では非法人の組織が水田面積の50％を担っているという特徴がある。次いで福井，愛知，滋賀の3県が40％台，青森，岩手，宮城，秋田，山形，石川，岐阜，静岡，三重，福岡の10県が30％台にある。なお，非法人の組織の水田面積割合の高い県は，先の佐賀のほかに，岩手，宮城，山形，富山，福井，福岡，熊本の7県であり，いずれも面積割合が10％を超えている。

　その一方で，面積割合が1桁台にあるのは，神奈川，山梨，大阪，奈良，和歌山，徳島，高知，長崎の8府県である。これらの府県の多くは，都市的地域や果樹，特産物，野菜などの産地でもある。これらの地域をも含む多くの中山間地域においては，周知のように，水田立地の条件が厳しいために，稲作における高齢化の進展や担い手の不足という大きな壁に直面している。こうした条件不利地域も含めて，どのような水田利用のあり方を模索し，その地域で自立した農業を支援していくのか，未だ大きな課題が残されている。

3．16農場にみる大規模水田作経営の特徴

　研究会でご報告いただいた16農場の地理的な位置は，青森県から鹿児島県まで全国に広がっている（表7）。耕作している水田面積でみると，100ha以上の経

表7　16農場の経営概要

農場記号	所在地	経営形態	経営耕地面積		労働力	
			水田	畑	家族	常時雇用
			ha	ha	人	人
I	岐阜県	（有）	323	—	4	12
K	滋賀県	（有）	167	—	5	10
J	愛知県	（有）	127	—	4	12
H	富山県	（農）	112	2	—	12
A	青森県	（有）	107	—	4	5
M	鳥取県	（有）	104	—	4	9
E	茨城県	（有）	103	0.1	3	9
G	新潟県	（株）	77	—	—	8
B	岩手県	（有）	70	2	2	1
F	埼玉県	（株）	70	—	2	4
N	山口県	（有）	50	—	—	7
L	兵庫県	（有）	43	0.5	—	5
D	茨城県	（有）	38	20	3	9
C	宮城県	（有）	36	5	6	27
O	福岡県	家族	24	—	4	—
P	鹿児島県	家族	17	—	4	—

注1）データは平成25年のもの。
　2）経営形態は右記のとおり。（有）：有限会社，（農）：農事組合法人，（株）：株式会社，
　　家族：法人形態でない家族経営。
　3）水田面積の大きい順に並べている。

営が7農場，30～100haの経営が7農場，10～30haの経営が2農場である。最大はI農場で，320haの規模を有し，水稲作付け面積も200haを超えている。水稲栽培の内容をみると，後述するように，一般栽培だけでなく，多くの農場で有機栽培，特別栽培などにも取り組み，加工用米や酒米，飼料用米にも生産が広がっている。栽培方式も，一般に行われている稚苗田植えのほかに，成苗田植えも行い，疎植栽培や密播疎植栽培に取り組んでいる農場もある。多くの農場が乾田直播や湛水直播にも挑戦しており，また，水稲以外の転作の麦・大豆や，野菜，果樹，飼料作物なども導入した複合経営が多い。さらに，一部の経営では加工販売など経営の多角化にも取り組んでいる。

　これらの部門も含めた農場の販売金額は，100ha以上の経営で平均しておお

よそ2億円，30～100haの経営でおおよそ8,000万円，10～30haの経営でおおよそ4,000万円である。水田10a当たり販売金額は，平均して15万8千円であり，10a当たり20万円を超える農場もある。その一方で，10万円に満たない農場もあり，米価の下落などによって経営収支が赤字になっている農場もある。

16農場の経営形態は，家族経営が法人化したものが8農場，営農組合や集落営農が法人化したものが6農場，非法人の家族経営が2農場である。このうち2農場は臨時雇用以外は家族労働力のみの経営であるが，他の14農場は常時雇用者を雇い入れたいわゆる雇用型経営である。しかも，100ha以上層では平均して10人前後の常時雇用者が雇われ，30～100ha層でも平均して6人前後が雇われている。30ha以上の農場では，いずれの農場も家族労働力の人数よりも常時雇用者の人数の方が多く，それだけに，常時雇用者の農作業や栽培技術，あるいは加工・販売等における意欲や能力のいかんが，経営の成果にも大きく影響する重要な管理課題となっている。これら16農場の主な特徴についてまとめれば，以下のように整理することができる。

(1) 地域に生きる大規模経営

1980年代末頃から大規模経営をめざす農業者への農地集積のペースが早まり，21世紀に入ってからは，そうした動きが全国で大きな潮流になりつつある[1]。その背景には，前述したように，稲作農家の高齢化の進行，米価の低落，米の直接支払い交付金（戸別所得補償）の半減など政策変化等々により，稲作からリタイアして農地を貸し出す農家が急激に増えてきたためである。こうした農地の多くは地域の（あるいは地域外の）規模の大きな担い手農家や集落営農に貸し出されることになる。その場合，選択される相手は，最も信頼のおける農業者もしくは組織ということになろう。農地を貸し出すことは「農地の利用権設定」という法律上の契約行為ではあるが，それは同時に，これまで大切に維持管理してきたわが家の財産を，長期にわたって貸し出すことでもあり，その借り手となるためには，当該農家からの信用の有無が大きな鍵となる。

特に個人の場合には，「45戸の農家から250筆を借りています。……これだけの農地を集積するのに，約50年近い年月を要しました」（P農場）という言葉に，一朝一夕では築くことのできない，地域における信頼関係構築の努力を知ることができる。農場の「地域の農地を守る」「地域の農業を守る」という一貫したスタンスが，こうした信頼構築につながり，「アグリだったら，うちの土地を守らせられるだろう」（D農場）という，地域の中での信用につながっているのである。

現在は，「今70haですが，今度は増え始めたら止められないのではないかと心

配」だ。「いま（借地の）依頼が来ているものが13ha……，来年にも10haは出るのではないか」（G農場）という借り手市場に変わってきているものの，地域の信頼があるからこそ，大規模経営へ農地が集積されているということである。また，「自分の経営だけを考えたら，今の100haぐらいでとどめておいた方がいい。しかし，地域の担い手がいなくなっていく中で……，リスクを負ってでも私たちがしっかり守っていかなければならない」（E農場）という地域との共存への強い思いを持っている点も，多くの農場に共通する特徴である。

（2）米需要の動向に対応した生産と販売

　第2の特徴は，半数以上の農場が消費者や実需者の意向に対応した米生産を行い，生産した米を何らかの形で自ら販売しているという点である。一般に米価は全農の相対取引価格で語られることが多いが，後述するように，実際には高いものでは60kg当たり5万円を超える価格で取引されている米もあり，その一方で9千円台の低価格で取引されている米もある。米の生産過剰が顕在化し，減反政策が始まって以来，わが国の米の価格は全体として低下傾向にあるが，実はこの中でも，あまり価格を下げていない米と，大きく下げている米があり，米の販売価格に大きな開きがみられる。しかも，全農が取引する農協集荷の米の価格も，平均すれば1万3千円前後（2015年産米）であるが，この中にも新潟コシヒカリを頂点とする産地銘柄による米の価格差がある。さらに，有機栽培米や消費者直売の米については，流通量は僅かではあるが，これよりも遙かに高い価格で取引されている。しかしその一方で，加工用米などは9千円台の低価格で取引されている。

　こうしたわが国の米市場の特徴をふまえて，どの品質の米をどれだけの量を生産すれば消費者や実需者に「買ってもらえる」のかが，大規模農場の米づくりの重要なポイントになっている。例えば，D農場で生産された米の価格設定は，60kg当たり玄米にして18,000〜54,000円の間にあり，両者には実に3倍の開きがある。有利に販売できる消費者向けの米の価格はこの何年かは全く同じ価格で販売しているが，これに対して業務用米のうち，チェーン店を展開している大手の業者向け価格は下げざるをえなくなっているという（平成25年当時，以下同じ）。G農場では消費者向け直売の精米は袋の大小に関係なく60kg玄米に換算して28,800円で販売し，30kg袋の玄米は22,000円で販売している。M農場では，消費者に直売している精米は10kg当たり5,500円（60kg当たりおよそ30,000円），それ以外の多くはレストラン，東京の高級スーパー等に20,000〜22,000円で納め，酒米は24,000〜26,000円で出荷している。米の品質が評価され，こうした価格であっても安定した取引が確保されているという。特別に依頼された加工

用米は9,400円であるが，本来はM農場で作るべき米ではないという（それでも，奨励金を入れると10a当たり11万円以上の収入になる）。O農場では，8割ぐらいが農協関連の出荷であるが，そのうち直売所へは農協の仮渡し金の2〜3割高にあたる16,000〜17,000円で出荷しており，さらに「ミルキークイーン」，「元気つくし」，「夢つくし」などの良食味米を栽培して，平均より2割高の価格で出荷している。

　もっとも，生産した米の全量を農協に出荷し，生産は農業者，販売は農協という役割分担をすることによって，規模拡大と米の生産に専念している大規模農場もある。それは農業者にとって，生産した米を自ら販売することは，それほど簡単なことではないからである。例えば，実需者との業務取引では，常に代金回収や取引量の変動による在庫発生などのリスクがともなう。「前払いでないと米は出せない，1ヵ月後とか2週間後の支払いでは取引をしない，そうしないと今の時代は非常に危ない」，「仕入れた米は即売で年内には売り切り，自分たちの米も3月中に売り切る」（A農場）という厳しい言葉に，大きなリスクと表裏の関係にある米販売の難しさをうかがうことができる。

（3）多品種・多栽培体系の取組みによる規模拡大

　第3の特徴は，6〜11品種という多くの水稲品種を栽培して栽培期間を広げ，こうした取組みによって規模拡大を実現している点である。一般に，稲作農家が生産する米の品種は1〜3品種で，田植えの時期も1週間程度に限られている。これに対して，大規模農場の米の作付け品種は種類が多く，しかもこうした品種の組合わせによって，全体として栽培期間が長くなるよう工夫されている。例えば，「最初は『あきたこまち』を植え，桜前線みたいに連続して作業していく。『あきたこまち』の次に『コシヒカリ』を植え，その次に『あさひの夢』を植えて，地域ごとの適した圃場に『ハツシモ』を植えていく。一部の地域で水はけの悪いところに『みつひかり』を植えている」（I農場）というように，モチも含めると6品種が順番に植え付けられ栽培されている。また，「早い酒米から初めて，次にモチ米を作付け，もう1回酒米，『コシヒカリ』を作付けて，最後にもう1回酒米を作付けるという，1ヵ月かけてのバランスを考えた作付け」（G農場）を実践している農場もある。「米の品種は『ゆめおうみ』，『にこまる』にウェイトを置いて玄米出荷，『コシヒカリ』，『ミルキークイーン』，『キヌヒカリ』は精米して直接販売，滋賀県の『羽二重もち』は契約栽培。加工用米はモチと大手の酒造メーカーの掛け米」（K農場）というように，様々な米の消費市場を考慮して8品種を栽培している農場もある。こうした品種単位のいわば「米生産ユニット」の多様な組合わせ

によって，春作業の期間が1ヵ月前後に広げられている。さらに，気象条件の良い関東地方の平坦地域では，6品種を2ヵ月かけて順番に植え付けている農場もある。品種単位の「米生産ユニット」の組合わせによる春作業期間の拡大は，現在の圃場条件のもとにおいても，作業の平準化を通じたさらなる規模拡大を可能とし，また，育苗施設や機械の効率的な利用にも貢献している。

多品種・多栽培体系は，ワンセットの機械体系による作業可能面積を大きく拡大する効果も生み出している。ワンセットの機械体系による作業可能面積は，これまで20〜30haが限度と言われてきた。しかし多品種・多栽培体系は，現在の圃場区画や分散のもとにおいても，30〜50haにまで拡大することを可能とし，80haや100haにまで拡大している農場もある。その一方で，現状では50ha程度までの規模拡大が限界であるとしている農場でも，圃場条件が改善されれば，現有の人員と機械でも100haは可能であるとしていることから，区画の拡大や連担化など圃場条件の改善が進めば，多くの農場で作業可能面積をさらに大きく伸ばすことが可能になるものと想定される。

（4）直播等の先進技術への挑戦

直播栽培は多くの農場で取り組まれている。その理由の第1は，大規模化が進むに従って育苗ハウスの増設が必要になるが，こうした施設の増設負担を避けるためである。また，移植栽培だけでは栽培期間が限られるためであり，さらに，現有する機械・施設を有効利用するため，作業の分散化をはかるため，等々が理由としてあげられている。しかし，直播栽培に取り組んでいる面積の割合は，一部の農場を除けば著しく多いわけではなく，しかも条件の良い圃場を使った試験栽培の段階にとどまっている農場もある。まだ多くの農場では，直播栽培が稲作の中心をなす栽培方式になっているわけではない。直播に適した条件の良い圃場が限られているうえに，現状では除草剤の多用や除草作業が欠かせず，移植に比べて天候リスクに弱いなど，まだ現場で安定した技術として確立されていないことが，その理由にあげられている。

直播栽培では，乾田直播と湛水直播が選択されているが，東北や東海，山陰の農場では乾田直播が，北陸，関東の農場では湛水直播が多い。もっとも，普及サイドからは，気象条件などから湛水直播を勧められたが，あえて乾田直播に挑戦したという農場もある。

乾田直播をやると水持ちが悪くなったり，雑草の生える可能性が高くなったりして，除草剤の使用がどうしても多くなる。しかも米の実需者が求めている農薬の使用基準に，乾田直播が合っていないという指摘もある。一方，湛水直播は湿

田の多い地域には適合的であるが，稲作の中で最も技術を要する代掻きを省けないために，乾田直播ほど省力的ではないという指摘や，九州ではスクミリンゴガイ（ジャンボタニシ）の問題があるという。その一方で，「若い人は代を掻いて田植機で米づくりをするよりも，トラクターでスニーカーを履いて播種する方がずっといいと言う」（C農場）などの若い従業員に配慮した意見もある。

　直播栽培を20〜30haの大きな面積で連担化してやることができれば，省力化やコスト削減につながることが期待されており，そのため，地下水のコントロールも可能で，排水溝が地下に埋設されている新しい圃場を作り，安定した乾田直播ができるような圃場条件の整備を多くの経営者が求めている。

　なお，現在の圃場条件のもとでは直播栽培はまだ不安定であることから，移植の株数を減らした疎植栽培に取り組んでいる農場もある。農地の集積を通じて大規模化する中で，10a当たり苗箱数を減らすことで，追加の育苗施設の増設を避け，苗づくりにかかる労力やコストを減らすことができるからである。10a当たり苗箱10枚程度の疎植栽培のほかに，わずか苗箱5枚の密播疎植栽培に挑戦している農場もある。

（5）雇用型経営への転換と若い人材の育成

　農地集積により大規模化が進む中で，30haを超える全ての農場で，常時雇用者の導入が行われている。しかし，その一方で，雇用にあたっては，近隣のサラリーマンなみの給与体系や社会保険等を考えなければならず，こうした人件費をどのように捻出するのか，新しい課題も生まれている。また，農場の従業員としてしっかりと役に立ち，組織の中で協働して働ける意欲と能力を持った人材を，どのように採用して育成するかという大きな課題もある。

　雇用確保の環境については，「農業大学，農業会議，ハローワーク，インターネット等を使って求人」しており，「できるだけ地元の若い人を採用したいが，県外からの希望者が多く，とくに農業体験のない人の希望者が多く，現実の農業との差を感じて続かない人が多い」（N農場）という問題や，「自然の中で汗を流して仕事をすることにあこがれて入ってきた人が多い」，あるいは「サラリーマンみたいに安定して収入を得ながら農業ができたらいいと思っているところがある」等々という意見も出されている。

　こうした雇用者の確保の問題とともに，それぞれの農場が最も力を入れているのが，雇用した人材の育成である。「人材を育成することが，収量や品質を安定させるための大きなポイント」になり，また「新人がプロに近づけば近づくほど面積を増や」すことが可能であるからである。従業員の経営への主体的な参加や活

躍こそが会社成長の鍵を握るという点については，農業法人であっても一般の会社と異なるところはない。そのために，当然のことではあるが，従業員の数が多い農場ほど人材育成が大きな課題になっている。

　人材育成において，農業法人で中心的に取り組まれているのがOJT（On the Job Training）である。採用して「1年目，2年目の人にも分かりやすく教えるためには，写真や数字を見せながら説明する」ことから始まり，「中期的あるいは毎年ごとの仕事の明確な目標を持たせ，その責任をしっかりと持たせていくこと，それができたかどうかを振り返り，改善項目を見つけて，さらに翌年度にそれを実行していく」（K農場）というPDCA（Plan-Do-Check-Actionのマネジメント・サイクル）の実践や，従業員を1グループ4人の3つの小集団に分け，「グループごとに改善項目の提案と実践を行い，……現場改善と意識の向上」（J農場）を進める「トヨタ方式」などを取り入れている農場もある。さらに，「作業状況を写真やビデオに撮って個人差を把握するとともに，これらをマニュアル化する」手法など，様々な人材育成のための工夫がなされている。

（6）複合化・多角化による周年就業化とビジネスサイズの拡大

　水田の生産調整が始まると，大豆や麦などの転作作物が導入され，その上に野菜や果樹などを導入する経営も出てきた。しかし，こうした取組みもその地域の気象条件や立地条件に大きく左右されることから，関東以西などで「稲―麦―大豆」のブロックローテーションが定着している地域もあれば，東北や北陸など水稲単作地帯では，転作作物の導入に苦労している地域もある。しかし，多くの農場では，さまざまな工夫により稲以外の複合部門を導入している。さらに，米粉加工品，籾殻製品，野菜パウダー，おにぎり屋，体験農園など，様々な加工・販売事業を通じた多角化（いわゆる6次産業化）に挑戦している農場もある。

　こうした大規模農場の複合化・多角化への取組みの背景には，農地の有効利用と農場労働力の周年就業体制の確立，そして気象災害，販売価格の変動などに対するリスク分散がある。例えば，C農場では，水稲のほかに大豆，野菜，加工の4部門の構成によって，従業員の周年就業体制を確立し，また，独自の野菜パウダー加工技術を確立して，販売収入の大幅な増加をめざしている。また，D農場では，稲・麦・大豆の栽培のほかに，冬場の暗渠排水工事の請け負いによって，冬期の就業の場を確保しており，H農場ではリンゴ部門の導入，K農場ではキャベツを中心とする野菜部門を導入している。家族労働力のみのO農場でも，水稲は4品種を作付けするとともに，麦は小麦とビール麦を栽培して，水田の表作と裏作の割合が6：4になるようなバランスをとることによって，水田高度利用と家族

労働力の周年就業体制の確立に努めている。もっとも，関東の低湿な平坦水田地帯などでは，むしろ米作のみで大規模経営の確立に挑戦している農場もある。

　なお，農場の中には，加工・販売部門の強化のために，女性の専門スタッフを多く雇用したり，将来の米の輸出や販売力の強化を見据えて，語学が堪能な営業専門のスタッフを雇用したりしている農場もある。

(7) ICTへの挑戦

　需要に応じた品質と価格の米を生産して販売するためには，消費の動向から生産の工程管理までの一切に関わる情報の一元管理，それに基づく的確な意思決定が重要である。このため，多くの大規模農場の経営者たちは，膨大な過去データの蓄積，ならびに圃場一筆ごとのリアルタイムの情報収集と管理などを可能とするICTに期待をかけている。それはまた，これまでは篤農の個人的技術と考えられてきた高度な稲作技術の「見える化」によって，そうした技術の高位平準化とマニュアルの作成などを通じて，若い人材の育成にも大きく役立つことが期待されているからである。

　すでに幾つかの農場では，大学やメーカーの開発研究に参加しており，その一部は商品化されているものもある。それらは水管理，生産管理，経営管理，データ管理などに関わるものであり，特にセンサーやGPS等を使った圃場一筆ごとのリアルタイムのデータ収集と水管理，生産工程管理，スマートフォンやタブレットなどと接続したデータ管理，データ蓄積とその可視化などに関わるシステム開発をめざしているところに特徴がある。

　わが国の水田は，地形条件がきわめて多様で，土壌の性質や用排水条件なども一筆ごとに微妙に異なるという複雑な圃場条件のもとにある。こうした条件を克服する新しい精密農業の技術としても，ICTの今後の活用が期待されているのである。

(8) 事業連携とネットワークづくり

　個々の経営では足りない部分を相互に補い合い，また，得意な力を相互に出し合うことによって相乗効果を生み出すような，様々な形態の事業連携とネットワークづくりが，多くの農場で積極的に進められている。

　地域の農業者との連携については，土づくりのための畜産農家との耕畜連携がM農場やP農場で取り組まれ，大豆作の機械類の共同所有・共同利用が古くからC農場で取り組まれてきた。また，周辺農家から米を集荷・販売するA農場やD農場のような取組みもある。地域を越えた同業者との連携については，高知の米

生産者とパートナーを組んで，時期をずらした米販売に取り組んでいる鳥取のM農場や，（株）兵庫大地の会を立ち上げて県内の25名（700ha，他に契約300ha）の米生産者を組織しているL農場，一般社団法人・アグリドリームニッポンを立ち上げて，関東5県にまたがる米生産者グループ（800ha）を集めているF農場のような取組みもある。

　異業種との事業連携も精力的に取り組まれており，仙台の健康食品会社と組んで野菜パウダーの生産・加工事業に乗り出しているC農場や，大手商社とのパートナーシップを追求しているF農場，商工会議所や民間企業と連携して農産物の加工・販売事業に取り組んでいるL農場などの取組みがある。また，農業機械メーカーと協力して自らが必要な新しい機械の開発に関わっている農場もある。

　国際化の進展も含めて市場環境がますます厳しくなる中で，水田農業の分野でも，農協との新しい連携や大手小売業者との契約栽培なども含めた，様々な形態の地域ならびに地域外における同業者・異業者との事業連携やネットワークづくりが，経営のさらなる展開と生き残りのためには不可欠な要素となってきている。

4．大規模水田作経営の課題

　21世紀に入り急速に進められてきた水田の規模拡大は，条件の悪い田の集積や農地分散の強まりなどによって作業効率を低下させ，急速な規模拡大そのものが，逆に経営の採算割れをもたらすケースを各地で生み出している。どんな条件の農地でも分け隔てなく借り入れている農場や借地料が比較的高い地域の農場，そして地域の担い手として設立された集落営農法人や転作水田を多く集積している農場などに，とくにこの傾向が見られる（注2）。平成22（2010）年より導入された農業者戸別所得補償（米の直接支払い交付金）が，こうした状況下においても，雇用労賃や借地料の原資となり，水田農業の規模拡大を資金的に支えたのではないかと思われる面もある。しかし，少子高齢化がさらに進展し人口減少が進む中で，米市場はこれからも変わることが想定される。そして米の直接支払い交付金の打切りや強制的な生産調整の廃止など米政策の転換が不可避な状況にある中で，水田農業の分野でも，米の輸出拡大なども視野に入れた，生産効率の向上による収益性の改善が大きな課題となっている。どのような環境下においても経営の持続的な展開を維持するために，水田農業の採算ラインをさらに下げるための不断の取組みが重要である。こうした点に関して，次の2点の取組みが不可欠である。

　第1は，多様な生産に即した土地基盤の整備に関わる課題である。現有する経営資源の労働力，機械，技術等を活用して，経営をさらに持続的に展開させるた

めに，水田の区画拡大と連担化が喫緊の課題となっている。区画の拡大は機械作業の効率を著しく向上させるだけでなく，適期作業や作業の精緻化を通じて「農作物の収穫量のアップにもつながる」（K農場）という。また，10km以上の距離に農地の3分の1が分散している農場の場合，これを「1〜3kmの範囲に集積できれば，……時間や燃料を10分の1に減少させることができる」[2] という大きな効果が期待されるという。

　こうしたことから，圃場の区画拡大と連担化，そして「直播を前提とした，水管理が随時行える圃場，排水路の地下管路化」，「100馬力を超えるトラクターやアタッチメントが使えるための，大型車両がすれ違える4m幅の道路への拡幅」（M農場）など，圃場の再整備が多くの農場の要望事項の第1にあげられている。「現在の1戸1haの移植を中心とした米づくりの圃場ではなく，これからは50ha，100haの規模で，直播も取り入れた米を作るという発想にもとづく新しい圃場づくり」（M農場）への転換を求めているのであり，新たな水田基盤づくりの取組みの強化を期待している。

　この場合，全ての水田で画一的に同じ条件の圃場再整備を進めるのか，それとも適地適作に配慮した実効性のある圃場再整備を進めるのかという選択肢があるのではないか。全国一律の基準に基づき全ての水田で「田畑輪換」可能な汎用水田を整備するのか，水田の立地や土壌条件，経営的な事情等を踏まえて，「晩生の品種で超多収をねらう稲単作のブロック」，「稲—麦—大豆の輪作のブロック」，「稲—野菜の輪作のブロック」，「畑作物中心の輪作のブロック」[3] など，まず地域の将来にわたる水田利用計画を入念に練り上げ，それに基づく多様な整備水準を組み合わせた水田の再整備という選択でもある。

　なお，当面する農地分散の解消に関しては，平成25（2013）年からスタートした農地中間管理機構の，フットワークを使ったアクティブな農地利用調整の活動強化に期待する声が大きい。

　第2は，直播を含む多様な栽培方式についての課題である。全国の直播栽培面積をみると，普及面積は平成25（2013）年において2万6千haとなり，この10年間で1万1千ha（1.7倍）増加した。これを地方別にみると，大きく伸びているのは東北，北陸，北海道，東海で，いずれも平坦な水田地帯の多い米どころの地域である。このうち，乾田直播は中国・四国，東海，東北で多く，湛水直播は北陸，東北，近畿で多い。しかし近年は，東北，東海のほか，北陸，北海道でも乾田直播の面積が増えている。

　直播栽培を導入している農場では，不安定な要素はあるものの，すでに多くの農場が移植に比べてそれほど遜色ない収量レベルに近づいている。レーザーレベ

ラーの導入が「直播栽培の苗立ち安定と効果的な除草剤使用に必要な水準の均平に」役立っており，この上に「大区画圃場が整備され，排水性も大幅に改善されると，高速・高精度の播種機の能力が発揮され」[4]るという期待もある。しかも乾田直播では用水時期の前でも播種が可能であることから，春作業期間の拡大という大きなメリットもあり，直播栽培への期待が大きい。

　しかし，安定した乾田直播の導入のためには，粘土質が強くなく，漏水が抑えられ，しかもよく乾く圃場であること，また，入水時に必要な水が確実に手に入る圃場であること，などの厳しい条件がある。また，一方では「春の作業で全部乾田直播をやると，そこだけにピークができてリスクが大きすぎる」（B農場）という事情もある。このため，省力的で低コストの技術であると評価されているものの，将来の導入面積に関しては，乾田直播と湛水直播ともに，多くても半分程度の面積にとどめて，むしろ移植と湛水直播，さらに乾田直播を，その時々の圃場条件や市場条件に応じて柔軟に選択したいという意向が強い[5]。

　こうした状況からは，経営全体を移植栽培から直播栽培へ全面的に転換するシナリオにもとづく技術体系モデルだけでなく，移植と直播を併用する大規模化の技術体系モデル，移植と湛水直播，乾田直播の3者を併用する大規模化の技術体系モデルなど，超多収穫米生産の定着などもみすえた，複数のモデルのコンカレント型研究開発や行政の取組みが必要とされる。

　このほか，検討すべき課題は多々あるが，とりあえず次の2点をあげておきたい。

　第1は，大規模経営の中堅となる人材の待遇と育成に関わる課題である。高齢化が進み，多くの農家がリタイアする中で，大規模経営は雇用を通じて，地域で若者たちが働く機会を提供しているともいうことができる。しかし，「常時雇用者の大卒基本給は18万円で，昇級もあって，能力に応じてどんどん上げていく」という農場もあれば，「周囲のサラリーマン並みの待遇にしてやりたい」が，「最近になってやっと社会保険に加入した」という農場もある。こうした従業員の待遇をどのように将来にわたって保証していくのかという大きな課題である。

　雇用型経営においては，固定的費用として重くのしかかる給与などの人件費をどのように捻出し，またその合理的な水準を維持するのか。こうした点をも視野に入れた，経営の中堅となる人材育成のための様々な試行錯誤が，経営の最も重要な課題としてこれからも長きにわたり続くことになる。

　第2は，中山間地域における水田農業の維持と地域社会をめぐる課題についてである。平坦水田地帯だけでなく，立地条件の厳しい中山間地域においても，水田農業維持のための取組みの強化が必要とされる。今回ご報告いただいたL農場

の実践は，そうした取組みを考えるうえで，参考になる視点を提供しているように思われる。

　L農場には，生産部のほかに，農業体験，加工体験，食事や買い物などができる「夢やかた」が設置され，農産物直売所「夢街道」も置かれている。生産部では米，小麦，大豆，そば，野菜，イチゴなど多作物が栽培され，しかも米については「ミルキークイーン」など用途に応じて実に12品種が栽培され，野菜も20品目が栽培されている。文字どおりの「多品目少量生産」であるが，しかし，L農場には生産した農産物を自ら販売する装置と，その顧客を呼び込む装置が併設されており，それによって付加価値の高い加工・販売につなげる努力がなされている。商品の品揃えという点からみれば，逆に多品目生産の方が販売には有利に働く。生産する個々の品目は大規模ではないが，経営内に集客，直売という機能を有することによって，社員13名，パート9名，アルバイト等8名という多くの雇用を創出した複合的農業ビジネスを展開しているのである。さらに，高速道路に接続する県道7号線沿いを様々な食と農で結ぶ「夢街道づくり」プロジェクトにも中心的に取り組み，こうした複合的ビジネスの面的・広域的な拡大を追求している。

　L農場では「農業は観光と結びつけば，地域経済に多くの経済効果が出る」という信念のもと，様々な事業を起こして複合的ビジネスを展開しているが，水田農業もそれ自身独立した経営としての維持が難しいとしても，そうした地域経済再生の一つの舞台装置として活用することによって，それほど大きなプレミアムではないとしても，付加価値型の農業として維持する方向もあることを示しているように思われる。

　注1）もっとも，麦，大豆や飼料用米などの10a当たり販売金額が食用米に比べるときわめて低いために，転作作物を多く取り入れている経営ほど平均した10a当たり販売金額は低くなる傾向にあるという点を考慮する必要があろう。また，こうした経営では奨励金などの補助金の額も多くなる傾向にある。

　注2）農林水産省「農業経営統計調査」を分析した安藤光義氏（「水田農業政策の展開過程」『農業経済研究』第88巻第1号，2016年，p.36）によれば，組織法人経営（法人化した集落営農含む）の10a当たり農業収支は，「2004年以降，2万円前後の赤字が続いており，2010年の米価下落時には3万円を超えるなど赤字幅は拡大している」。このため，これを補う補助金の割合も上昇して「2007年に（全経営収入の）20％台，2010年に30％」になり，補助金への依存割合は大規模経営の方が大きいという。

　補助金の内容は，米価下落時の補填金，米の直接支払い交付金（旧戸別所得補

償）のほかに，麦・大豆作や飼料用米の作付けなど水田転作に関わる各種の奨励金，補助金である。10a当たり単価で支払われるために，面積の大きい大規模経営の場合は，とくに後者の補助金の額が多額になっている。戦略作物の導入に力を入れるなど，現行の米政策に協力した結果ではあるものの，過度な補助金への依存がかえって政策変更などに伴う経営のリスクを高めるという，いわゆる「政策リスク」を懸念している経営者も多い。

引用文献

1) 諸岡慶昇「経営規模拡大の展開と課題」（本書1—Ⅰ）による。
2) 岩崎和巳「土地基盤の状況と方向」（本書1—Ⅲ）による。
3) 長野間 宏「生産技術の課題と取組み」（本書1—Ⅱ）による。
4) 同上。
5) 同上。

経営規模拡大の展開と課題

諸岡慶昇

1. はじめに

　この「わが国農業を先導する先進的農業経営研究会（以下「研究会」という）」では，稲作農業を中心に水田の規模拡大を進めてきた16農場の経営主から，経営展開の経緯とそこで直面したさまざまな課題，その対処の仕方について報告をいただいた。事例はいずれも大日本農会調査研究部のリストなどを参考に，7地域の都府県からそれぞれ選ばれた，その所在地一帯では経営耕地面積が大きく，規模拡大のテンポが顕著で，かつ複合化の取組みや市場対応が特筆される経営である。各事例の規模別地域別位置づけは表1に示されている。

　これらの先進事例は，地域での信頼関係を長年にわたり築きながら作業受託や借地による規模拡大を進める一方，土づくりや移植，疎植，直播など多様な栽培体系を繰り広げ，多品種を導入し市場向けの多彩な米生産と販売を行っている。また作期を広げて機械の利用効率を高め，米以外の作物との複合化による経営の安定化を図っている。マーケットインの活発な動きのなかで，増加する筆

表1　16農場の地域別・経営耕地面積別区分

経営耕地面積	東北	関東	北陸	東海	近畿	中国	九州	備考[注]
〜19ha							P O	21.8
20〜29ha							O	23.3
30〜49ha	C				L			27.3
50〜99ha	B	D, F	G			N		33.1
100〜299ha	A	E	H	J	K	M		39.6
300ha以上				I				

注）「経営耕地面積規模別農業経営体数の増減率（都府県）」，『2015年農業センサス結果の概要』。数値は，2010年—2015年間の増加率（％）を示す。

（枚）ごとの圃場記録の電子化や若い担い手の確保と育成にも積極的である（八木,2016）。そこでは,ファームサイズとビジネスサイズ両面で,経営規模拡大へ向けた多彩な取組みがなされている。

　水田農業の規模拡大を先導するこの事例の中には,「他の業界と比較すると自らの経営に初歩的であり,農業にはまだまだ伸び代がある」と語る農場主がいる。この語り口は,実は他の15の事例にもほぼ共通している点で注目される。こうした見方は,どのような農業観,経営方針,展望に支えられているのだろうか。

　以下では,前章3.で述べられた「16農場にみる大規模水田作経営の特徴」に沿い,経営の観点から,創意や工夫に満ちた規模拡大農場の実体験を考察することにしよう。

2. 16農場の比較視座

（1）経験に学ぶ4つの着眼点
　事例の比較考察にあたって,その前提条件を含め着眼点を整理すると次のようになる。

①経営規模の捉え方
　表1に示したように,16の事例は,10〜29haが2農場,30〜49haが2農場,それ以上99ha以下が5農場,100ha以上が7農場になる。「2015農林業センサス」では,経営耕地面積の規模別農業経営体数の増減率が5ha以下の層で急速に減少する一方,経営面積が大きくなるに従い年々高い増加率を示している。例えば過去5年間で50〜99haと100ha以上の層はそれぞれ30から40％の勢いで伸びているが,選ばれた事例は,10ha代から300ha代の幅を持つものの,高い増加率を見せる階層に位置づいている。事例間の規模の違いは,過疎化や高齢化の程度,平坦部の水田地帯,中山間地,畑作が盛んな地帯といった立地条件を背景に,それぞれの事例が地域的特性を持つことを示唆している。

　このように各農場の経営規模に幅があることを念頭に,規模の大小そのものを画一的に捉えるよりは,それぞれの土地柄を活かした経営展開の実態を見る比較視点が大事であることを教えている。

②経営規模と経営形態の関係
　先のセンサスでは全国に137万の農業経営体があり,うち法人経営が占める割合はまだ2％に満たない。しかし増加が加速化する大規模経営の大半は法人経営で営まれている（梅本,2015）。各事例を規模別に並べ替えた表2が示すように,16の農場の経営形態は,家族経営が2,法人経営が14で後者が多数を占める。中

表2 16農場の経営形態と耕作面積，労働および主な作物構成

経営耕地規模の区分		経営形態[注1]	経営耕地面積（ha）			水稲作付面積（ha）	水稲作付割合（%）	労働構成（人）			主な作物構成[注2]
			水田	畑	小計			家族/役員	常雇	パート	
～29ha	P	家族	17		17	12	70	4		3	R, W, WCS
	O	家族	24		24	24	100	4			R, W
30～49ha	C	法人	36	5	41	31	86	6	27	10	R, S, V
	L	法人	43		43	28	65		5	1	R, W-S, B
50～99ha	N	法人	50		50	40	80		7	6	R, W, S, V
	D	法人	38	20	58	38	100	3	9	2	R, W-S
	F	法人	70		70	70	100	2	4	—	R
	B	法人	72	1	73	22	31	2		1	R, W-S, P
	G	法人	77		77	63	82		8		R, S
100ha 以上	E	法人	103		103	103	100	3	9	5	R, WCS
	M	法人	104		104	83	80	4	9	7	R, S, WCS
	A	法人	107		107	43	40	4	5	100	R, W-S
	H	法人	112	2	114	78	70		12		R, W, S
	J	法人	127		127	127	100	4	12	2	R, W, S
	K	法人	167		167	160	96	5	10	—	R, V, F
	I	法人	323		323	200	62	4	12	2	R, W-S

注1) H：農事組合法人，F と G：株式会社，他は有限会社。
　2) 稲（R），麦（W），大豆（S），野菜（V），果樹（F），バレイショ（P），飼料米（WCS）を示す。

にはB農場のように有限会社ではあるが，ほぼ家族労働だけで水田高度利用による畑作法人経営をめざす例や，役員の過半数を家族構成員で占める会社組織もある。大別して，非法人の家族経営が2（P，O農場），家族経営が法人化したもの8（L，D，F，B，E，M，A，K農場），営農組合/集落営農が法人化したもの6（C，N，G，H，J，I農場）となる。家族経営と法人経営を分ける規模は30ha前後が1つの目安に映るが，前者が過半を占めるわが国では，今後を展望するうえで規模と経営形態相互の関係は大きな関心事となる。

③経営，特に雇用型法人における労働構成

　表2が示すように，経営規模が拡大するとともに常時雇用者を雇い入れる雇用型法人経営が多くなる。新たに野菜の製粉化に取り組む関係で多くの雇用が必要なC農場を除くと，30～49haで5人，50～99haで7人前後，100ha以上でほぼ10人が雇われている。ここでは，増大する雇用労働者の農作業や栽培技術，加工・販売へ向ける意欲や能力が経営成果に直結する管理課題となってくる。中でも雇用型法人における経営管理の在り方は，今後の規模拡大を考える重要な着眼点の

1つとなる。

④経営主の管理能力と広がる守備範囲

　経営耕地面積の面的広がりとともに，分散し錯圃状態の水田の団地化・連担化や地権者との折衝，麦・大豆作に加え野菜作等を取り込む営農の複合化，作業の効率化，そのための機械装備の点検，作業技術の改良，GAPなどの農業生産工程管理に関わる一筆ごとの圃場管理など，農場の経営主に委ねられる課題は増幅していく。さらに持続的土地利用を図るためには耕畜連携を通した土づくりが一層重要となり，また販路の開拓を含めたマーケットインには在地を越える動きが必要で，経営者の守備範囲や行動範囲は多元的複層的な広がりを見せていく。そうした事態にトップリーダーの16農場はどう対処し今日に至っているのか，その多彩な経営行動も経験談に学ぶ大事な着眼点となる。

（2）16農場の横顔

　経験談を語る16人の農場主は，中山間地のL，N農場以外はいずれも平野部もしくは平坦地に住まい，地域密着をモットーに居住地一帯の信用や相互理解を育みながら農地の集積を進めてきている。どの農場主も認定農業者で，うちエコファーマーの認証を得ているケースが9，家族経営協定を結んでいるケースが3，現在JAの部会長などを務めているケースが3，農産物検査員の資格を得ているケースが6あり，7つの農場が地域の住民や子供たちと一体的に食育等と取り組む地域活動のけん引役を果たしている。

3．規模拡大の諸相

（1）規模拡大の趨勢

　事例の中から，図1に5つの農場を例に経営規模拡大の経年変化を示した。A農場を除く4農場は借地を含めた経営耕地面積であるが，A農場については資料の制約から，経営耕地面積に基幹作業受託面積を合算した実作業面積のデータを用いている。

　この5農場の経営規模の経年変化を見ると，昭和から平成に切り替わる1990年代から経営規模拡大のテンポが速まり，2000年代に加速化している様子を知ることができる。K農場はほぼ25年間で耕地面積を2haから167haに拡大し，15年前に新規就農した事例Fは最初の5〜6年間2ha前後で停滞していた耕地面積をこの10年余りで一気に70haへと拡大している。2000年代に入り農業離れが一層進んだことから，規模拡大のテンポに拍車がかかる全国の傾向にこれらの農場も

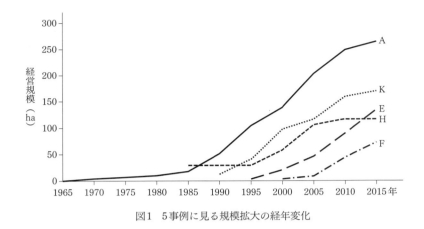

図1　5事例に見る規模拡大の経年変化

呼応する動きを図は示している。

（2）農地の集積過程

　規模拡大の過程で，農地がどのように集積されてきたかは事例により多様である。新規参入のF農場は農地探しに数年を要しているが，L農場がある中山間地のように認定農業者になる人も耕作を続けようする人もいなくなったため，ごく自然に農地の集積が進んだ例もある。

　さらに詳しく見ると，経営規模が最も大きいI農場は水田作業の全面受託を行う地域営農組合を昭和58年に発足させ，それまで先代が培ってきた地権者との信頼関係を背景に，集落内外で経営受託や作業受託による規模拡大をほぼ順調に進めてきた。さらに平成4年に認定農業者となり農地を集積しやすい体制を整えた。この農地集積は主にJA等の関係機関と連携しながら進められ，区画が小さく圃場条件が悪いところも積極的に引き受け，耕作放棄地の発生を未然に防ごうと努めている。その姿勢が評価され，担い手がいない地区の転作を集落単位で引き受け，小麦・大豆の面積を19集落に広げることができた。現在は水田畑作経営対策事業下で，部分作業受託を行っていた水田にも利用権が設定され，作付けの自由度が一層高まり作業効率も向上している。しかし，その集積課程では，例えば住宅の周りでは農薬散布量を極力控えた稲作を，そこを離れた区画の大きい圃場では水稲・小麦・大豆のブロックローテーションを組むなど，近隣住民の生活環境に配慮した対応が取られており，地権者だけではなく所在地一帯での息の長い対応を通し双方の信頼関係が培われたことを教えている。

　他方，関東のD農場は，農地集積について農地中間管理機構の制度内容がまだ

末端までしっかり届いていないことや，農村にはある人には貸したいがある人には貸したくないという人付き合いの妙があって，その集積の過程が平板ではなかったと語っている。規模を大きくすればするほどスプロール化が進むという問題を抱えており，あるまとまった単位の圃場を計画的に移動しながら適期作業をどう効率的に進めるかという課題に取り組んでいる。

　畑作地帯が多い鹿児島県では，水田地帯と違い伝統的に水利を介した結びつきが弱い土地柄から，農地の貸し借りや交換耕作の折り合いをつけにくいという問題が底流にある。P農場は現在17haの経営耕地と15haの作業受託を営むが，その集積にほぼ半世紀をかけてきた。稲作を中心とした多毛作，耕畜連携，域内での共同作業，地産地消の取組みを通し地域活性化をリードするこの経営主は，地権者だけではなく集落近在で同様の農業に携わる経営者とも話し合いをもち，域内のブロックローテーションや共同作業を実践している。農地の交換や農作業の共同化を実現している事例として注目されるが，寄り合いの段取りや調整の手間を知る後継者の子息は問題解決へ向けた農地中間管理機構の役割に大きな期待を寄せている。

（3）経営規模と年商，機械装備
1）規模と年商
　表3に経営主の年齢を年代で示した。直近のセンサスに見る基幹的農業従事者の平均年齢67歳と比べると16事例のそれはひと世代ほど若い。研究会ではこうした次代を担う経営主と，経営規模の拡大と収益性の関係について意見を交わしたが，経営収支の相互比較が一様にはゆかない2つの課題がその体験談から寄せられた。理由の1つは，先の表2で見たように，経営耕地の水田にすべて水稲を作付したケースは5事例で，残る11ケースではその2〜6割で麦・大豆・野菜など他作物との複合化が図られており，農場間の収支の差異を詳しくは把握しがたいことによる。2つは，収支勘定は念頭にあるものの，耕作の継続が困難視される近在の農地をどうまとめ持続的に営むかという社会性をより重視するケースもあり，ある期間に絞った試算では内実を秤量しがたいといった実情もある。このため，農場ごとの年商——事業収入に相当する年間の売上高——も相互で幅をもつが，経営主の話しぶりを総合すると，経営耕地面積規模が広がり事業規模が大きくなるほどその額は暫時大きくなる傾向が示唆された。

　16農場の中には，ほぼ同様の経営規模でも年商に大きな違いがあるケースが幾例かある。これは前述した複合化や多角化の取組みに加え，販売方途の差異を反映しており，CやGやJ農場でより高い売上げが認められる。東海地域の家族

表3　16農場の経営規模別機械装備および今後の規模拡大意向

経営耕地 規模の区分		経営主の 年齢年代	機械装備[注1]	耕地 筆数	規模拡大 の意向[注2]	今後の経営展望
～29ha	P	60	6-1-1	175	→	多作目の導入，6次化への準備
	O	50	6-2-3	170	→	労働事情に沿う適正規模を再考
30～49ha	C	50	6-2-3	65	→	加工部門（野菜粉）の充実
	L	50	2-3-4	135	→	農商工連携による6次化進展
50～99ha	N	60	6-2-3	130	→	中山間地に適した農業を再考
	D	50	10-4-6	250	→	米を中心に販路を開拓
	F	40	3-1-1	250	↗	関連経営体との連携強化
	B	60	9-1-3	240	→	飼料作物の導入に挑戦
	G	50	8-2-5	300	↗	独自の販路開拓
100ha 以上	E	40	4-2-1	—	↗	他産業の企業との連携
	M	60	11-3-3	500	↗	販路開拓
	A	60	8-1-4	122	↗	水田高度利用の促進
	H	50	9-3-4	500	↗	複合部門の充実
	J	40	14-3-5	1,000	→	加工部門の充実
	K	50	12-5-5	380	→	複合部門の充実
	I	50	17-3-8	500	↗	麦・大豆の経営強化

注1）トラクター，田植機，コンバインの台数。付表を参照。
　2）→：今後については検討中，↗：引き続き規模を拡大したい。

4人の有限会社を例に平成27年度の内訳をみると，米価の下落により収益は減少しているが，経営費の増加を抑え，家族1人当たり所得1,000万円相当を確保している。しかし，粗収入額の約20％を交付金や転作奨励金，補助金が占めており，そうした制度的支援が無ければ大規模経営でも自立した経営が厳しくなることを教えている。

2）規模と機械装備

　耕作面積を拡大しても，点在した圃場や大小の区画が混在する状態では作業効率が下がり，逆に機械装備費がかさんでいく。表3に，各事例の経営耕地規模と圃場区画数（筆数），機械装備の現況（整地用トラクター，田植機，収穫作業用コンバインの台数）を示した。経営耕地面積は，少ない例でほぼ60筆，多い例で1,000筆から構成されている。またトラクターを例にとると，50haまでは6台，それ以上100haで7～8台，100ha以上で十数台と次第に増大する傾向を強めている。さまざまな品種や他の作物を導入し作期幅を広げる工夫や，地権者等との相談を重ね団地化，連担化，交換耕作により農地をまとめ，農作業の平準化や効率化を図っているが，経験談は次の3つのケースに大別される。

①作期の制約や圃場のスプロール化に対処するケース

　事例の中ではこのケースが圧倒的に多い。H農場は，北陸の水田単作地帯では

作期幅が非常に狭く，短期間に全ての作業をこなすには，故障時の予備用を考慮すると多めの装備が不可欠との見方に立っている。規模に対して機械台数が多いD農場では，農地の団地化や連担化が思うように進まないため，点在する農地のスプロール化に対応した適期作業用にトラクターだけでも10台相当の装備を余儀なくされている。また8台のトラクターを持つA農場は，設備や装備への過剰投資という見方に対し「投資を収入に結び付ける仕組みを工夫すべき」と，投資額を上回る収益をきちんとあげる試算に立って装備を整える重要性を説いている。B農場では，稲作にも畑作にも利用できるように機械に汎用性を持たせ，その機械化体系で，例えば県平均10a当たり24.5時間の作業時間を5.7時間へと大幅に短縮する成果をあげている。

②比較的まとまった農地に少数の機械で対応するケース

これとは対照的に，FやE農場は，拡大した規模に少ない機械台数で対処している。わが国の中型機械化体系では，概ね20〜30ha前後が一般的な適正規模と見られるが，E農場ではほぼ100haの農作業を限られた少数の機械をフル稼働しこなしている。ここでは連担化で農地をまとめ，品種の組合わせによって作期幅を広げ，さらに従業員あげて機械整備に手を尽くすなど規模拡大に対応した体系が整いつつある。やや例外的ではあるが，F農場は農業機械を3年程度で更新し，より作業能率が高い機械との買い替えにより台数の増加を抑える対応が取られている。農機具業界では機械の改良が進んでおり，作業機に搭載される計測機器の機能性，作業の快適性や安全性，圃場間移動の利便性という点で短期間の更新が経済的にも効果的と語っている。

③他地域との連携で作期を広げ稼働率を高めるケース

最後に，作期の幅を広げ機械の稼働率を高めるユニークな取組み例を挙げておこう。鳥取のM農場は高知の早場米農家と連携し，農繁期にはお互いが現地へトラクター等を持ち込み結（ゆい）に近い労働交換をこの20年来続けている。双方で2ヵ月前後違う作期幅を活かした農作業の援農が中心ではあるが，土づくりや栽培技術の知見や農産物の市場情報を交換する場としても活用されている。またM農場産米の大口取引先で開かれるイベントへの参加や整地や収穫作業時の従業員同士の交歓を通し，お互いの親密度や見聞を深めることができ，実習と研修を兼ねるOJTとして双方の評判は良好である。

(4) 生産工程管理の進展

経営面積を拡大しても分散錯圃状態の水田では，筆ごとの作業管理情報をどう記録するかという課題に直面する（南石ら，2013）。全事例の半数がエコファー

表4　筆（枚数）ごとの圃場記録の取り方と管理データの利活用

圃場管理記録の利活用	回答戸数
1. 圃場管理記録の現況	
作業日誌をベースとした記録	3[注1]
電子媒体による記録	13
2. 電子媒体の利用現況[注2]	
情報機器の利用（ステージ1）	6
• 作業機搭載自動記録を参照	4
• 地図情報ソフトの援用	1
• 空撮機器の導入	1
ICT/IoT の利活用（ステージ2）	7
• 民間の開発ソフトを活用	4
• 水田情報管理システムの適用	1
• GPS・ワイファイ利用による作業の実践	1[注3]
• 大学等の連携開発研究に参画	1（+ 1）

注1）電子化へ移行中の事例を含む。
　2）電子媒体記録の回答者を対象。
　3）民間の開発ソフトの活用事例を含む。

マーの認証を得ており，消費者の信頼に沿う安全で安心できる農産物の生産には1筆1筆の正確な圃場管理記録が必要となる。表4に各事例の圃場管理記録の取り方に関連し，ICT/IoT等の利活用現況について回答を求めた結果を示した。GAP（農業生産工程管理）についてはまだ用語が馴染まないためか，返事に窮すケースが多かった。

　全事例のうち3農場の圃場管理は基本的には手書きで，播種や施肥時期，農薬の使用量や回数を作業日誌に記録している。また，手書きによる記録は経営規模に必ずしも関係なく，最も経営規模の小さいP農場と最も大きいI農場がそれに依っていた。前者は現在の経営規模ではまだ手書きの日誌で十分対応でき，後者は水田がまとまって近在に位置し団地化が比較的進んでいるため，長年見続けてきた圃場の状態は手に取るようによく分かると回答している。いずれも後継者や従業員はスマホやパソコンを頻繁に使用し始めていることから，電子化への移行中と見るべきだろう。これら3農場に対して，他の13農場は投入財の施用時期や量等をパソコンなど電子媒体により記録しているが，表4に示すように，その利用状況は利活用のステージがやや違うようである。

　ここでいうステージ1は記録のデータ化や蓄積管理が中心となるケースで，6農場が該当する。例えばG農場は農協とも共有できる独自の生産履歴ソフトを

持ち，得られた大量の圃場データを簡易化し取り出して実務に活かす方法を試行中で，実用化にはもうしばらく日時を要しそうに見える。

　これに対し，ステージ2の7農場は規模拡大に伴う圃場管理にICTやIoTをより積極的に取り込んでいるケースである。K農場はパソコンに作業時間，施肥量，農薬の使用量などを記録し，作業進捗率の把握や収穫適期の予測など広範な経営管理に活かしている。J農場は，地元の企業の協力を得てICT管理ツールを実用化している。この事例の特徴は，ICTクラウドを利用しデータをスマホで入力しながら結果を毎朝の会合で画面を通し確認し，その日の作業に反映させている点にある。E農場は，農業のイノベーションをめざしてAI農業（人工知能／農業情報科学）事業に積極的に参加し，数十台の計測機器をセットした圃場試験を行っている。C農場は，微弱電気で5km離れた水田の水管理に応用するシステム開発や，気象データと合わせた統合情報管理システムの導入によって水位，水温，地温，肥料濃度等のセンサーのデータを経営管理に利活用する試みに着手している。

　16事例のほぼ4割が工程管理にICTやIoTを実践場面で用いているが，ほぼ全員が，①経営現況の把握，②農作業の実行把握，③生産の効率化，④従業員の教材としてその効果を認め，一方でまだ⑤販売促進と⑥リスク管理では効果が不明と回答している。圃場データの電子化はまだ緒に就いたところであるが，ICTやIoTを援用し利活用を図る動きは，その熱心な語り口や取組み方から見て今後早いテンポで進むことを予感させる。

4．農産物の商品化と販路の開拓

（1）農産物の販路を拓く

　規模を拡大し仮に経営耕地面積が100haに及ぶと，10,000俵近くの米を販売することになる。この大量の米をどう捌くかは大規模化が直面する大きな問題で，それぞれの農場主の商才が発揮される場面でもある。しかし，その現状は消費者の米離れが進み米も加工品も消費が横ばいもしくは鈍化傾向にあり，加えてライバルが多いことから宣伝を含む販売戦略なしには販路が容易に広がらない実情にある。この16の事例でも地元色を持たせた飯米や，工夫を凝らした加工産物を販路にのせるノウハウに，マーケットインという観点から示唆される点が多い。

①飯米の販路

　飯米用では，H農場の場合JA5％，ネット10％，残る85％を3社の業者へ販売するパターンが恒常化している。この事例に限らず消費者のふるさと志向につながるネット販売も最近では急速に増える傾向にある。また主にJAへ出荷するI農

場のケースもあるが，他方でA農場のように2人の後継者が農産物検査員の資格を取得し，米麦を直接個人で乾燥調製し全量を自ら開いたルートで出荷するケースもある。

近在に販売機会が多い茨城県のE農場を対象に精緻な調査を行った宮武の報告では，さまざまな品種，量目，価格帯の米を多様なチャネルで販売することで販売量を確保しながら，作付期間を分散させさらなるコストダウンをめざすビジネスモデルがこの事例で確立されている（宮武，2016）。2014年現在値で換算するとコストダウンの効果は60kg当たり16％，1,476円で，経営全体では1,323万円のコストダウンとなっている。ここでは量販店と連携したイベントの開催，米粉スイーツなどの商品開発，HPでの情報発信や包装・自社ロゴの活用によって，企業ブランド力を高め，取引先から選ばれるような経営努力がなされている。こうした取組みを通じて，生産者以上に厳しい競争下にある小売店や飲食店にとっても，E農場の米を扱うことで他社との差別化が可能になるという両者Win-Winの関係が築かれ，特定の取引先への販売依存度が高まることによるリスク回避も期待されている。

②加工用米等の販路

飯米の販売と同様に加工向けも，品種の選定段階から細かく目を配り品質を管理した契約栽培で酒造会社へつなぐ酒米や，それぞれの農場で加工される米粉パンやスイーツ，さらに麦や大豆を用いた黄な粉，味噌，豆腐，納豆など多彩な商品が販路に出回る。また，パックの仕方，意匠などデザインにも消費者の関心を惹きこむ工夫と試行が続けられている。

G農場はこの20年来東京の大手スーパーと販売協定を結び，信用を今も維持し続けている。M農場は，一般主食米60％，加工用米40％の全量が個人販売で，前者を埼玉の大型レジャー店舗に，後者を業務用米として酒造会社の酒造好適米や掛け米として販売している。酒造会社の日本酒の箱には，南部杜氏とともにM農場産の米使用と明記されており販売戦略の一端を滲ませている。

③新たな商品開発

なお，稲・麦・大豆とは離れるが，C農場で取り組まれている消費者の健康志向を背景にした野菜パウダーの商品化は，経営の多角化という点で特筆されよう。ここでは，生産したJAS有機のさまざまな野菜を乾燥し，抗酸化技術を駆使した栄養価の高い野菜粉が製品化されている。大規模稲作法人の6次化へ向ける新たな起業マインドの一例として野菜製粉市場への参入が注目される。

（2）海外へ向けて：その輸出への一歩

「攻めの農業」に呼応する農産物の輸出攻勢については，まずJAが先鞭をという声が聞かれる一方，D農場のように，国内の一般消費者やデパート，外食産業との交流を通して国内に販路を築く一方で，10年ほど前にシンガポールで持たれた商談会を契機に海外輸出に積極的な取組みを見せる例がある。まだ経営的には採算ベースにのっていないが，これまで何度か渡航し視察を重ねた結果，海外は需要のポテンシャルが高く，例えば中国は13億の人口の1割が富裕層で潜在購買力があり，日本で売られているコメの2～3倍でも買うニーズがあるとの確信を得たと語る。既にアメリカ農商務省が同等性を認める「USDA ORGANIC」の認証を取得しており，最近ではカナダからも表示が許可された。現在，ニューヨークの10店舗で有機栽培米を販売しているが，東京のデパートで売られる自社産米の3倍に近い値がつくという。

D農場では最近，後継者と目される子女を輸出担当の営業に専念させ，海外との商取引に経験を持つ従業員の一人と組み対外折衝を強化する態勢を整えている。国内ではスプロール状態に近い大規模水田を統合的に管理し，並行して本格的な海外進出を視野に置く。「国内はこれから十数年先を考えたときどんどん消費が減っていくのが目に見える状態にあるので，国外に販路を拓かないと生き残りが難しくなる。そこまで考えた経営をしないと社員が路頭に迷うことになる」と，将来を見据える農業観で法人の海外進出に活路を拓こうとしている。国際市場へ視野を向けるマーケットインの先行事例としてD農場の試みは注目される。

5．直面する対応課題と今後

話題提供をいただいた農場主に，規模を拡大した現時点の水田農業で直面している課題は何かを尋ねた。あらかじめ提示された9項目について寄せられた回答を多い順に示すと表5のように要約される。各項目のうち栽培技術や基盤整備については次章で述べられるので，ここでは重複を避け（1）雇用の確保に関わる課題と，（2）所在地一帯の水田を預かる大規模農場と地域社会との相互関係を見ておく。

（1）雇用の確保と経営管理

常時雇用者が多い雇用型の法人では，規模拡大とともに安心して任務を任かすことができる雇用の確保がますます重要になってくる。農場主との面談では，限られた人数を重要なポジションに割り振り配置することになるので，それぞれ作

表 5　水田農業の規模拡大で直面している課題

直面する課題	回答数（％） 注1)
雇用の確保	10（62.5）
経営管理能力の向上	7（43.7）
圃場整備	7（43.7）
販路の開拓	7（43.7）
省力技術の導入	6（37.5）
地域社会との連携	5（31.2）
農地の流動化	4（25.0）
大型機材の導入	4（25.0）
経営資金の調達	4（25.0）
その他注2)	
・農地のスプロール化対策	1
・ICT 導入コストの軽減	1
・他産業企業との連携	1

注 1）16 事例に 9 項目の課題を示し,うち 3 つを選択するよう指示。
　　2）9 項目の課題以外の回答。

業に関わる任務は格段に重くなるが，その重責を担う人材はなかなか得られない
という実情が多く聞かれた。特に採用後の即戦力や就業意欲が持続しないといっ
た面や，就農が自分のこれからの将来へ着実につながっていって欲しい，と願う
法人への帰属意識がだんだん希薄になる社員をどう鼓舞するかに苦慮することが
多いようである。

　またこの問題は雇用者側の経営管理能力の向上とも関連する。K 農場では農繁
期にはとりわけ就農者の研修や作業技術の習得に十分な費用と時間を割けないた
め，若い世代の関心と意欲を引き出すため積極的に ICT 化を図りその啓蒙効果に
期待を寄せている。E 農場は従来のピラミッド型からアメーバー型組織へと移行
し，農場主の指示待ちではなく持ち場ごとにそれぞれが自立し分散しながらも協
調できる組織づくりを模索している（横田，2016）。C 農場では稲作，大豆，野菜，
加工の 4 部門制の複合経営組織のなかで，気象災害や相場の変動などのリスク分
散を図り，それぞれの部署を専門化し責任感の強い人を配置している。A 農場は
大型機械を駆使し広大な作業を展開する法人であるが，家族であれば相互に柔軟
な経営対応ができ無理も通りやすい利点を挙げ，家族労働の重要性を説いている。
J 農場は，従業員を 1 グループ 4 人の 3 グループに分け，小集団活動を通して持ち
場ごとの責任感の醸成に努めている。

　この 16 の農場でも従業員の資質向上にさまざまな対応策がとられている。そ

れぞれの事例で積み上げられたそのノウハウや改善のヒントを，同様の課題を抱える法人間でも互いに共有できる仕組みづくりが求められるようである。

(2) 規模拡大農場と地域社会のつながり

16の事例は，そのほとんどが地域と密着した経営や協調・共生をモットーに地縁活動を行っているが，広大な農地管理が特定の経営体に集中すると，農業を介した地域の人との相互関係が疎遠になり，それに対処するさまざまな取組みが試みられている。E農場の例では，CSR（会社の企業責任）の一環として「田んぼの学校」などを主宰し率先して住民とのふれあいに取り組んでいる。「黙っていても毎年，受託面積が10ha増えるのはただ事ではない」という経営主の語り口は，誰かが背負わなければ耕作困難者の農地は永遠に耕作放棄地となる窮状を，地域をあげ食い止めたいとの思いが滲んでいる。こうした地域おこしの例が本書の経験談では多々紹介されるが，P農場のように食育支援活動の一環として，東北大震災へ届ける支援米を地元の小学生と一緒に栽培し自家産のサツマイモを添えセットで届ける活動も，地域を巻き込むローカル色豊かな活動として特記される。

活性化の輪を地域全体に広げようと6次化に取り組む積極的なケースに中山間地のL農場がある。ここでは，農場産の飯米や野菜を地元の食材としてメニューに活かす農家レストランを運営し，直売所を建て，さらにイチゴやブルーベリー等の体験農業で観光客を呼び込む活動と熱心に取り組んでいる。また，肥料や資材などの共同購入や米の共同販売を行いミニ農協と思える手広い活動も展開している。

このL農場は従業員にそれぞれ持ち場を与え，社員としてよりも農業者を育てる人農地プランを社是としており，ある程度のレベルに育ったところで農地を持たせ，独立し分社化（のれん分け）する方途を探そうとしている点でユニークである。またこの動きに呼応し平成24年に立ちあげた「兵庫大地の会」は，県内の若い米専業農家が25名に増え，面積も1,000haに及ぼうとしている。何のために農地を集め農業の担い手が中心になって何をやろうとするのかを，地域の人々と一緒に考え理解を共有しながら今後を展望しようとする「夢工房」の取組みに今関心が広まっている。

同様に中山間地のN農場も，もともと集落営農を母体とする法人ということもあり，環境保全を含め地域とのかかわりに心血を注ぐ地道な活動が目を引く。ここでは県農林事務所や普及センターの協力を得ながら，40項目前後の戦略要因を細かく検討し，活性化へ向け取り組むべき課題に優先順位をつけ，またSWOT分析を援用し農場が所在する一帯の強みや弱みを再確認する作業が続けられている。

今後その動きがM農場を中心にどう展開するかが注目されるケースである。

(3) 16農場のこれから

　表3に戻ってその右欄に矢印で示した今後の規模拡大への展望を見ると，経営の現状を見つめ直そうと考えている事例が9，引き続き拡大に努める事例が7ケースある。前者は，麦・大豆を中心に新たな品種や他作物へ目を配り，現状を再点検しながらこれからの展開を考える充電期間にあてたい意向のようである。ここでは，面的拡大よりも6次化を通した地域おこしや若い世代の食育により目を向けようとする意図も伺える。

　他方，矢印が上向きで示される後者は引き続き規模拡大に向かう事例であるが，規模が大きいほどさらに拡大をめざす傾向を読むことができる。規模を拡大しながら，7事例のうち複合部門の充実を含め水田の高度利用に意欲的なケースが3，新たな販路を拓きマーケットインに活路を求めるケースが2，農業関連経営体や他産業の企業との連携を図り経営活動のパイをより広げようとするケースが2となる。最後の2事例はともに40代の中堅の若手経営主であり，水田農業に見る規模拡大の将来に新たな時代の胎動を感じさせる。

6. おわりに

　4つの着眼点から16事例の経営展開を概観した。この研究会に関連し話題を提供した梅本報告では，わが国の稲作農業は，稲作のより一層の生産性向上を図りながら，同時に主食用米依存の稲作経営から水田に基盤を置く水田複合経営へと転換していく方向で規模拡大が進んでいる（梅本，2013，2015）。そこでは，水田での畑作物の生産性の向上や野菜類などの導入を進めながら，加工販売を含む多角化戦略を追求していくことが求められている。

　既に見てきたように，16の農場ではその水田複合化を先導し実践しているケースがほとんどである。資源賦存の状況がその土地柄や担い手の経営体によって異なる状況下で，個々により濃淡はあるものの地域農業を守る使命感に立ち，耕作が困難視される農地を受け入れビジネスとして自立させており，その手立てや工夫に教示される点が多い。

　しかし，多くの経営体は，先進的な技術の導入による高い生産力に支えられながら，複合化・多角化に目を向けた水田作に取り組みつつ，経営管理の高度化をどう図るかに課題を残している。法人経営では，とりわけ直面する課題の筆頭にあがる雇用問題に対処するためオペレーターを含む従業員のスキルを高め，生産

物の加工・販売をも行いながら，経営としての厚みや機動力を増すような取組みが求められる。このような経営対応に加え，さらに6次産業にも積極的に関わり，地縁関係を活かした農産物の安定供給と高付加価値化，ブランド化を進めていくことが重要な戦略となる。それを含め，その詳細はそれぞれの事例が語る後段の体験談に委ねることにしたい。

引用文献

梅本 雅：2013年11月．土地利用型農業の現状と展開方向．『農業』1578号．大日本農会．

梅本 雅：2015．土地利用型農業の展開と課題―水田農業を主とする経営発展の類型―．堀口健治・梅本 雅編『大規模営農の形成史』（戦後日本の食料・農業・農村 第13巻）所収．農林統計協会．

宮武恭一：2016．量販店等とコラボした多様な品揃え型ビジネスモデル．『大規模水田作経営のビジネスモデル』．中央農業総合研究センター．

南石晃明・竹内重吉・篠崎悠里：2013．農業法人経営における事業展開，ICT活用および人材育成――全国アンケート調査分析――．『農業情報研究』22（3），農業情報学会．

八木宏典：2016年8月．変貌するわが国の水田農業．『農業』1615号．大日本農会．

横田修一：2016．横田農場のチャレンジ．『営農することとイノベーションすること（実地編）』．第7回EXセミナー資料．日本農業普及学会．

付表　16事例の主要な農業機械装備状況（台数）

	A	B	C	D	E	F	G	H	I	J	K	L	M	N	O	P
トラクター																
100ps 超	4	2				1			7	1	4		1		1	
100～50ps	3	6	5	7	2	2	4	6	6	11	6	2	5		3	2
50ps 以下	1	1	4	3	2		4	3	4	2	2	4	5	6	2	4
小計	8	9	9	10	4	3	8	9	17	14	12	6	11	6	6	6
田植機																
8 条以上	1	1		2	1	1	2	3	3	3	5	2			2	1
6 条以下			2	2	1					2		1	3	2		
小計	1	1	2	4	2	1	2	3	3	5	5	3	3	2	2	1
コンバイン																
普通型	2	2	1	2			2		5			1		3		
自脱型（5条以上）	2	1	2	4	1	1	3	4	3	5	5	1	2		3	1
自脱型（4条以下）												2	1			
小計	4	3	3	6	1	1	5	4	8	5	5	4	3	3	3	1
大豆専用コンバイン		1								2	1					
防除用無人ヘリ									1							

II 生産技術の課題と取組み

長野間 宏

1. 技術的な課題

　大規模化を進めるうえでの技術的な課題（圃場基盤整備や用排水施設の課題はⅢ章に委ねる）は，①収益性の高い作物・品種・栽培方法の選択，②多様な履歴を持つ受託地の地力平準化と作物の高品質・安定生産，③作業能率の向上と適期作業，④省力・低コスト生産，⑤気象や地形・土壌の立地条件による作期などの制約の克服である。16の大規模水田経営（A～Pで示す）が，これらの課題の解決にどのように取り組み続けているかを，「わが国農業を先導する先進的農業経営研究会（以下「研究会」という）」の報告などにより概略整理した。なお，16のうち，1経営体（E）については入手できていないデータがあること，平成25年のデータを基に解析するが，一部に平成27年のデータが含まれること，さらに，取りあげた技術が水田作技術全般にわたるものでないことを予めお断りする。

2. 16経営体の立地する気象条件，地形，土壌

(1) 気象条件

　各経営体の所在地に近いアメダス観測地点の気象データによると，年平均気温は，A（五所川原），B（花巻）が10℃台で最も低い。11月1日から4月1日までの平均累積降雪量は，A（五所川原），G（長岡）が500cmを超え，次いでB（北上），H（砺波）が300cmを超える。C（古川），K（彦根），M（鳥取）は100cm台である。春の農作業の遅れなどに及ぼす降雪の影響は，A，B，G，Hで大きいと考えられる。

（2）地形と分布する主な土壌

　各経営体の所在地周辺の地形と分布する土壌の概略について，①〜⑦にグルーピングして示す。経営体を示すアルファベットの後の（　）内の数字は，経営面積に占める1ha区画以上の大区画圃場の割合（%）である。大河川の中下流域の平坦地で大区画圃場の整備が進むが，信濃川流域にあるGでは遅れている。また，大河川の流域でないB，K，Oでも平坦な地形を活かして大区画へ整備を進める。Dの地域は，今後の大区画圃場整備が容易な条件を有する地形と土壌である。

①大中河川およびその支流の流域に立地する。

　湿地帯に分布する泥炭土，排水性が悪いグライ土および強グライ土，礫質から細粒質までの種々の土性の灰色低地土が分布する。A（50%），C（20%），E（23%），F（4%），G（0%），H（0%），I（30%），M（0%），P（0%）

②扇状地形に立地し，細粒灰色低地土，礫質台地土などが分布する。B（10%）

③江戸時代に関東内陸の湿地帯を干拓した平坦な地域で細粒灰色低地土が分布する。D（0%）

④伊勢湾沿いの干拓地で，中粗粒および細粒グライ土が分布する。J（0%）

⑤琵琶湖湖岸の平坦地で主に細粒灰色低地土が分布する。K（10%）

⑥玄界灘に面した平坦地で一部に干拓地があり，麦作には排水対策が必要な細粒から中粗粒のグライ土が分布する。O（20%）

⑦中規模な河川の上流部にある盆地または谷底平野に立地した中山間地で，礫質から細粒質までの灰色低地土が分布する。L（0%），N（0%）

3．収益性を高めるための栽培技術，品種の選択

　規模拡大を支える販売力強化技術として有機栽培，特別栽培など米の販売価格を高める栽培方法がある。また，酒造好適米も販売価格が飯米用より高い。Nは単価の高い水稲種子生産を15haで取り組んでいる。各経営体における水稲栽培面積に占める有機栽培＋特別栽培，一般栽培，酒造好適米，加工用米，飼料米＋WCSの比率を示す（図1）。有機栽培＋特別栽培の面積には各認証と同等の栽培方法を用いている面積を含めた。また，酒造好適米，加工米の中には特別栽培の認証を受けている面積が含まれる。

　図1では，各経営体の販売戦略の特徴を示す種類の米に経営体の記号を表示した。水稲の作付面積と有機栽培＋特別栽培の比率の間に，特別な関係は見られない。全く有機栽培，特別栽培に取り組んでいないのは，最も経営規模が大きい稲・麦・大豆の2年3作体系のIと稲麦二毛作が中心のPの2経営体だけで，Pは

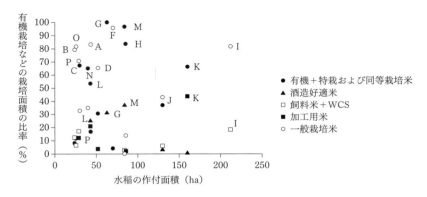

図1　経営帯別の水稲面積（ha）と有機＋特栽米，一般栽培米などの面積比率（％）
注）経営体の販売戦略上で特徴的な種類の米に経営体の記号を付けた。

図ではわかりにくいが一般栽培のほかに加工用米とWCSを栽培している。また，80％以上が特別栽培である経営体はG，H，Mで，50％を超えるのは7経営体である。他方一般栽培米が50％を超えるのは7経営体である。

　特記すべき事例を挙げると，Kは，合鴨農法による有機栽培米を直接販売して消費者を掴んだ後，160haの水稲を栽培する規模になっても，7％の面積で有機栽培を継続している。しかし，近年では，もち米や酒造用掛け米の面積が全体の44％（70ha）に増えているが，このうちの18haは引き続き特別栽培である。Bは直播栽培の割合が72％と多いが，以前からの固定客のために移植による特別栽培を残している。Gは全て100％特別栽培であり，20haの酒造好適米も栽培している。Mは化学合成農薬，化学肥料を使わない栽培方法で32haの酒造好適米を含めて83haを栽培している。有機栽培，特別栽培の合計は96％で，乾田直播でも特別栽培を行っている。日本酒の製造数量では全国43位の鳥取県の経営体Mは，地元鳥取を含めて兵庫，京都，埼玉の蔵元と高い品質を評価された「山田錦」を契約販売しており，販路の開拓および販路と価格の維持が重要であることがわかる。Oは殆どの水田で稲麦二毛作を行うが，JAS有機認証の「ミルキークイーン」3haを早期栽培している。有機栽培，特別栽培では除草技術がポイントであるが，D，E，Gは乗用の機械除草機を導入し，Gは湛水直播でも特別栽培を実施している。収益性と省力化の両立には，特別栽培にも対応できる直播技術の確立が重要である。

4. 受託地の地力向上と平準化と圃場管理

　各経営体は，圃場区画の拡大，圃場間の生産力の高位平準化，圃場の面的集積などの努力を長年続けている。土壌の種類が同じ圃場群では，地力水準を均一にすると栽培管理が容易で安定した収量・品質が得られる。Eを除く15経営体について調査すると，耕深を深くして有効土層からの養分供給力を増すことを意識している経営体が67%ある。また，堆肥，鶏ふん燃焼灰の施用を重視しているのは14経営体である。特に，Mは地域の転換畑作を一手に引き受けていた時代に，圃場内の礫を取り除きながら堆肥施用と深耕を繰り返して地力の均一な圃場群を作り上げてきた。深耕した圃場では普通の田植機が使えずにポット苗用の田植機を用いる。農道から見ると圃場間の稲の草丈，葉色差が全くないので畦畔の位置がわからないほどである。この蓄積の上に蔵元が求める品質（50%以上精米した米粒の均一な吸水など）の均質な酒造好適米を32haで生産している。養分供給力のある厚い有効土層を持つ圃場では，地温の上昇に応じて下層の土壌窒素が有効化し根の伸長によって吸収するので，晩生で，かつ高収量を目標にしない「山田錦」の特別栽培に適しているだろう。

　レーザーレベラーを所有する経営体は，15経営体中9経営体で，規模の大きなIは4台，Kは2台所有している。Iは大豆跡の圃場を3ha/日・台の能率で，4台を用いて約11日間で126haの均平作業を行う。転換畑作により土壌が乾燥収縮して不陸が発生した圃場や畝立栽培をした圃場の均平，直播栽培の苗立ち安定と効果的な除草剤使用に必要な水準の均平に，大区画圃場ではレーザーレベラーが不可欠である。均平な圃場では代かき作業も能率が向上し，作物の苗立ちと生育の均一化，収量・品質の向上につながる。また，圃場を合筆して区画を拡大した後の数年間は切土と盛土で地力差が生じるが，Bは切土部分への重点的な堆肥施用などによって地力むらを早く解消させている。

5. 規模拡大に必要な作期拡大と省力・低コスト技術

（1）立地条件などの制約を受ける作期幅の制約の克服

　水稲の作期幅を拡大して農業機械の稼働期間を増すことが規模拡大とコスト削減に有効である。稲作の作業期間は，経営体の立地する場所の温度条件と地域の水利秩序による灌漑水の利用期間に左右される。温度条件からは，幅広い稲作期間が設定できても，水利秩序の制約によって灌漑水が早く利用できなければ，田

表 1　調査地域別の移植作業と収穫作業の期間

地域	東北	関東	北陸	東海	近畿	中国	九州
所在県	青森	埼玉	新潟	岐阜	滋賀	鳥取	福岡
経営体	A	F	G	I	K	M	O
作付体系	単作	単作	単作	2年3作	単作＋稲・野菜	単作＋野菜他	稲麦＋早期稲
移植面積*	43	70	63	200	160	83	24
収穫面積*	73	85	63	200	190	109	52
移植開始日	5/14	4/18	5/5	4/12	4/23	5/25	6/20 (5/2) ***
移植終了日	5/24	6/7	6/5	6/8	6/15	6/28	6/30
移植期間	11	51	32	58	54	35	11
収穫開始日	9/16	8/14	9/1	8/12	8/20	9/10	9/25 (8/20) ***
収穫終了日	10/17	10/5	10/2	11/10	10/10	11/14	10/20
収穫期間	32	53	32	91	52	66	26
品種数**	—	8	6	7	11	7	4

注）＊移植および収穫面積には作業受託を含む。面積は平成25年のデータを基本とする。＊＊品種数には作期が移植とずれる直播を別にカウント。＊＊＊（　）内は3haの早期栽培。

植えの開始時期が遅れる。また，出穂後30日程度は灌漑が必要なので，灌漑期間が8月末で終わる地域では晩生種の栽培が制約される。そこで，Eを除く15経営体の移植の作業期間および移植水稲の収穫期間について調査し，表1に地域の代表事例を示す。実際に作業できる日数は降雨の影響を受けてこの期間より短くなる。

　地域別にみると，北東北の経営体Aでは移植作業期間が11日と短い。日本海側のG，Mは32～35日間である。他方，F，I，Kでは50日間以上ある。また，小麦収穫後に田植えを行うOでは11日間と短いが，麦に影響されずに5月に灌漑水が使える区域で早期栽培を行う。次に，収穫期間は，A，Gが32日間で他の地域より短い。F，K，Mでは50～66日間である。200haの収穫を行うIは91日間と最も長い。また，稲麦二毛作を行うOでは，小麦あとの稲の収穫期間は26日間と短い。

　灌漑水の利用期間を自由にできない条件で，生産者は早生から晩生までの多種類の品種を作付けすることで春と秋の作業期間を拡大して，限られた労力と機械

装備で面積をこなしている。稲麦二毛作が中心のOは品種選択が制約されるが，大規模な経営体では，6〜11品種を組み合わせている（表1）。「コシヒカリ」の本場に立地するGは，「コシヒカリ」の作付割合を60%以下に抑えて作業時期のピークを緩和している。最も規模の大きなIは，4月から6月上旬まで田植え，8月中旬から11月上旬まで刈取りを行い作業期間が長い。晩生種を作付けする場所には排水の不良な圃場を選んで登熟を良くする工夫をして，灌漑期間の制約を克服する。Jも11月下旬まで稲刈りを行うなど，東海地方の作業期間の自由度は大きい。E，Fは複数の品種を組み合わせて移植期間，収穫期間を長くすることで，8条用田植機と6条用自脱コンバインの1セットで80〜100haの稲の栽培を行う。特に，Eは水利組合の了解を得て自ら揚水ポンプを動かして晩生種を栽培する圃場への灌漑期間を地域の慣行より延長する。水利秩序を大幅に変更して，灌漑期間を大規模農家の要望に合わせることは容易ではない。しかし，農区，圃区別に早生〜晩生の品種を計画的に配置して，水源として用排兼用水路や湖沼の水を利用できる区域に晩生種を作付けする工夫が可能であろう。また，後述するように春の作業は，灌漑水利用開始前の乾田直播により分散できる。

　なお，もち米を含む複数品種を栽培する場合，収穫・乾燥調製におけるコンバインなどの掃除が課題であり，早生品種と晩生品種の組合わせで掃除の回数を少なくする工夫が重要になる。

（2）作業効率の向上と高能率・高精度機械の導入

　作業受託を含む稲収穫面積を経営体が保有する自脱コンバインの条数を合計した数字で割って，自脱コンバイン1条当たりの刈取面積を試算して，稲収穫面積との関係を示した（図2）。なお，経営体の主力のコンバインは5〜6条用であり，

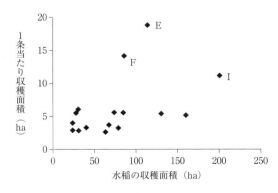

図2　自脱コンバイン1条当たりの収穫面積（ha）
注）作業受託面積を含む。

カタログ上の1条当たりの能力差は5%程度と小さい。また，BとLでは汎用コンバインを稲刈りにも一部用い，経営体が所有する機械には通常使用しない予備機が含まれる場合もあるが考慮していない。図上に際立って1条当たりの収穫面積が大きいE，F，Iの位置を示した。E，Fは移動距離が短いところに圃場をまとめて品種を組み合わせて作期を拡大しており，Iは1ha以上の大区画圃場が30%を占めることに加え7品種の組合わせで作業期間を延ばしていることで作業効率が高い。Fは1台の6条用自脱コンバインで1日3haの収穫ができると述べているので，仮に収穫作業期間が60日，収穫作業可能日数率を70%として40日間収穫を行うと120haとなり，かなりの面積を1台でこなせる。ただし，圃場の面的集積に加えて，稲を倒伏させない栽培管理，圃場の排水管理，コンバインのメンテナンスと故障時の迅速なサービス体制などが前提である。

　東北地域では，適期作業ができる期間が短い。このため，大規模農家は条件の整った短期間に高能率機械で作業を行うことが必要である。農繁期に作業機をトラクターに付け変えることはなく，複数のトラクターに個々の作業機を付けたままにして順次作業を進める。例えば，作業に好適な土壌条件が得られる期間が短いBの乾田直播では，大区画圃場で畑用のグレインドリルが10km/時の高速で播種し，能力を発揮する。同じ播種機2台で1日半に40haの小麦を播種するという。このように，大区画圃場が整備され，排水性も大幅に改善されると高速・高精度の播種機の能力が発揮される。そこで，麦，稲には高能率のグレインドリルシーダを用い，他方大豆には株間，播種深度の精度が高い真空播種機を用いれば，多少性能を犠牲にする播種機の汎用利用が不要になる。

　Gは圃場別および圃場内の収量と品質の変動がわかり，次作の栽培・施肥管理の修正に活かせる収量コンバインの開発に関わり，既に3台を導入している。さらに，走行速度に影響されずに均一な資材・肥料の散布ができるGPS付きのブロードキャスターの開発にも関わり，既に導入している。また，Fは日本の準天頂衛星「みちびき」による位置情報を用いて均一な肥料散布を行っている。BはGPS付きトラクターが，夜間の播種やマーカーがよく見えない時の圃場鎮圧作業に役立つと述べている。このように，大規模な経営体は，研究機関やメーカーと共に機械開発に積極的に関わり，その中からコストと実用性を評価して使えるものをすぐに導入する。

6. 直播技術の導入

　15経営体のうち，11経営体で直播栽培を導入している（表2）。導入した直播

表 2　水稲直播栽培の導入面積と割合および乾田直播適地面積の割合

経営体	所在県	水稲面積（ha）		導入直播面積（ha）と割合（%）				将来面積（ha）と割合（%）				乾直適地%
		現状*	将来	湛直	乾直	合計	割合	湛直	乾直	合計	割合	
A	青森	43	100	0	1.6	1.6	4		20	20	20	
B	岩手	22	30	2.8	13.0	15.8	72		15	15	50	
C	宮城	31	不明	0	8.3	8.3	27		?	?	?	50
D	茨城	67	400**	0.5	0	0.5	1	20	?	20	5	
F	埼玉	70	100	1	0	1	1	15	?	15	15	
G	新潟	63	150	3	0	3	5	30	0	30	20	
H	富山	78	100	6	0	6	8	30	0	30	30	
I	岐阜	200	300	0	20	20	10	0	30	30	10	30
J	愛知	127	150	0	9.5	9.5	7	0	15	15	10	20
K	滋賀	160	200	5	試験中	5	3	100	?	100	50	
M	鳥取	83	150	0	8.8	8.8	11	0	50	50	33	30
N	山口	40	80	0	0	0	0	8	0	8	10	20

注）＊現状面積は平成25年のデータを基本とする。また，水稲栽培面積には作業全面受託面積を含む。
　　＊＊予想する最大値。乾直適地は聞き取り調査による。

栽培の種類と導入面積と稲作付面積に占める割合，予想される将来の経営規模における導入面積と割合を示す。現在の直播導入面積の割合は1.3%から72%で，Bが72%で最も多い。導入面積ではIの20ha，Bの16ha，Jの10ha，Mの9ha，Cの8haの順に大きい。乾田直播を導入しているのは7経営体である。湛水直播を導入しているのは6経営体である。このうち，Bは乾田直播で播種できなかった場合の補完に湛水直播を，Kは湛水直播を主にしているが5月中旬播種の乾田直播を検討中である。乾田直播の播種機は，高速で播種できる麦兼用のグレインドリル（ドリルシーダ）をB，C，I，Kが，ロータリシーダ（ドライブハローシーダ）をA，Mが，V溝播種機をJが採用している。V溝播種機を用いない理由として，Aは肥料と種子を同じ播種溝に播くことと覆土不足などへの不安，Bは作業速度が遅いことを挙げている。湛水直播では，鉄コーティングをB，F，G，Hが採用し，カルパーコーティングをKが採用している。Kは鉄コーティングを使用しない理由に播種後出芽までの日数が数日長いので除草剤の使用が難しいことをあげている。

　次に，直播栽培導入の動機は規模拡大に伴って育苗ハウスの面積が不足したことを4経営体があげていて，規模拡大過程で直播栽培を導入する大きな動機である。特に，Bは，平成5年の冷害の翌年の転作緩和で稲作の面積を増す時に直播を導入した。なお，直播とは別に育苗箱数を削減して規模拡大に対応できる疎植栽培をD，F，Oが行い，D，Fは，育苗箱数がさらに少ない密播疎植栽培も試みて

表3　乾田直播の導入による作業時期の分散

直播種類	乾田直播	乾田直播	乾田直播	乾田直播	湛水直播	湛水直播
地域	東北	東海	近畿	中国	関東	北陸
経営体	B 岩手	I 岐阜	K 滋賀	M 鳥取	D 茨城	G 新潟
水稲栽培面積（ha）	22	200	160	83	67	63
合計作付面積（ha）	72	439	182	102	96	77
直播導入面積（ha）	15.8	20	5	8.8	0.5	3
乾直開始日	4/29	4/1	5/25	5/7		
乾直終了日	5/4	4/2	5/25	5/25		
湛直開始日	5/13		6/1		5/3	5/2
湛直終了日	5/14		6/3		5/6	5/2
移植開始日	5/12	4/12	4/23	5/25	4/13	5/5
移植終了日	5/20	6/8	6/15	6/28	6/3	6/5
直播収穫開始日	10/14	9/25	10/1	9/26	9/15	9/25
直播収穫終了日	10/20	9/28	10/10	11/1	9/20	9/28
移植収穫開始日	10/1	8/12	8/20	9/10	8/17	9/1
移植収穫終了日	10/12	11/10	10/10	11/14	10/3	10/2
収穫期間（日）	20	91	52	66	48	32

注）平成25年のデータを用いた。水稲栽培面積は全面作業受託面積を含む。

いる。

　直播の導入は，省力・低コスト技術としても7経営体で評価されているが，乾田直播では，移植作業と作業時期が分散するメリットがある（表3）。乾田直播を移植作業の前に行い，収穫を移植水稲の収穫後に行うことで，春と秋の作業時期を分散ができるのがA，Bである。次に，乾田直播を移植作業の前に行い，収穫は移植水稲の収穫後半に重なるのが，I，J，Mである。乾田直播を移植作業の後半の地温が上昇した適期に播種し，収穫は移植水稲の後半になる体系を検討中なのがKである。湛水直播でも湛水直播を移植作業の前に行い，収穫は移植水稲の

中盤に重なるのがGである。

　注目すべきなのは，東北に位置するA，B，Cの3法人が乾田直播を導入していることである。積雪の多い地域でありながら乾田直播を実施する理由は，雪解け後の排水に心がけた圃場づくりを行うと代かき作業が始まる前に播種ができることである。このために，Bは根雪前の土壌が最も凍結した12月にプラウかスタブルカルチで起こして土壌を粉砕しておき，春先の表層の乾燥を促進する。また，雪の上からサブソイラーをかける「雪割り」により排水促進をする。A，Bともに秋のうちに鶏ふん燃焼灰，堆肥の施用を行う。乾田直播に適した圃場を選ぶ必要もある。当然，その年の降雪量や降雨量によって，整地作業が予定時期に実施できなかったりすることがある。Aは，やむなく乾田直播ができなくなる場合，予定圃場以外の乾いた圃場へ変えるか，大豆作に切り替える対応をとる。Bは，無代かき鉄コーティング湛水直播に切り替える。Bは，通常はグレインドリルを用いて10km/時の高速で播種するが，鉄コーティング直播という逃げ道もあることがリスク分散につながっている。また，東北の3法人ともに，代かきを伴わない播種方法であり軽快な作業ができることも評価しているが，漏水が抑えられ，乾く圃場という適地条件が作付けする全ての水田圃場に当てはまらないことが弱点である。

　また，I，J，Mも移植作業との作業時期の分散を乾田直播のメリットにあげている。V溝直播を導入しているJは，水利の関係で冬期代かきができない圃場では鎮圧後に播種を行っている。鉄コーティング湛水直播を導入しているG，Hは，農閑期にコーティング作業ができることを評価している。Gは，2万箱以上の苗を販売しており，この販売利益を維持するためにも規模拡大部分には直播を導入する。

　表2には，将来の稲栽培面積と直播の導入予定割合も示した。将来の乾田直播の導入面積は15〜50haで，稲栽培面積に占める割合は10〜50％である。漏水過多，小区画，排水不良という乾田直播に不適な圃場を除いた適地の割合は20〜50％である。適地全てで乾田直播を実施する予定の経営体はMであるが，灌漑水路の用水量の制約から，1つの用水路沿いに乾田直播をまとめられない問題を抱えている。

　湛水直播で導入予定面積は8〜100haで，稲栽培面積に対する割合は5〜50％である。規模拡大を進めているKの計画が突出して大きい。北陸の2経営体は，30haの導入で，いずれも稲栽培面積の20〜30％の割合を想定している。

　また，直播の収量を移植と比較すると乾田直播では70〜103％，湛水直播では93〜100％である。調査データに幅があるが，Aの乾田直播を除くと30kg/10a以

内の減収で，収量差のない経営体もある。移植と直播の収量差が，直播面積の増加をためらわせているとは思えない。例えばCは，乾田直播で業務用の「とうごう4号」で780kg/10aの超多収栽培を目指している。なお，九州のO，Pは，スクミリンゴガイ（ジャンボタニシ）の被害が大きいために直播技術に取り組まないと回答している。なお，報告書によると，Eはドリルシーダによる乾田直播3ha，鉄コーティング湛水直播5haを実施しており，基盤整備の進捗状況により拡大する計画がある。

　参考になる取組みをあげると，有機栽培，特別栽培で販売促進を実施しているKは，乾田直播で除草剤の使用を減らす工夫を行っている。170haの大規模経営であり，作業員は多く，作業機も多く保有する。そこで，気温の上昇した本来の播種適期の5月中旬に移植作業を行う部隊とは別に，乾田直播を行う作業部隊を編成する。この時期に播種を行うには周辺の移植水田からの水の浸入を避けるために圃区単位以上に乾田直播圃場をまとめる必要がある。レベラーで均平を行った直後の圃場に催芽籾を播種することで播種から出芽までの日数を短くして雑草防除が容易な乾田直播にする工夫である。50ha程度の規模では，乾田直播後に移植作業を行うというシナリオだけになるが，規模が大きくなると移植とは別の作業部隊が地温の上昇した適期に乾田直播することが可能になる。Mは「山田錦」を乾田直播で約5ha栽培しており，契約している蔵元から移植栽培と品質面で差がないと評価されている。なお，乾田直播の課題としては，地力維持がある。Cは事業系食品残渣を原料とする堆肥，Mは家畜ふん堆肥を連用しており，土壌の乾燥で促進される地力窒素の消耗を補っていると考えられる。

　直播技術を移植の補完技術とみるか，移植と併用して積極的に規模拡大を図る技術とみるか意見が分かれる。仮に高能率播種機で大面積を一気に播種しても，収穫時期がまとまった場合，降雨による刈り遅れや品質低下，収穫機械，乾燥機械の過大な装備につながる。地域の気象条件と品種特性から播種時期，移植時期別の収穫時期を予測し，乾燥能力に見合った面積が順次連続して収穫適期になるように計画する必要がある。Eは将来の目標規模を300～400haと述べているが，基盤整備の進行程度や水利などの条件を異にする多様な圃場群に合わせて湛水直播，乾田直播を選び，移植栽培と積極的に組み合わせる計画である。

7．作付体系の工夫と麦，大豆の収量向上

　各経営体の土地利用の状況をみると。東北，北陸などの1年1作の地帯，東海の稲・麦・大豆2年3作の地帯，九州の稲麦二毛作地帯に分かれる。1年1作地帯

でも，A，C，G，Hは稲・麦・大豆を中心にした輪作を行う。Bは，稲を江戸時代からの水田で栽培し，小麦などの畑作物を1965年以降に原野を開田した排水の良い圃場で輪作する。特に，A，Bは厳しい気象条件の制約を乗り切るために大豆立毛中に麦を播種する間作技術も利用している。収益性を高めるために野菜を組み入れた体系として，Cは水田でのエダマメの栽培，鳴子高原でのニンジンの栽培，ハウスでのコマツナの周年栽培を行う。Kは水稲栽培が中心の大規模経営であるが，水田で早生品種の後作にキャベツ，ブロッコリーを13ha栽培することで冬期間の雇用労力を活用している。また，PはWCS用水稲の後作に5haのキャベツを栽培し，寒玉系はカット野菜原料として栃木，大阪へ出荷し，春系は九州各地に出荷する。2.5haの加工用バレイショは，製菓メーカーとの契約栽培である。Mは，販売先を開拓して白ネギ2.4haを栽培している。野菜導入にも販路の開拓が大前提である。

大豆には湿害に強い畝立同時播種をH，I，L，Nが実施する。Iは麦，大豆の播種では播種と同時に除草剤を散布する省力技術を工夫し，大豆の播種期が遅れた場合には狭畦密植栽培を行う。さらに，大区画圃場の整備が進んでいる利点を活かして，高能率の大型機械を用いて，麦播種，大豆播種前にもプラウ耕を行って土壌改良資材，わらのすき込みを行っている。大豆は窒素固定を行う作物であるが，それ以上に地力窒素も吸収する。また，畑期間に乾燥した土壌は地力窒素を乾土効果で放出する。このため，大豆を含む輪作のサイクルを繰り返すと，土壌窒素無機化量が減少して，大豆の生育収量が次第に低下し，小粒化による品質低下も生じる。このような大豆の収量・品質の低下をG，H，Jが観察しているが，C，Iは意識していない。Cでは堆肥の連用の効果，Iではプラウ耕による稲麦わらのすき込みにより地力低下が抑えられているが，Jのように地権者の意向で水稲との輪作ができずに大豆連作により減収するという規模拡大過程で生じやすい課題も残っている。

麦作では，Oが稲あとの麦の播種用にアップカットロータリ畝立施肥・散播麦播種機を開発して利用している。粘質な土壌をアップカットロータリで表面排水のための台形の畝を立てると同時に，表面散播する播種機である。また，O，Pともに，弾丸暗渠により稲あとの麦作圃場の排水を促進しているが，稲に戻る際は，土壌が粗粒な圃場や下層に礫が出る圃場の場合，水を入れながら代かきを行うことで漏水を止める。Oは地元の企業と連携してラーメン用小麦を12ha栽培しているが，高蛋白含量にするために地力の高い水田に作付けして500kg/10aの高収量を得ている。また，収穫時期を分散するためにビール麦と小麦の比率を4：6にする。特に24haの小麦については蛋白含量を基準範囲にするために重労働を厭

わずに背負いの散粒機で穂揃い期追肥を行い，販売価格を高める品質向上に地域全体で取り組んでいる。Pは地元の焼酎会社と契約して10haの二条大麦を栽培している。小麦作でも大規模経営では作期分散のために2種類の品種を用いる。

今後の課題として，水田の利用方法は全て田畑輪換が良いのか，圃場条件を考慮した適地適作が良いのかがある。従来のブロックローテーションには，転作により稲を作れない不利益を集落内で平等に負担して大豆を作る面があった。これを改めて，それぞれの作物が高位安定生産を可能にする圃場条件を考えた合理的な土地利用計画を立てるべきで，晩生の品種で超多収を狙う稲単作，稲・麦・大豆の輪作，稲麦二毛作，稲と野菜の二毛作や輪作，畑作物中心の輪作圃場を配置するなどの組合わせが考えられる。

8. 耕畜連携と堆肥施用，土壌診断と省力・低コスト施肥技術

飼料作物や稲わら，麦わらを畜産側に提供し，代わりに堆肥の供給を受ける耕畜連携は，M，Pで行われている。特に，Pでは畜産側が機械を持ってきてわらを集め，堆肥を散布する。料金は，運搬，散布作業，わら代金を含めて清算している。また，自前の堆肥舎で家畜ふんなどを材料に堆肥を調製しているのは，15経営体中7経営体である。特にCは，ビール工場などの事業系食品廃棄物から堆肥を製造し散布している。Nでは堆肥連用により水稲が倒伏するリスクが生じている。土壌の種類やこれまでの施肥履歴で圃場ごとの地力水準が異なるため，同じ量の堆肥連用でも稲に対する影響が異なる。堆肥連用による土壌無機化窒素量の変化を分析・評価して，作付けする品種に応じた施肥設計および堆肥施用量の増減に活用する普及指導機関の体制整備が求められる。また，土壌診断にもとづいて，ケイ酸，石灰，苦土，リン酸，カリなどのうち，必要成分の適量のみを施用することがコスト低減に有効であるが，定期的に土壌診断を行っているのは，I，L，Nである。他に必要に応じて4経営体が実施する。Nは土壌改良資材の散布作業を100haも受託していることが注目される。

省力，低コストを目指した施肥技術の基本として堆肥，鶏ふん燃焼灰などを使用する生産者は87％と多く，殆どの経営体で堆肥などの施用による地力の向上対策を実施している。このうえで，施肥コスト削減のために安い化成肥料を選ぶ経営体は47％で，自ら希望する成分の肥料をオーダーする生産者もいる。肥料成分濃度の高い肥料を用いると肥料の運搬，散布時間の短縮につながるが，47％の生産者が実施している。水稲に肥効調節型肥料を用いた基肥一発施肥は，60％の経営体で用いている。また，施肥効率が高いので施肥量は少なく，省力化も図れ

る水稲の側条施肥を行う生産者が47%と比較的多い。経営規模の最も大きなIは，側条施肥田植機で基肥一発施肥と除草剤の同時施薬を行って省力化を図る。また，特別栽培の施肥では，配合肥料＋追肥体系が60%で，特栽に対応した基肥一発施肥が40%ある。乾田直播を導入している7つの生産者のうち，5つの生産者で被覆肥料を用いた基肥一発施肥を行っている。経営規模と施肥技術の省力化の関係は，特別栽培が水稲作付面積に占める割合も関係して明確ではないが，最も規模の大きなIが省力的な施肥技術を重視し，Kも業務用米など新たな規模拡大部分では散布作業に時間のかかる有機質肥料ではなく成分濃度の高い化学肥料の使用を行うことが注目される。

<h2 style="text-align:center">9. まとめ</h2>

　取り上げたどの経営体にも，大規模経営に対する印象として持たれる規模拡大に伴う面積処理を優先した粗放な管理はみられない。粗放な栽培管理は，地域の信頼を失わせ，収量・品質や収益性を低下させる。大規模経営では，綿密に計画し，狙った各種作業時期に目標面積を処理し，目標収量と品質を確実に得る栽培管理技術体系を運用することが必須で，さらに，圃場ごとの生育・収量・品質，土壌診断結果を毎年記録して，次作の改善とトラブル発生時の対応に活かしていくことで気象変動リスクにも対応できる安定生産が可能になる。

土地基盤の状況と方向

岩崎和巳

1. はじめに

　2ヵ年にわたる「わが国農業を先導する先進的農業経営研究会（以下「研究会」という）」に参加し，全国で先進的経営を行っている16法人の話，さらに各界の専門家のコメントを聞けたことは，基盤整備（土地改良）の分野で働いてきた私にとって極めて学ぶところが多く有益であった。

　ここでは，16法人からの報告書から基盤整備に関わるデータ（具体的には，基盤関係のデータが収集されていない茨城県E法人を除いた15法人）を検討するとともに，改善希望を整理する。さらに，各法人の後に続く営農者の方々に，圃場整備等に係わる県，市町村，土地改良区の技術者と話し合う際に役立つと思われる情報を整理したい。最後に，今後取組みが増えるであろう巨大区画圃場についての情報提供ができればと考えている。

2. 話題提供された各法人の基盤整備状況について

(1) 圃場区画について

　農家基本データから各法人の経営面積 (ha)，圃場区画の大きさ (a) の割合を整理すると表1のとおりである。不整形（未整備または10a以下の整備）の圃場の割合 (%) をかかえている法人は半数を超える9法人ある。また，(100a超) のいわゆる大区画圃場での耕作を行っている法人は7法人であり半数には達していない。

　表の右端欄には区画平均面積を次式によって計算した結果を示した。算定に当たっては，詳細なデータは収集されていないので，(不整形) は0.1ha，(〜30a区画) は0.3ha，(〜100a区画) は0.7ha，(100a超) は，1.2haと仮定している。

　なお，本章では乗算記号は「＊」，除算記号は「/」を用いて数式を表している。

表 1　各法人の圃場区画の割合（%），区画平均値（ha）

農場記号	所在地	自作地	借地	経営面積	作業受託面積	不整形%	～30a区画%	～100a区画%	100a超区画%	区画平均ha
A	青森県	34	72	107	150	5	45	40	10	0.54
B	岩手県	5	67	72	0	5	45	40	10	0.54
C	宮城県	12.7	28.7	41.4	35.1	0	51	29	20	0.596
D	茨城県	4.5	50.6	55.1	29.5	0	56	44	0	0.48
E	茨城県	—	—	103	10	—	—	—	—	—
F	埼玉県	3	67	70	15	0	30	66	4	0.6
G	新潟県	1	69	70	0	5	95	0	0	0.29
H	富山県	0.7	111.6	112.3	0	0	90	10	0	0.34
I	岐阜県	3	320	323	0	0	20	50	30	0.77
J	愛知県	1	126	127	50	0	40	60	0	0.54
K	滋賀県	5	162	167	30	10	20	60	10	0.61
L	兵庫県	0	45	45	0	10	90	0	0	0.28
M	鳥取県	1	101.6	102.6	25.5	2	90	8	0	0.33
N	山口県	0	40	40	0	1	99	0	0	0.30
O	福岡県	2	27	29	25	10	30	40	20	0.62
P	鹿児島県	1.1	16	17.1	30	40	60	0	0	0.22

A ＝〔0.1 ＊（不整形%）＋0.3 ＊（～30a区画%）＋0.7 ＊（～100a区画%）＋1.2 ＊（100a超%）〕/100

　算定結果から，区画平均値が約0.5haを超えるのは約半数の7法人であり，数多くの小区画圃場での作業に苦労していることが推察される。

（2）事務所から圃場までの距離

　基本データから各法人が耕作している圃場の割合（%）を事務所から圃場までの距離別に整理すれば表2のようである。当然のことながら耕作地の半数（約50%）が5～10km近くに分布する法人から，（～1km）以内にまとまっている法人まで様々である。

　表1の平均面積を参照すると，10km以上の遠方での耕作が多い法人は，大区画圃場の耕作が多いことが推察される。いずれにしても遠方の圃場を引き受けている法人は移動時間と移動エネルギーが多くかかるから，効率の良い大区画圃場を

表 2 事務所から圃場までの距離の割合（%），平均距離（km），農地分散度

農場記号	所在地	〜 1km A（%）	〜 3km B（%）	〜 5km C（%）	〜 10km D（%）	10km超 E（%）	平均距離（km）	農地分散度（Ds）	圃場の枚数	大区画の枚数
A	青森県	10	40	20	20	10	4.4	6.35	122	8
B	岩手県	20	10	70	0	0	3.1	4.55	240	0
C	宮城県	10	30	50	10	0	3.4	5.03	65	4
D	茨城県	25	39.6	32.8	2.6	0	2.4	3.66	250	4
E	茨城県	—	—	—	—	—	—	—	—	—
F	埼玉県	20	55	13	10	0	2.47	3.77	250	4
G	新潟県	0	100	0	0	0	2	3.10	300	0
H	富山県	0	0	100	0	0	4	5.77	500	
I	岐阜県	10	15	60	15	0	3.9	5.70	500	450
J	愛知県	0.5	25	25	15	34.5	6.9	9.53	1,000	—
K	滋賀県	20	40	40	0	0	2.5	3.75	380	0
L	兵庫県	60	30	40	0	0	2.5	3.84	135	1
M	鳥取県	40	40	12	5	3	2.23	3.38	500	1
N	山口県	10	50	10	10	10	3.45	4.97	130	0
O	福岡県	0	70	20	10	0	2.95	4.44	170	11
P	鹿児島県	100	0	0	0	0	0.5	1.00	175	20

引受けの条件にしている可能性が見てとれる。

　ここで圃場への平均距離Lは次式で求めた。算定に当たっては，（〜1km）は中間をとり0.5km，（〜3km）は2km，（〜5km）は4km，（〜10km）は7km，（10km超）は12km地点に集中していると仮定している。

$$L = [0.5 * (\sim 1km\%) + 2.0 * (\sim 3km\%) + 4.0 * (\sim 5km\%) + 7.0 * (\sim 10km\%) + 12.0 * (10km超\%)] / 100$$

　この平均距離が小さいほど時間やエネルギーが少なく有利であるが，平均値で約4kmを超える法人が4ヵ所ある。いずれも表1の区画平均面積も大きく大区画圃場としてまとまっているものと推察されるが，機械，資材，収穫物の搬送には苦労があるものと思われる。

　距離についての単純平均は以上のとおりであるが，圃場の分散状況を示す指標として，各法人の農地分散度（Ds）を算定した。この農地分散度（Ds）は，「農地

が遠方にあることの不都合さ/近傍に集積されることの意義」を検討するために
考案した。

　農地が遠方にあることの不都合さには様々な要素が想定されるが，最も顕著な
ものは法人の事務所と農地を往復するために要する時間や燃料である。15法人
の生産性に関する数値があれば労働生産性やコストの比較で評価ができるが，生
産性に関する数値がないことから，事務所と農地を往復するために要する時間や
燃料に直結する距離を指標として比較検討する。

　農地の分布は，事務所からの距離が1km以内，1〜3km，3〜5km，5〜10km，
10km超に区分し，各区分域への分布割合が％で整理されている。各法人の特徴
を農地の分布に基づいて相対評価するために，基準を設定して，その基準値との
比をとることによって無次元化する。基準には，事務所を中心とする半径1kmの
範囲に全ての農地が存在するという最も好都合な条件を設定する。その面積は約
$3.14km^2$（約300ha）であり，15法人の耕作面積の最大値（農場記号Iの323ha）に
ほぼ近似するので，この条件を基準とすることにする。

　次に，事務所から1〜3kmの距離にある農地までの平均距離は，2kmとする簡
易な方法もあるが，この範囲内の農地を扇型で1箇所にまとめると，事務所から
農地の中央までの距離は次のように定まる。

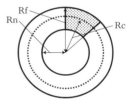

図1　Rn, Rf, Rcの関係

　事務所から外縁までの距離をRf，事務所から内縁までの距離をRnとする。外
縁と内縁に囲まれた扇型（扇の図柄部）の農地を面積で二分する位置を中央距離
Rcとすると，それらの関係は次式で表すことができる（図1）。

$$\pi Rc^2 = (\pi Rf^2 + \pi Rn^2)/2$$

よって，

$$Rc = [(Rf^2 + Rn^2)/2]^{1/2}$$

これにより分布範囲とその中央距離を求めると表3のとおりとなる。このとき，

表3　内縁Rnと外縁Rf間の扇形農地の中央距離Rc

区分	A	B	C	D	E
内縁 Rn（km）	0	1	3	5	10
外縁 Rf（km）	1	3	5	10	13
中央 Rc（km）	0.71	2.2	4.1	7.9	11.6

　注）計算式では，区分A〜Eを添字としてRc_A，Rc_B……Rc_Eと表す。

10km超のＥ区分の外縁は13kmと仮定した。

　内縁Rnから外縁Rfまでの範囲に分布する農地を中央距離Rcで代表させ，全ての農地での作業を終えるまでの総移動時間が，各区分の中央距離（Rc）の往復（＊2）を移動速度（V）で割りそれに各区分の農地面積率（S％）を掛けた値で表現されることとし，これを無次元化して比較するために，全ての農地が区分Ａ（事務所の周辺1km範囲内）に集中している場合との比をとれば，各事務所の農地分散度（Ds）は次のように算定される。

$$Ds = [(2Rc_A * S_A)/V + (2Rc_B * S_B)/V + (2Rc_C * S_C)/V + (2Rc_D * S_D)/V + (2Rc_E * S_E)/V)] / [(2Rc_A * 100)/V]$$
$$≒ [(0.71 * S_A) + (2.2 * S_B) + (4.1 * S_C) + (7.9 * S_D) + (11.6 * S_E)] / (0.71 * 100)$$

　算定結果は表2右端から3欄のとおりである。

　全ての農地が事務所から1kmの範囲に集中していると仮定した場合に比較して，全ての農地が事務所から1〜3kmの範囲に分布しているＧ農場は農地への往復に約3.1倍の時間や燃料を要している。また，全ての農地が法人の事務所から3〜5kmの範囲に分布しているＨ農場は農地への往復に約5.8倍の時間や燃料を要していることになる。また，Ｎ農場のように，農地の半分が1〜3kmの範囲にあっても残りの半分が10km超まで幅広く分布していると，全ての農地が事務所から1〜3kmの範囲に分布しているＧ農場に比較して4.97/3.10≒1.6倍に増大していることがわかる。

　一方，10km以上の距離に全農地の1/3が分布しているＪ農場の法人は，全ての農地を事務所から1kmの範囲に集積することができれば，農地への往復に要する時間や燃料を約1/10に減少させることができることがわかる。

　以上の比較は基準を約300haとして算定している。したがって，これより小規模である場合には数値で示した格差はさらに極端なものになる。例えば事務所の周辺に100haの農地が同心円状に集中している場合を基準にすると外縁は約550mとなり，中央距離は約400mとなる。これは300haの中央距離約710mと比較して，約1.8倍に格差が広がることを意味している。

　研究会では，経営者の多くから今後事務所近傍に農地を集積する希望が述べられているのは当然のことと思われる。

（3）用水路の型式と構成

　各法人の基礎データおよび質問回答から，幹線水路，支線水路，配水路の水路形式を整理すると表4となる。幹線水路⇒支線水路⇒圃場配水路の形式は，次の3タイプに分けられる。

①幹線水路はパイプライン，支線水路もパイプライン，末端圃場配水路の大部分がパイプラインから構成されている。

②幹線水路あるいは支線水路のいずれかが，開水路またはパイプラインであり，圃場配水路の半分以上がパイプラインで構成されている。

表4　幹線水路，支線水路，排水路の形式，圃場排水制御方式

農場記号	所在地	圃場配水路パイプ	圃場配水路開水路	幹線水路	支線水路	圃場排水	均平化作業
A	青森県	0	100	開水路。パイプライン	開水路	塩ビパイプ	春レーザーレベラー
B	岩手県	100	0	パイプライン	開水路	塩ビパイプ	春レーザーレベラー
C	宮城県	0	100	開水路	開水路	塩ビパイプ，堰板	レーザーレベラー
D	茨城県	81	19	パイプライン	パイプライン	塩ビパイプ	冬にレーザーレベラー
E	茨城県	—	—	—	—	—	—
F	埼玉県	85	15	両方	パイプライン	両方	レーザーレベラー
G	新潟県	99	1	パイプライン	パイプライン	堰板	春ドライブハロー
H	富山県	100	0	開水路	パイプライン	塩ビパイプ	秋田均しダンプ
I	岐阜県	100	0	パイプライン	パイプライン	堰板	冬から春先レーザーレベラー
J	愛知県	80	20	開水路	パイプライン	—	冬にレーザーレベラー
K	滋賀県	80	20	パイプライン	パイプライン	堰板	レーザーレベラー
L	兵庫県	0	100	開水路	開水路	堰板	代掻き時にドライブハロー
M	鳥取県	0	100	開水路	開水路	堰板	秋，春にレーザーレベラー
N	山口県	0	100	開水路	開水路	堰板	
O	福岡県	40	60	パイプライン	開水路	堰板	田植え時，収穫時にハロー
P	鹿児島県	0	100	開水路	開水路	堰板	水田代掻き時

③幹線水路，支線水路，圃場配水路の全てが開水路系で構成されている。

　タイプ①は，D農場，G農場，I農場，K農場の4法人，タイプ②は，A農場，B農場，F農場，H農場，J農場，O農場の6法人，タイプ③は，C農場，L農場，M農場，N農場，P農場の5法人が該当する。

　水管理の視点からいえば，末端圃場までパイプライン系であるタイプ①に属する地区は，水管理労力が少なくて済むといえる。その理由は，タイプ①の水管理は，上水道と同じように水利用者（需要者）のバルブ（給水栓）開閉により自由な水使いが，水源水量の状況にもよるが，可能であるからである。このような水使用管理の仕方を需要主導型の水管理方式と呼んでいる。

　これに対し，タイプ③の開水路系は供給主導型の水管理方式と呼ばれる。開水路系では水利用者（需要者）が許可なく水を利用する，具体的には分水工を開けることはできない。分水工下流の水利用者の分水量に影響が出るからである。その意味では上流優先とも言われる。したがって，水利用者は何らかの伝達方法で，水路系の水管理者に希望を伝え，管理者が水源状況等から判断し許可し，取水ゲートを操作して水が水路を流下する時間（用水到達時間）を要して圃場配水路に流下してきて，初めて給水が可能となる。水供給者が強い権限に基づいて，水配分の平等性，安定性を保持することから供給主導型の水管理方式と呼ばれるのである。このタイプ③は，古来より習熟してきた形式であるが，その利便さ，水の有効利用の観点から，パイプラインが新しい形式としてのびてきている。

　表1，2の圃場区画平均，圃場までの距離と併せて考えると，パイプライン化されている圃場の耕作は引き受けやすいと言える。水管理の時間と労力は，かなりの数値に達するから，この傾向は当然と判断できる。

（4）質問票の改善希望事項

　各法人に対して事前に「大規模営農者の皆さんへの聞き取り希望事項」（質問票）への記入をお願いした。その「Ｖ改善希望（地域の方々から依頼され引き受けた圃場の現状を最大限活用されるように工夫しておられると思いますが，今後に向け，要望があればお答えください。）」として，10項目をあげた。①用水施設について，②水利用の期間と自由度について，③用水量について，④給水方式について，⑤排水方式について，⑥暗渠排水について，⑦圃場の均平化について，⑧農道について，⑨水路清掃，草刈り作業について，⑩圃場整備についてを尋ねた。回答のあった改善希望は52件であった。この回答の文章から似通ったキーワードをひろいだし，11項目に分類した。分類項目を数が多かった順に並べ表5を作成した。

表 5　改善希望の分類と順位

順位	項目	要望数	キーワード
1	再圃場整備	10	基盤整備後 30 年経過，再度の土地改良，インフラ再整備，フォアスの整備，再圃場整備，分散圃場の集積，大区画化（負担金問題あり），大区画化（事前作業に助成金），農家自身で行える整備（負担金問題），フリュームの更新
2	パイプライン化	9	自然圧利用のパイプライン化（4 法人），自動給水方式の導入，バルブ目詰まり解消，老朽化パイプライン補修（2 法人），全地区のパイプライン化
3	給水期間	7	乾田直播は 1 週間長く水を，麦あとの飼料栽培のため長く，9 月を 10 月上旬まで（3 法人），5 月中旬から 9 月末まで，直播は刈取り適期が遅いため 5 月から 10 月中旬
4	農道	6	幅員狭い部分の解消，舗装不要（一般車が入り込むため），市道に移管，道路際にグレーチングを，簡易舗装工事を「農地・水」で，農作業専用道に位置づけ（一般車とのトラブル）
5	暗渠排水	5	未施工部分の解消，排水栓の劣化解消，フォアスに変更，畦際に L 溝を設置，排水口と田面落差を 1m に
6	水路清掃，草刈り	5	コンクリート畦畔の導入，耕作者の減少で困難，維持管理が困難，「農地・水」で非農家の協力，防草シートとカバープランツ
7	管理	5	圃場水位を無線で把握，河川の頭首工の管理（中山間で合口前），ため池整備で水利用の自由度を，給水方式に自動水管理システムを，イノシシによる水路の損傷の多発対策
8	電気料金	2	電気料金の高騰で毎日は水が出ない（ポンプ加圧地区），用水施設の利用料金の固定化
9	用水不足	1	用水量不足の解消（開水路系）
10	圃場排水	1	排水ポンプの老朽化（更新）
11	開水路改修	1	U 字フリュームの更新

　借地により引き受けている状況ではあるが，第 1 位に再圃場整備が，第 2 位にパイプライン化があがっていることは，今後の更なる経営規模の拡大の前提条件であると考えられる。

　さらに，第 3 位の給水期間の要望は，直播等の最新技術定着のための条件であり，水利計画の根本からの見直しを求めることになり，水利権協議の在り方に影響をする事項である。行政を巻き込み様々な調整を行っていくことが必要である。

　しかし，経営者が最も大切にしていることは，地域の農業，農地を守ることであり，条件が不利な場合でも引き受けているのが実情である。

3. 農地流動化による規模拡大のための
圃場整備事業の創出

（1）農家の意識と要望

　前出，表5に示した今後の要望事項の第1位は「再圃場整備」があがっている。

　圃場整備は昭和39年（1964年）に都道府県営事業として制度化され，30a程度に区画整理することを中心として，全国において実施されてきた。その間，作型の多様化，農業機械の改良・大型化，農業を取り巻く社会的状況の変化等により，生産性向上のための農地の大区画化が要望されるようになってきた。この答えの一つとして，以下に紹介する新たな圃場整備事業が創出されてきた。

　齋藤らは1994年に，参考文献[1][2][3]にあげた3編の論文を農業土木学会論文集に投稿している。それらは「圃場整備事業の現状と農地流動化に対応した事業制度の展開方向」「圃場整備事業の促進・阻害要因の多変量統計解析」「農地流動化による規模拡大のための新たな圃場整備事業の分析と提案」である。

　ここでは，これら文献から引用して平成3年から5年にかけて創設された「21世紀型水田農業モデルほ場整備促進事業（以下「21世紀型事業」という）」，「担い手育成農地集積事業（以下「担い手集積事業」という）」，「担い手育成基盤整備事業（以下「担い手整備事業」という）」の3事業の概要を紹介する。その理由は，今回の研究会に話題提供を頂いた法人のいくつかの圃場はこれら事業の結果をも含むものであるが，各経営者には，これら事業の内容が十分伝わっていないと感じた場合もあったからである。

　齋藤らは参考文献に述べているアンケート調査や多変量解析結果から，農家の意識を次のように整理している。「農家は，農業生産性の向上を目的とした基盤整備を中心に，それとあわせて集落道，集落排水等生活環境の整備を期待している。この場合，農作業の効率性を求めて圃場の大区画化や連担化を要望している。また，後継者不足が深刻な現在，担い手を育成・確保するとともに圃場整備とあわせて生産の組織化・法人化など農業構造の改善を図ろうとしている。営農に関しては，乾田，湛水直播を前提とした，水管理が随時行える圃場，排水路の地下管路化などの基盤整備が求められており，農業構造の変化に適宜対応できる必要がある。さらに，農産物価格の低迷等を反映して，負担金の軽減が事業推進の切り札となっている。」

　このような要望に応えて，「政策総合」と称して従来の圃場整備事業（一般的な区画形質の変更に係る事業）と「担い手」の規模拡大を図るための農地流動化施

策を総合的に実施する事業制度が平成3年度から創設されてきた。

（2）事業制度の概要
①経営規模拡大と農地の連担団地化

　担い手の経営規模の拡大と農地の連担団地化を図る場合には，圃場整備事業等による農業基盤の整備と農地の流動化や担い手の育成活動等を組み合わせた総合的な構造改善により，生産性の高い水田農業の確立を図るため，平成3年度（1991年）に，「21世紀型事業」が創設された（図2）。

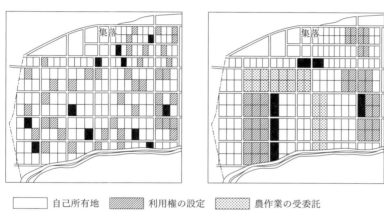

　　　　□ 自己所有地　　▨ 利用権の設定　　▧ 農作業の受委託

図2　21世紀型事業の概念図
左／通常の圃場整備事業と利用権による設定（分散的規模拡大）。
右／21世紀型水田農業モデル　圃場整備促進事業による集積（連担的規模拡大）。

②担い手の育成と農地の集積

　圃場整備を行いつつ，担い手に農地を集積するためには，大きな土地改良投資を伴う。このため，担い手は面積に比例して負担金を償還しなければならないが，担い手に農地を集積するという条件を課す一方，インセンティブとして土地改良区に無利子融資を導人する「担い手育成農地集積事業（担い手集積事業）」が，平成5年度（1993年）に創設された（図3）。

③担い手の育成と基盤整備

　土地利用型農業のコスト低減，経営の体質強化を図るため，分散錯圃的土地利用を克服し望ましい担い手を育成・確保とともに，経営規模の大きな連担的農地を集積することが緊急の課題である。

　このため，地域農業の中心となる経営体を育成し効率的・安定的な農業構造を作り上げ支えていくため，地域関係者の意向を踏まえて，速やかに生産基盤と生

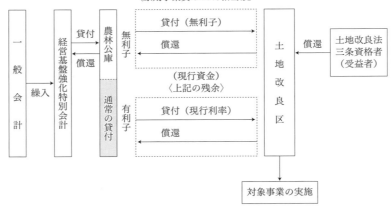

図3 担い手育成農地集積事業における助成方式

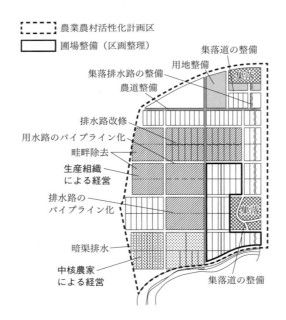

図4 担い手育成基盤整備事業の概念図

活環境の一体的整備を行う「担い手育成基盤整備事業（担い手整備事業）」が，平成5年度に創設された（図4）。

（3）事業の分析

「21世紀型事業」は，経営規模の拡大と圃場の連担化を図る事業であり，その促進費は土地改良区の負担金の返還に充当することができる。

「担い手集積事業」は，圃場整備事業により担い手の育成とそれらへの農地の集積を図ることを目的としている。これは，農業構造が高度に再編される過程であっても何らかの形で担い手に農地を集める事業である。これに対し，「21世紀型事業」は，連担的規模拡大を掲げており，目標設定については「21世紀型事業」の方が同事業よりも厳しいといえよう。

しかしながら，各集落における営農・圃場条件等はさまざまであり，地域の実態，農家の意思により「担い手集積事業」や「21世紀型事業」などソフト事業を自由に選択することが可能である。

「担い手整備事業」は，圃場の大区画化とあわせて集落道，集落排水を実施する事業であり，生産性の向上のみならず生活環境の整備にも寄与する。また，アンケート調査でも得られた直播技術の導入，排水路の地下管路化にも対応することが可能である。

これら3事業は，構造政策の推進の観点から，「圃場整備事業の促進・阻害要因の多変量統計解析」[2]で示した「生産性の向上」，「構造政策の展開」，「経営基盤の整備」，「農家負担の軽減」に資する事業であり，これらの課題に十分応えることができる。

4．巨大区画水田の創出

（1）これからの規模拡大の必要性

経営規模の拡大と圃場の連担化を図る事業「21世紀型事業」が平成3年度に創出されたことは，それまでの30aの標準区画を整備する圃場整備の流れを一変させるものであった。続いて平成5年度に創出された「担い手集積事業」により，各地で大区画圃場整備が計画・実施されることになった。さらに平成15年度からの「経営体育成基盤整備事業」では，事業そのものの採択要件として，担い手の育成が設定された。これらの結果は，平成17年6月時点で，圃場整備実施地区数は2,056地区となり，うち生産組織が設立された地区は814地区（圃場整備実施地区数の約4割）に達し，設立された生産組織の数は1,370であり，うち法人化された

数は217法人（生産組織数の約2割）と報告されている。

　平成26年には，小規模な農地を借り受け，意欲のある農家に集約して貸し出す「農地中間管理機構」（農地集積バンク）が活動をはじめ，平成27年度末の貸付面積は約8万haと，前年度の約3倍に伸びる見通しとなるとの報道もある。研究会に参加された経営者の何名かからは，この農地中間管理機構に期待する旨の発言があった。

　一方では耕作放棄地が増加している。圃場整備済みの優良農地でも0.2％に当たる3,600haが耕作放棄地になっているとの報道もある。これの大半は相続がらみで，相続人が遠方の都市居住者であり，農業を担うことが不可能と思われるが，所有はしている状況もある。

　今回の研究会においても，いくつかの法人は，今後も経営規模の拡大を望んでおり，将来は数百haを目指すとの回答もあった。基盤整備の視点から言えば，大区画をさらに超えた巨大区画整備を目指していくものと思われる。平成25年4月に改訂された土地改良事業計画設計基準「ほ場整備（水田）」（以下計画・設計基準「ほ場整備」という）[11]においても巨大区画水田の調査研究成果を取り入れた記述が行われている。以下に計画・設計基準「ほ場整備」からその概要を引用，紹介する。

　「稲作の生産コストをより一層低減し，競争力を強化するためには，農地の利用集積により担い手経営体（法人，家族経営等）の農業専従者当たりの経営規模を大幅に拡大し，利用集積された耕作地を集団化して，従来の大区画（概ね1ha又はそれ以上）を超える巨大区画水田を連坦して整備することが望ましい。
また，そうした整備により，水管理労力や土地改良施設の維持管理労力・補修費を縮減するために，末端の道路や用水路・排水路，給水口・排水口を可能な限り削減することが望ましい。」

（2）区画の規模と形態を規定する条件

　石井の米国・豪州の調査結果[4)5)]に基づき計画・設計基準「ほ場整備」では次のように述べている。

　「平野部の水田地域の区画規模や用排水路等のレイアウトは，基本的には，主要な経営体の経営規模と経営地の分散性に規定される。経営体の規模が数百haを超え，かつ経営地が集団化している米国・豪州の水田では，区画規模は数ha以上であり，かつ，それらが連坦していて，末端の道路や用水路・排水路，給水口・排水口は現在の日本のほ場整備済み水田地区よりもはるかに少ない（図5）。」

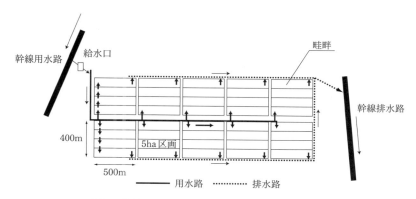

図5 豪州の水田区画と末端水利施設のレイアウト

（図中ラベル）
幹線用水路　給水口　畦畔　幹線排水路　400m　5ha区画　500m
―― 用水路　……… 排水路

（3）巨大区画化の効果

　さらに続けて計画・設計基準「ほ場整備」は巨大区画化の効果を次のように述べている。「こうした巨大区画水田では，農業機械の作業効率が向上するだけでなく，現在の標準的なほ場整備における通作道や小用排水路，給水栓・排水口等を大幅に省略することから，ほ場整備の水田面積当たり建設事業費，水利施設の補修費，更新費，及び災害復旧費等の縮減が期待できる。また，草刈り等の維持管理労力も削減できる。

　巨大区画水田を創出した場合，区画の規模を拡大することで整備すべきほ場施設（用水路，排水路，農道等）の密度（延長）が低減され，ほ場整備の工事量を削減できる可能性がある。

　さらに，水管理労力が減り，掛け流しによる管理用水ロスの低減も期待される。」

（4）利用集積地の集団化による巨大区画の創出

　石井・岡本らは，千葉県での巨大区画について長年調査した結果を論文集に発表した[6][7][8]。その内容は，計画・設計基準「ほ場整備」に採用され，以下のようにまとめられている。

　「巨大区画水田を創出するためには，目標とする大規模経営体を定め，大規模経営体とそれ以外の小規模農家等の耕作地とのゾーニングを行い，農地の利用集積・利用集積された分散集積地群の集団化・巨大区画化をほ場整備の際に一気に推進することが望ましい。

　利用集積された水田群を巨大区画水田の創出予定地域内に集団化する方法には，①換地処分によって利用集積地を所有権ごと集団化する方法と，②所有権とは別に耕作する権利のみを集団化する方法（耕作地調整）がある。以下にＵ工区での

事例を示す。

ア．換地処分による利用集積地の集団化

　U工区では，ほ場整備事業にあわせて，農地所有者全員からなる農事組合法人に約90％の農地を利用集積した。自作の継続を希望した農家は115戸のうち7戸のみであった。農地の集積率が高いため，農事組合法人に農地を貸し出した農家の換地は集団化しやすくなり，6.8haと3.5haの巨大区画水田が創出された。

イ．耕作地調整による利用集積地の集団化

　耕作地調整による巨大区画内への利用集積地の集団化とは，農地の所有権とは別に，その土地の耕作権のみを巨大区画内に集団化する方法である。

　U工区では，ア．に示す手法により，6.8haと3.5haの巨大区画水田が創出された。その上で，農事組合法人では，さらに事業地区内の自作希望農家との間で耕作地を調整して，6.8haの巨大区画を7.4haに，3.5haの巨大区画を4.7haに拡大した（図6）」。

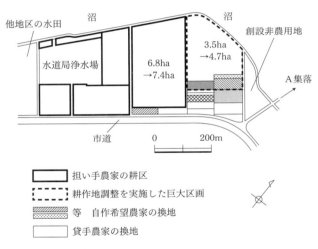

図6　U工区の自作希望農家の換地と耕作地調整

(5) 現在の日本の巨大区画水田

　現在の農業機械や水管理・営農技術等は，これまでの30a区画水田の面積や形状，用排水路のレイアウトの下で開発・改良されてきたものであり，これらを前提とした場合，末端水利施設等を大幅に削減した巨大区画水田に適用が難しい面があり，その実現に向けた技術的な検討を行っていく必要がある。

　例えば，以下，現在国内において，巨大区画水田を創出した事例においては，地区内の小排水路の長さや管路化の検討が行われた[6) 9) 10)]。その成果について計画・設計基準「ほ場整備」から紹介する。

①長辺長の延伸事例

ア．小排水路の管路化

　K工区では，標準区画の小排水路の位置に排水用の暗渠管を布設し，区画の拡大に当たっては，その直上の畦畔と旧排水桝と水閘を撤去し，耕区長辺長を200mに延伸した．なお，耕区長辺長のセンターに排水管を敷設することで，排水距離は100mにとどまっている．

イ．小排水路の両側設置

　U工区では，両側排水方式を採用しており，暗渠化した小排水管を小用水管と並行して農道脇に配置し，2本の農道の中間部に排水路はなく，耕区長辺（ほ区短辺）は200mであるが，両側排水方式であるため排水距離は100mを保っている．

②短辺長の延伸事例

　短辺長の延伸は，畦畔撤去により行われており，隣接する工区（30a区画）のつなぎ合わせは全国で見られる．八郎潟の5.2ha区画（長辺360m×短辺145m）では，標準的な耕区を畦畔撤去により4枚結合している．

5．おわりに

　高齢化，後継者不足，米価の下落など厳しい状況は，ますます進むものと思われる．

　話題提供された16法人の方々は，地域の農業を荒廃から救いたいとの高邁な意識のもと日夜努力を続けていることがよく理解できた．

　しかし，図2に示したように，その農地集積状況は分散的規模拡大が多く，連担的規模拡大に一気に進むとは思われなく，ご苦労はまだまだ続くと思われる．まして巨大区画への進展には時間を要するものと思われるが，機会をとらえてチャレンジしてもらいたい．

　最近，東日本大震災で「つなみ」により，塩害や地盤沈下の被害を受けた仙台平野を訪れた．5年が経過し，離農者が多い中，1ha，2ha大区画が続く景観や，6haの巨大区画においても2年前から作付が行われているのを見て，復興の努力は無論のこと，さまざまな技術問題にチャレンジしている関係者の姿に感銘を受けた．

参考・引用文献

1）齋藤晴美・野道彰一：1994a．圃場整備の現状と農地流動化に対応した事業制度の展開方向．農業土木学会論文集169．69-77．

2) 齋藤晴美・野道彰一：1994b．圃場整備事業の促進・阻害要因の多変量統計解析．農業土木学会論文集170．113-125.

3) 齋藤晴美・福川和彦・多田浩光・加治屋 強：1994．農地流動化による規模拡大のための新たな圃場整備事業の分析と提案．農業土木学会論文集172．131-142.

4) 石井 敦：2012．5ha巨大計画によるオーストラリア水田農業の実態分析．農業農村工学会誌80 (3), 29-32.

5) 石井 敦：2005．米国巨大水田見聞記．農業土木学会誌73 (4), 65-68.

6) 楊 継富・多田 敦・相馬ナンシー千恵子：1995．大区画水田の構造に関する実態調査．農業土木学会論文集第177．71-79.

7) 石井 敦・岡本雅美：2002．巨大区画水田創出のための担い手農家の耕作地調整．農業土木学会論文集第219．81-87.

8) 石井 敦・岡本雅美：2000．巨大水田耕区創出の制約条件としての所有区接道長．農業土木学会論文集第208．7-17.

9) 藤崎浩幸・山路永司：2006．標準区画から脱却し創造的な大区画ほ場を目指せ！．農業土木学会誌74 (9). 3-6.

10) 杉浦未希子・石井 敦：2013．今こそ，経営と水田区画の規模拡大を，農業農村工学会誌81 (1). 11-14.

11) 農林水産省農村振興局監修．(公社) 農業農村工学会発行：2013．土地改良事業計画設計基準及び運用・解説，計画 (ほ場整備 (水田)). 373-376.

報告：大規模水田作経営はいま

2

事例に見る全国16の先進経営

青森県五所川原市
有限会社豊心ファーム

境谷博顯

有限会社豊心ファーム会長
境谷博顯

地域事情に配慮した受託や借地で稲・麦・大豆の大規模経営を展開
土壌条件を見極め畑作機械の活用による乾田直播を導入
所得は現状維持重視，面積拡大は雇用と機械導入で対応
経営安定のために米の仕入れ・販売も手がける

経営の概要

　（有）豊心ファームが位置する青森県五所川原市は，ほとんど水稲の単作地帯で，地区によってはリンゴがあります。県内でも，奥羽山脈を隔てて太平洋側の南部地区では野菜，畜産が多くなります。

　平成25年の経営の概要は（表1），水稲が72ha，そのうち受託が30haです。小麦が73haで，う

図1　五所川原市の位置

ち70haが作業受託です。大豆も115ha中55haが受託，主に刈取り，乾燥・調製です。飼料用米は1.3haです。

　26年度には水稲が77haで，うち30haが受託です。小麦は受託が70ha，全体が72haで，自前の農地は2haしかありません。他に飼料用米が7.2haです。

　売上高は，以前は1億8,000万円ぐらいでしたが，平成25年には2億円を超えました（図2）。これは，米価がこれからまた下落するのを見越して何で所得をあげるか議論し，一番損をしない米の仕入れ・販売をやることになったためです。米価が安くても高くても，利益そのものはそんなに変わらないようにしたのです。米の仕入れは以前から多少やっていましたが，昨年から徐々に増やしています。

　構成員は役員が4人——私本人と妻，長男，長男の妻です。次男が入ってきましたが，次男は従業員にして，別に自分の農地も持たせて，豊心ファームの給料以外のお金も入る形にしました。今は，代表を含めて若い人が6人います。

事例に見る全国16の先進経営

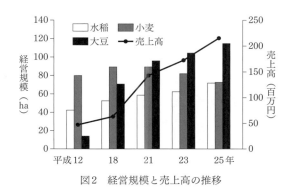

図2　経営規模と売上高の推移

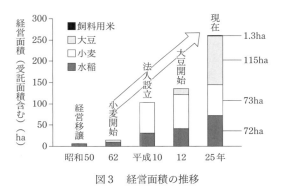

図3　経営面積の推移

表1　経営概要（平成25年度）

代表取締役	境谷一智（長男）	
法人構成員	4人（本人と妻，長男，長男の妻）	
従業員数	次男を含む3人，臨時雇用延べ470人	
経営内容	水稲	72ha（うち受託30ha）
	小麦	73ha（うち受託70ha）
	大豆	115ha（うち受託55ha）
	飼料用米	1.3ha
	合計	261ha（うち受託155ha）
売上高	216,618千円（法人＋個人）	
経常利益	37,336千円（利益率17.2%）	

表2　経営の推移

昭和25年	境谷家に生まれる
44年	五所川原農林高等学校卒業と同時に就農
50年	父から経営移譲（当時の作付面積7.4ha）
61年	農林漁業金融公庫資金等を活用し，水田面積を14.5haに拡大
62年	「青森県農業経営研究協会賞」受賞
平成4年	「田中稔賞」受賞
6年	青森県農業経営士に認定
8年	米の直接販売への取組み開始
9年	長男（一智）就農
10年	（有）「豊心ファーム」設立（資本金300万円）
15年	「明日を拓く『青森県農業賞』」個別経営部門奨励賞受賞
17年	新嘗祭の献穀米を献上
19年	次男（稔顕）入社
20年	個人土地利用部門「全国担い手育成総合支援協議会会長賞」受賞
22年	農林水産祭農産部門「天皇杯」受賞
23年	代表取締役を長男（一智）とする黄綬褒章を受章

経営の推移と法人の設立

　私が農業に従事したのは高校を卒業したのと同時で，当時は「10haあれば農業で飯が食える」と言われ，それを目標にしました。平成初めに小麦を拡大し，平成10年代に大豆を増やしています（図3）。

　息子が平成9年に大学を終えて就農すると言うので，社会保険などについても，周囲のサラリーマン並みの待遇にしてやりたいと思い，平成10年に有限会社豊心ファームを設立しました（表2）。

　私も20代で農作業や青色申告を父親から預りましたが，やはり新旧交代のタイミングだと思い，私が平成22年に天皇杯を頂いたことを契機に，23年から長男の一智を代表にしました。

作物の栽培期間と作業体系

　作物の栽培期間は，大豆の栽培期間がほぼ水稲と重なるため，作業日程の調整に苦労していま

写真1　小麦の収穫

写真2　稲の防除

写真3　稲わらの収集

写真4　大豆の収穫

す。小麦は，作期は異なりますが，播種期や収穫期の降雨により，作業が進まないという問題があります（写真1）。

今の状況は，私の理想とする農業からはちょっと外れています。最初は，転作作物で作業時間がこんなに増えるとは予想していませんでした。稲作は忙しい期間もありますが，暇になると体を休められるので，そういう農業の方が好きです。

1年間の作業体系を見ると，最近は休みが1月，2月ぐらいしかなくなりました。春作業の田植えと大豆の播種が重なって，田植えがちょっと遅れると，大豆の播種がだいぶ後回しになってしまう問題があります。

秋になると稲刈りと稲わらの収集が重なり，大変忙しくなります。稲わらの収集の次は，大豆の収穫で（写真3，4），その後，大豆の乾燥・調製に入ります。これで今は12月までびっしり仕事があります。

1月と2月は休養期間で，施設・機械の整備をするようにしています。機械は暇なときに悪いところが分かればいいのですが，農作業が本当に忙しくなるときに壊れます。それをいちいち自分たちで直している暇はないので，農機具屋さんに持っていって直してもらうことになりますが，冬の間の機械整備も，面積が増えてきて忙しくなっています。

大豆の耕起から播種，薬剤散布，収穫は機械化体系で，労働時間がかなり省力化されています（図4）。ただ，うちの小麦・大豆の栽培技術は，まだまだで，雑草の処理など研究する余地が大きいと思いますし，息子たちにもっと勉強するように言っています。

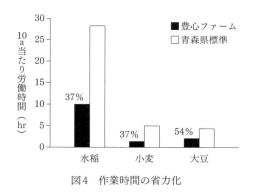

図4　作業時間の省力化

乾田直播栽培の取組み

天候の判断がいちばん大事，播種後の状況次第で大豆に切り替えることも　面積が多くなると，田植え用の苗づくりの負担を減らすにはやはり直播きです。育苗ハウスの管理は大変ですので，今後増設することは考えられません。今は乾田直播だけをやっていますが，直播きを確立して苗づくりを幾らかでも減らしたいと思っています。

乾田直播は今年4ha強で，主食用の品種は「まっしぐら」が普通ですが，うちでは「つがるロマン」という「まっしぐら」より若干食味がいい品種を作っています。この品種は白米を自分でネット販売しています。

乾田直播の播種床づくりは，トラクターの作業機を付け替えると時間のロスになるので，1台に1つの作業機で行います。昨年と一昨年がこれまでで一番天候が悪く，それ以前は4月に耕起作業が終了していました。

乾田直播は，ちょっと天候が悪くても播種できるならやってしまうようにしています。播種後の出芽や雑草の状況を見て，駄目だったらすぐに大豆に切り替えるという2段方式で，とりあえず種籾と大豆種子の準備をしています。

無代掻き湛水直播は実施していませんが，その理由は，畑作用の機械で通そうということで，ドリルシーダーが1つあればそれを使うことを優先させているということ。それと，若い人は乾田直播ならズックのままで作業して，長靴は履きたがらないということもあります。

また，必ず転作をやらなければならず，転作田に切り替えられる水田とできない水田があって，乾田直播をやりたいけれど天候でできないときはそこを転作田にして大豆に切り替え，違う田んぼで米づくりをやるという選択ができます。私の地域で湛水直播でかなり成功している人もいますが，1年目が良ければ，2年目にちょっと手を抜くので失敗しています。

排水改善や鶏糞散布を秋に行う　春の労働ピークを下げ，圃場を乾かすため越冬前のプラウ耕とともに，秋に雪の上からでも，できるだけ手が空いた時に作業をするということで，スタブルカルチをかけることもあります。できるだけ水はけが良くなるように，コンバインが通った後のへこみのたまり水を排水に流すようにしています。

鶏糞は飼料用米を養鶏業者に納め，お土産に鶏糞を買って帰る形になっていますので，どうしても鶏糞を散布しなければならず，秋に雪の上からでも散布し，できなかったら春に散布しています。

土壌条件と農地整備が直播栽培に及ぼす影響　土地改良区で220haの暗渠排水をやったので，乾田直播が行える可能性のある水田も増えてきたと思います。ただ，私のところは土質がグライなので，そこが問題になります。

土質がそんなに粘土質でなくて，かつ漏水しないという2つの条件を満たすところを探さなけ

ればなりません。田んぼが乾いて，これはいいと思って播種しようとすると，どうしても砕土がうまくいかないのです。そして，砕土がうまくいかないからとローラーをかけてしまうとかちかちになってしまい，土の粒子の粗いところからは芽が出てこないことがあります。それでは，ローラーをかけないでいいかというと，今度は日照時間が長くなると乾いてしまい，何とも言えない状況になります。このため，私のところでは，土の状態を見て乾田直播から転作大豆に切り替えるかどうかを判断しているのです。

育苗施設の規模と直播の拡大，疎植も検討 育苗についてですが，今は自分が栽培している移植の面積が54haぐらいで，どうにか育苗ハウスは間に合っていますが，これ以上は労力を使う仕事なので困難だと考えます。100haに増やすのであれば，乾田直播がもっと多くなるかもしれないし，37株といった疎植で対応する可能性もあります。今は10a当たり60株なので，私は50株にしなさいと言っています。37株でやっている人もだいぶ増えてきましたので，そうすれば，今の54haの田植えを，例えば70haぐらいまで今の育苗施設でもやれるのかなと考えています。

乾田直播には，育苗コストを抑えるとともに，作業ピークをずらせるメリットがあります。また用水が来る前から種が播けて，水が来た後は代掻き，田植えができます。稲刈りは田植えした稲が先で，乾田直播は後になります。このように作業の期間が長くできるということで，これからも面積が増えたときに，そういう作業体系でいければ体も楽でいい。

うちの息子達は，乾田直播面積は，将来的には20ha程度まで拡大するとの考えですが，私が最近は「ちょっと抑えろ」と言っているので，この

くらいなら大丈夫という数字になっていると思います。乾田直播そのものは自然と面積が増えていくと思います。

V溝直播を採用しない理由 それと私は，県が推奨している代掻き後乾かして直播きする「V溝」は行っていません。V溝については，籾と肥料とを一緒に播いていくわけで，種籾も見えてしまっており，覆土していません。理屈上は問題ないと言われても，なかなかそこまで踏み切れない部分があります。

それから，もう1つは，V溝の作業時期が普通は水路に水が来る時期ではないのです。そのときに無理に水を引っ張ってきたら普通栽培をやっている人が困ってしまうという話を聞くのです。地域でどういう話し合いを持てるかということもありますが，私はなるたけそういう無理なことは避けたいと思います。

水管理について

水管理については，夕方に水を入れて，朝に止めに行っています。最近は高温で推移していますけど，以前は田植えしてからも気温が低いということから，少しでも日中の水温を上げたいということで生育をカバーしようという稲づくりの研修が主になされてきたわけです。今でもその基本を守っている水田は生育が早くなります。

高温障害については，私の地域は県内でも津軽平野の北の方ですが，津軽平野の南の弘前の方になると，リンゴと米の両方を作っている農家ではリンゴの作業が優先されるので，高温で米の登熟が早まったのにもかかわらず例年の刈取り時期に刈って米の品質が下がっている例があります。これは高温障害というよりも，刈り遅れだと思いま

す。適期収穫を忠実に守った方がいいということです。

大規模化と労働力の問題

大規模化しても人手をふやして仕事の質を落とさない　私たちのように大規模化していく経営に対して，小さい規模の時にやっていたきめ細かさみたいなものができなくなるのではないかという声を聞くことがありました。しかし，私は若いころから規模拡大に執着してきましたが，作付面積は増えても収量，品質は絶対に落としてはならないと考えています。そのために何をすればいいかと言えば，結局は人手が必要です。それから，地域に迷惑をかけないで，畦畔の草刈りなどをきちんとやるためにも人手が必要ということです。

うちの長男，次男がやっている仕事も有能な雇用者が欲しいのですが，なかなかいないのです。今年は去年から9haぐらい増やしましたが，目の前に作れないという人が来てお願いされれば，「うちはできない」と断れないわけです。私は，人手を増やして今まで自分で考えてきた農業をできるだけ続けていきたいと思っています。

土地改良にしても，自動給水などの期待できる技術がありますし，乾田直播もやるし，コンバインで食味や収量を計れるものが1,700万円で出ています。コンバインならうちは5〜6年で償却ですが，今まで1台で間に合わせていたものを，1,600〜1,700万円の機械を入れてやらないとなかなか間に合わなくなります。そして，機械を入れたらまた「何とか作ってください」とさらに頼まれることになった場合に，本当にこのまま回していけるのかという心配はしています。

所得は現状維持で規模拡大分は雇用で対応　う

ちの息子は38か39歳で，その年代の人が地域に3人ぐらいいます。その人たちも20haを超える面積を作っていますが，常時雇用を入れていませんので，今が限界なのです。「雇用を入れてやったら」というと，1人の常時雇用を入れるには売上げが大体800万〜1,000万円必要で，米と転作を合わせてそれだけ上げられるかどうかということです。

うちでは最初から，「今の所得レベルでいいので，あとは農地が増える分に応じて雇用に投入する」と決めてやっています。息子たちも今更サラリーマンをやれと言ったってできないので，気持ちを切り替えてやっていく必要があると思います。今年も常時雇用を増やしたのですが，いずれまた足りなくなるので，最後はどうなるのか分かりません。

田畑輪換拡大の可能性

小麦や大豆を作る圃場は田畑輪換を含めて考えているので，必ずしも決まった水田だけで作るというわけではありません。ただ，どうしても水田にできない場所もあり，だいぶ前に所得倍増政策で山を切り開いて開田した圃場などは，田んぼに戻せませんので，ずっと転作ということになっています。

田畑輪換の畑利用では，大豆の葉があるうちに麦を播種する不耕起の小麦栽培法で，試験的に1.5haぐらい実施しています。畦畔を取り外しただけの圃場で，凹凸があるので水たまりができ，草が生えてしまう部分もありますが，麦の生育は非常に良くなります。

また，乾田直播のうち約2ha分は，大豆作の跡地で，どうしても耐肥性の強い品種にする必要が

あり，主食用以外の品種で飼料用米を作るというように，選択的に実施しています。

今後は田畑輪換の面積は増えていくと思います。幸い経営体育成支援事業で220haの土地改良を実施し，うちの田んぼもほとんど対象になったので，暗渠排水がない圃場は幾らも残っていません。あとは土質の問題で，あまりにもグライなところは，大豆を作ってきたのですが，その圃場の作土は，割に砕土しやすく，今では乾田直播もできるようになりました。雑草の問題はありますが，今年うちの息子たちが使った除草剤は，十分な効力があるようなので，今後乾田直播がかなり増える可能性があり，それとともに，田畑輪換栽培の面積も増えていくと考えています。

基盤整備の課題

水不足への対応　私の地区の基盤整備は昭和30年代後半から40年代前半に実施されたものなので，不備な点がまだ一杯あります。用水施設は自然流下の利用で土水路で，用水不足の問題があります。排水路を1回止めて，それをまた用水に使うという用排兼用水路ですが，これを大規模区画にする場合には，用水は用水，排水は排水と分離されますので，完全に水が足りなくなります。

去年6月の干ばつで水不足が発生し，比較的新しい基盤整備のところも水不足が発生して大変な問題になったところもあります。これから飼料用米，備蓄米，加工用米などが増えると水稲作付面積が増えるわけですので，かなり問題になるのではないかと思います。

自動給水の要望　給水方法はパイプライン利用の自動給水を要望しています。今は田んぼの水回りを，田植えが終わってから朝と晩に1日2回行

き，夕方に水を入れて朝に止めてと，長男と次男と私の3人で回る場所を決めてやっています。これが自動給水になれば，労力が非常に削減できると思っています。排水方法も自動にできればいいのですが，給水だけでも自動化できればと思っています。

暗渠排水整備の拡大　暗渠排水についても，古い基盤整備のため入っていないところがたくさんありましたので，昨年か一昨年かに国の補助事業で220haの暗渠排水を入れました。用排兼用水路を使っているので，当初はなかなか賛成する人がいなかったのですが，排水路をせき止めることもないし，勾配が取れる田んぼは入れた方がいいということになって，整備できました。

途中いろいろ苦情も出たので，「1年間我慢すれば，必ず良くなるから」と答えていましたが，1年したら田んぼの水はけが全然違うようになり，暗渠排水に反対していた人たちも「今度いつやるのか」と聞いてくるぐらいになりました。

一部圃場に地下灌漑方式を導入　一部の圃場の用排水は地下灌漑方式を導入しています。これは，地元のFさんがホタテの貝殻類を使った独自の暗渠による地下灌漑方式を導入されたのを受けて，私も2年ぐらい前に，自分の田んぼに自社の人間だけで62aやりました。自力施工なので，10a当たり諸経費を入れても8万〜8万5,000円で済みました（写真5）。

去年が干ばつで，大豆の発芽率が大変悪く収量も落ちましたが，そういうときに地下灌漑方式で下の方から水分を上げてやれる一方，上からの水が圃場にたまらないように操作できるというのが地下灌漑方式の利点です。

圃場の大区画化と均平化　圃場の均平化は，最初は100mの真ん中の50mのところに畦畔を入れ

写真5　地下灌漑方式の施工状況

た10a区画でしたが，どうしても隅が多くなると
そこがぬかるみになるので，早い時期から畦畔を
取り除いて区画を大きくし隅を減らしました。今
のようにレーザーレベラーはなく，ブルドーザー
も少なかったので，人力で畦畔を取り除きまし
た。今は1ha区画以上の圃場が何枚かあり，転作
では畦畔を取り除いて1枚2.2ha区画という圃場
もあります。

農道は4tトラックが入るように　それから，農
道が狭いので，これから基盤整備するのであれ
ば，そんなに広い道路でなくても4t車が入るよう
にして欲しいと思います。うちの場合は，全部大
型の積載車で移動していますので，できればそれ
が駐車できるスペースも欲しいと思っています。
恐らくこれからは機械が大型化して，それを運搬
する車も大きくなるので，そうしないと効率も上
がらないと思います。

畦畔のコンクリート化を　わが社の作業員が
年間どの作業に一番時間をかけてやっているか
というと，畦畔の草刈りです。農地を管理できな
い法人や個人に対しては，周りからの苦情が出ま
す。うちでも年に3回は草刈りをやりますが，夏
場は毎日草刈りをしていてもなかなか追いつけな
いような状態です。私から提案したいのは，コン

クリートで畦畔を作ってもらいたいということで
す。畦畔をコンクリート化するとかなりの労働力
が浮くと考えています。

土地改良施設の更新と賦課金への対応　土地改
良区の施設，排水機場などが造られてから45年
ぐらいたっています。今後は改修工事が始まり，
賦課金が多くなりますが，農地の出し手の人が負
担を了解してくれるのか，借り手の方でその分を
負担するか，これからはこの点が問題になってく
ると思っています。

農産物販売などの戦略

米の直売　昨年の農産物の販売は，農協ルート
が10%未満で，あとは直接卸販売です。白米の販
売は次男が担当しており，今はネット販売で新米
を3月一杯までという限定で販売しています。
3月までというのは，それ以降販売するためには
冷蔵庫が必要になり，4月になれば農作業も忙し
くなるからです。

特別栽培の販売　特別栽培米は，どうすれば
米をうまく販売できるかということで取り組み
ました。県で決めた成分を5割以下に抑えて栽培
することで，最初は高く売ろうとしましたけれ
ども，高いものは誰も買いませんでした。豊心
ファームには特別栽培米もあるということが宣伝
になるので，その後も続けていますし，別に高く
売れなくても良いと考えています。

飼料用米の取引　飼料用米についても，若い人
たちがネットワークを組み，協議会として取引活
動などをしています。飼料用米はT養鶏さんとい
うところで一手に引き受けてもらっています（図
5）。

農産物検査員資格の取得　2人の息子が農産物

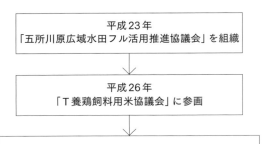

図5　地域農業の受け皿となる大規模個別経営体の連携

検査員の資格を取得して，自ら検査を行える体制になっています。乾燥施設では地域の農家から乾燥調製を多く頼まれており，小麦の乾燥もつい最近やっと終わったところです。K農場さんのように1社で200tの小麦の乾燥調製を依頼されることもあります。農協出荷ではなく個人的に販売する場合に，うちの検査体制を利用したいとのことです。

無人ヘリ防除　次男が入ってから，無人ヘリの防除の収支決算は全部次男にやらせています。今年の防除面積は，大豆と水稲で600haぐらいになると思います。

稲わらの収集　あとは稲わらの収集です。これは山形とか宮城の畜産農家の方々がだいぶ買いに来ているので，需要があるうちは伸ばしていこうと思いますが，増やすとまた機械を入れることになるので頭が痛い話です。県内の畜産農家の需要が満たされれば，県外にも出すという方針で，メンバー3人で運営しています。

米の仕入れ販売の見通し

米のネット販売では，自分たちの生産した米は3月までに売り切る方針で，仕入れた米は即，販売する方針です。

仕入れ販売は増えていくと思います。米価が下がっているのが現実なので，そこに固執して悩んでも駄目だから，何で補うかというのが大切だと思います。米価が1俵8,500円でも1万5,000円でも，恐らく仕入れ販売の利幅は一番確実でそう変わらないと思うので，これも手がけてみたということです。今は盛んにお米の仕入れの人たちが来ていますが，うちでは「前払いじゃないと出せない。1ヵ月後とか2週間後の支払いでは取引しない」と言っています。そうしないと，今の時代は非常に危ないと思います。

仕入れ販売の割合はまだまだ少ないです。増やしたいとは思っていますが，そうなるとまた倉庫が必要になります。ただし，年内には売り切ってしまう考えです。

地域と共に歩む

地域の中に溶け込んで活動し，経営面積を広げる　豊心ファームは最初から地域の中で活動してきましたので，できるだけ地域の中に溶け込んで，皆を巻き込むという考え方で進めてきました。今まで面積を広げることができたのは，そのためだと思います。

うちの自作地は，昨年の合計で恐らく37～38haぐらいしかなく，あとは全部借地です。私はトラクターとかコンバインで移動できる範囲であれば，まだいい方だと思っていますので，割とまとまった形にはなっています。

圃場の改良については，うちに言われるときは，「好きなように，大きくしたければ大きくしてもいいし，どういう形でもいいから，自分が生

事例に見る全国16の先進経営

きているうちは作ってください」と言われていますので，今は制約条件はほとんどありません。

　うちの会社は1つの集落から作業受託を預かる場合，相手の身になって考えるようにしています。例えば，うちの隣の田んぼで集落は別の農家から「来年からうちの田んぼを作ってくれませんか」と言って来られたら，本当は隣だからすぐに「作るよ」と返事したいところですが，そこで1回「あなたの親戚や集落の中で誰か作る人はいないの。もし誰も作らなかったら私がやりますよ」と言います。このように周囲に気配りすることも大事だと思います。そういう気配りが伝わって，その集落の営農組合の方々が「あそこへ全部秋作業を頼むよ」ということにもつながります。

　集落の農家は70歳以上が半分なのです。その人たちには，「いくらでも長く田んぼ作ってください。どうしてもできない作業はうちの若い人が手伝いします。例えば肥料の散布とか，苗づくりなどはうちでやりますよ。とにかく長く農業してください」と言っています。今すぐ全部預けられると私も困ってしまいますので，一つ一つ相手の気持ちになって考えながら引き受けるということだと思っています。

地域の後継者不足で雇用労働力の確保が課題
地域の後継者については，農業大学校など県でも後継者育成をやっていますが，そのうちの何人かは，自分の家で後継者として残るという人もいます。うちにも今年9月に1週間か10日ぐらい研修に来る子がいますが，農業高校などでは，後継者として家に残る生徒はほとんどいないと思います。

　私は地域の担い手に「あまり心配するな。そのときになればちゃんと家に入るだろう」と言いますが，そのときまで家の方が持たないと言われます。

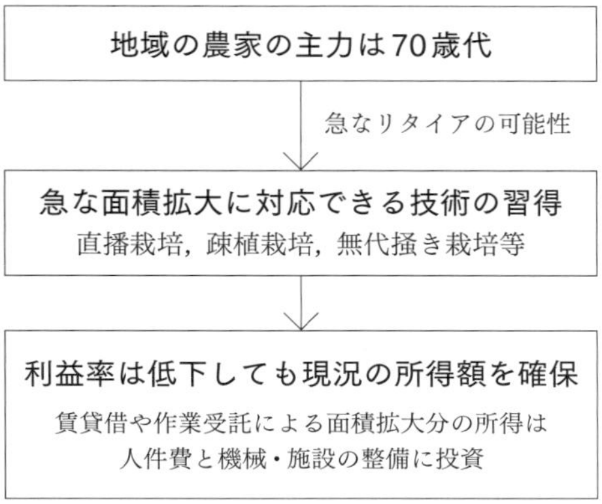

図6　急激な高齢化と担い手不足への対応

　私は，高齢化が進むことによって農地の賃貸借がこれからまだまだ進むと思います。私の集落では70代が約半数です（図6）。そうすると，1〜2年のうちに農地の移動がかなり出てくると思います。そのときに何が問題かというと，雇用労働力の不足だと思います。私も法人を立ち上げたころは心配ないと考えていましたが，今年の春に面積が増え，これまでのやり方ではとても駄目なのでハローワークにお願いしました。しかし，ハローワークから連れてくる人は，期待するほど働いてくれないのです。

　今は雇用がなければ，面積が増えても管理する能力が落ちるし，管理する能力が落ちると品質なども落ちてくるのです。品質などが落ちてくると，直接所得に関わってくるわけです。これからは，面積が増えて利益率が下がっても，所得を維持するようにして，雇用と機械を入れろと言っています。農業は体が持たなくなるので，あまりにも体に無理なやり方をしては駄目だと考えています。

（平成26年7月　研究会）

岩手県花巻市
有限会社盛川農場

盛川周祐

有限会社盛川農場代表取締役
盛川周祐

作業受託は行わず，利用権設定で大規模経営を展開
水田の畑転換と積極的な機械化で効率的な畑作生産を実現
稲作は乾田直播を導入して作業分散，リスク分散を実現
本州での畑作農業確立の可能性に挑戦

経営の概要

　私の農場は岩手県のほぼ真ん中，盛岡の南の花巻市にあります。花巻市（図1）の総面積は908.39km^{2}で，西に奥羽山脈，東には北上高地の山並みが連なる肥沃な北上平野に位置していま

　　　　　　　　●盛岡市

　　　花巻市

図1　花巻市の位置

す。宮沢賢治が生まれ育った場所です。

　平成25年の経営面積は71haで，このうち自作地約5haのほかは，全て利用権設定による借地です。基本的に作業受託は行わず，ほとんど自前で管理して販売までやっています。以前は作業受託もやっていましたが，作業受託をすると，依頼主の作業をどうしても優先しなければならないので，自分が作っている作物の管理が二の次になってしまいます。確かにお金は安定的に入りますが適期作業ができなくなるので，今は基本的に作業受託を受けないようにしています。

　ただし，最近は急激に受け手がいなくなってきているので，何とか作業受託をして欲しいと言われてはいます。労働力は家族4人と雇用ですが，今は臨時雇用だけでなく常時雇用も1名います。

法人の設立と経営発展の経緯

　私自身は，昭和49年に大学を卒業して，2.3haから農業をスタートしました。私が大学のときに父親が亡くなって，私は農業をやる予定は全くな

かったのですが，誰もやる者がいないということ で，卒業した22歳のときから一人経営者として ずっと取り組んでいます。平成17年に法人組織 の有限会社盛川農場にしました（表1）。

昭和49年に就農してから平成元年までは，作 業受託も含めて稲作をやっていました。平成元 年から小麦栽培を始めて，今は小麦の面積が一番 多くなりました（表2）。水稲の面積はずっとほぼ 10haでしたが，乾田直播を取り入れて作業適期 をずらすことができたので，若干増やすことが可 能になりました。

作物の栽培状況

稲の春秋作業とイモの植え付け・収穫に多くの 作業時間 年間の作業時間ですが，4月，5月，10 月の米の作業が多くなっています。それから，バ レイショが4月の植付けと8月の収穫では，種イ モのカッティングや収穫してからの選別など機械 化ができていない部分も非常に多いため，労働時 間がかかっています（図2）。

この作業時間には，圃場間の移動や水稲の畦畔

表1　盛川農場の概要

- 岩手県花巻市
- 昭和49年2.3haからスタート
- 家族4人＋雇用（バレイショ，草刈り）
- 平成17年から法人経営

表3　作物別作業時間（平成23年）

	水稲	小麦	大豆	バレイショ
面積	15.0	27.1	13.7	2.3
年間作業時間（hr）	1,117	917	699	1,053
10a当たり作業時間（hr）	7.4	3.4	5.1	45.8

注1）作業日誌より集計
　2）機械整備等を含まない

の管理，水管理などは含んでいませんが，水稲， 小麦，大豆の機械作業は，労働時間が非常に少な くて済みます（表3）。

転作畑作物では積極的に堆肥散布 転作は，小 麦も大豆もそうですが，基本的に土づくりに堆肥 か緑肥を使用しています。特に麦は，肥料で取る というぐらい肥料をきっちりやらないと収量は取

表2　作付面積の推移（ha，%）

	平成19年	20年	21年	22年	23年	24年	25年	26年
水稲（水稲作付面積合計）	9.4	10.7	13.1	14.8	15.0	18.9	22.4	24.3
水稲（移植）	8.2	7.6	6.5	6.2	5.6	5.0	6.6	9.5
水稲（乾田直播）	1.2	3.1	6.6	8.6	9.4	12.2	13.0	12.7
水稲（湛水直播）						1.7	2.8	2.1
大豆	15.8	16.5	15.9	14.5	13.7	9.0	12.5	9.0
小麦	19.5	21.3	23.3	25.1	28.3	33.0	36.0	39.4
バレイショ	1.7	2.3	2.3	2.4	2.3	2.6	0.8	0.1
子実トウモロコシ							0.7	2.3
その他	0.2	1.4	3.1	1.5				
経営面積合計	46.6	52.2	57.7	58.3	61.9	63.6	72.0	75.1
乾田直播が水稲作付面積に占める比率	12.8	29.0	50.4	58.1	62.7	64.2	58.0	52.3
乾田直播が経営面積に占める比率	2.6	5.9	11.4	14.8	15.2	19.2	18.1	16.9

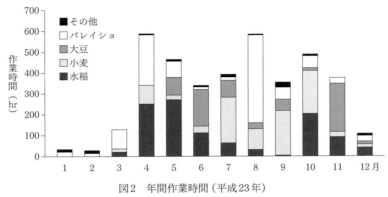

図2　年間作業時間（平成23年）
注）作業日誌より集計。機械整備等を含まない

れません。化成肥料はどうしても収穫直前に効果が落ちたり，コストがかかりすぎたりするので，地域の畜産農家と提携して，積極的に堆肥を散布しています。

小麦は大型機械化体系で作業　小麦は，去年も春から夏にかけて長雨が続き，収穫期に圃場で穂発芽して，規格外麦の発生が7割ぐらいになりました。これに対応して，今年はより大型のコンバインを導入して，適期に一気に収穫できる機械体系を整えました（写真1）。

小麦の播種はグレインドリルを2台使っていますが，大体1日半で約40ha播きます。砕土整地がディスクハローで時速10kmぐらいのスピードででき，併せて播種していくという高速作業体系です。

大豆が落葉する前に小麦の種子を大豆の圃場に播き，大豆の葉っぱで小麦を覆土して，大豆の収穫時（写真2）には，下に麦が10cmから15cmくらい伸びた上を刈っていく不耕起の小麦栽培も実施していますが，雑草さえ出なければ結構良い結果が出ています。特に大豆から小麦に作物を替えるときは，1年ずれてしまわないように，オーバーラップさせて不耕起でやっています。

大豆播種は真空播種機で　大豆は播種精度が良いと雑草防除や生育むらの解消に一番効果があるので，1粒点播の真空播種機を使っています。真空播種機は，1粒ずつきっちり播いていく仕組みで，種を10a当たり何kgではなく10a当たり何粒という設定ができます。非常に正確に播種して，播種深の設定と播種後の鎮圧もきっちりできる機械です（写真3）。

バレイショの収穫は機械化　バレイショは今年度は10aだけですが，以前はカルビーポテトとの契約でポテトチップ用の「トヨシロ」を作っていました。夏の暑いときの品質の問題があり，どうしても輸送で品質低下してしまうので，昨年からカルビーポテトへの出荷を止め，地場の学校給食等に出荷しています。バレイショは北海道からポテトハーベスターを入れて収穫作業を機械化しています（写真4）。

飼料用の子実トウモロコシを生産　トウモロコシは，野菜やデントコーンとしてではなくて，穀物としての子実トウモロコシを収穫して畜産農家に餌として供給しようという取り組みです。国産コンバインでは収穫できないので，小麦用に導入したニューホランドのコンバインを使って昨年初

写真1　小麦の収穫

写真2　大豆の収穫

写真3　大豆の播種

写真4　バレイショの収穫

めてトウモロコシの収穫を試みました。コンバインのオーガから本当にトウモロコシの粒だけ出てくるのか非常に不安でしたが，ちゃんと粒だけ出てきました。このような子実トウモロコシ生産も，水田の有効利用という点ではいいのではないかと思いました。

　機械装備の概況は表4に示しました。

　米作中心ではなく畑作中心に展開したい　基本的には畑作が中心で，畑作の機械や技術を使って米も作りたいというのが，私の経営上の希望です。米づくり農家や米づくり法人ではなくて，畑作の法人でありたいと思っています。

　特に日本で米が余っていて，水田の半分は米以外のものを作らなければならないという時代には，より有効に水田を使うということの方が，高いお金を出して米を飼料にするよりもいいと思います。

　子実トウモロコシや飼料用の小麦，飼料用の大豆もそうですが，国内で全く自給していないものを利用されていない土地で生産する，という方向

表4　主要な機械装備

種類	仕様・能力	台数
トラクター	～50HP	1
	～100HP	6
	100HP超	2
田植機	8条植え～	1
播種機	ロータリシーダ等	1
	グレインドリル	2
	湛水直播機	1
収穫機	普通型コンバイン	2
	自脱コンバイン（5条刈り～）	1
	大豆専用コンバイン	1
レベラー	レーザーレベラー	1
	バーチカルハロー	2

です。海外との関係で餌の相場や安定供給が心配される中で，自給率0%のトウモロコシがもしなかったら私たちは肉を食えるのだろうかということで，チャレンジしている状況です。

また，どうしても米づくりは水管理や畦畔の草刈り等を含めて非常に手間がかかりますので，私は経営面積が増えても米を作る面積はそんなには増やさないつもりです。

それよりも，より効率的な機械作業ができる麦や大豆をどんどん増やしていく予定です。

なお，私が元々もっている農地は大きく分けて2つあり，米を作っているところは昔からの水田です。もう一つ，麦や大豆を作っているところは，昔は山だった石だらけのところを食料増産のときに急きょ開田して，畦畔だけ作って水を入れて，ブルで代掻きして田んぼの形にしたというところです。だから，水はなかなかたまりにくくて，非常に排水がいいところです。

稲の直播栽培の概要

湛水直播から始めて乾田直播が主になり，現在水稲作付面積の半分　直播の導入は，平成6年に湛水直播から始めて，最近は乾田直播の方が中心になりましたが，湛水直播の方も続けています。平成6年から湛水直播を始めたのは，平成5年に東北で大変な冷害があったからです。

冷害による不作で米不足になったことを受けて，平成6年には転作田を水田に復田して米を作りなさいということになりましたが，いずれまた米が余って転作を増やすことになることが予想されるので，育苗ハウスの増設や育苗箱の購入を行うのではなく，直播技術を導入した方が経営上も有利と考えて，チャレンジしました。現在は，乾田直播が水稲面積の半分を占めています。

乾田直播の作業体系　乾田直播の圃場準備から播種までの作業の特徴は，田んぼの土を乾かすということです。プラウやスタブルカルチ等の機械で，12月の降雪前後の田んぼが一番凍っているときに，根雪前耕起で土を反転させ，粉々にします。そうすると，春に自然に表面が乾きます。プラウ耕をして整地し，レベラーで均平して，その後ドリルで播種しローラーで締めるという作業の流れになります（図3，写真5〜9）。

最初のころは，水田での作業はクローラトラクターで行っていましたが，乾田直播を継続することによってだんだん圃場に地耐力がついてきたので，今では100馬力のホイールトラクターでも作業できるようになりました。

播種はグレインドリルで，米と小麦以外に一部大豆も狭畦で播いています。春先の3月中旬まで雪がありますので，その雪解けと同時に田んぼに入って作業を開始し，機械の取り替えや調整を行う時間的余裕がないので，1つのトラクターに1つの作業機を付けたままにして，次から次へとトラクターで追いかけながら作業していきます。上の田んぼからの漏水などで乾田直播のトラクターが走れなくなったときは，急きょ田んぼに水を入れて，そのまま無代掻きで鉄コーティングした種籾を湛水直播するということもあります。

乾田直播の播種後，大雨の時の排水や干ばつ時の灌水など水の出し入れがしやすいように，溝切りを行います。圃場が乾きすぎてひびが入るような年には，少し水を入れて土の表面を湿らせます。地下灌漑があればスムーズにできますが，うちはそうではないので上から少し水を入れます。そうすると筋状に出芽してきて，出芽がそろったときに本格的に水を入れ，あとの水管理は移植と

圃 場 準 備　　　　　　　　　　　　播 種 作 業

4月下旬〜5月下旬

プラウ耕 → 越冬 → 整地 → 均平 → 畦塗り → 播種床造成 → 播種 → 鎮圧 → 出芽 → 水入れ

図3　乾田直播の圃場準備から播種作業の流れ

写真5　根雪前耕起

写真6　プラウ耕

写真7　整地

写真8　均平

写真9　播種

岩手県花巻市・有限会社盛川農場

ほぼ同等です。

直播の圃場は移植に比べて出穂が1週間ぐらい遅くなるので、カメムシの防除時期などが移植した圃場とずれてしまいます。地域では移植に合わせて防除時期が設定されているので、時期がずれている直播をどういうふうに管理していくかということが課題になっています。

畑作の機械で米を作るというやり方なので、汎用コンバインを使って収穫作業を行う方が低コストになるはずですが、実際は今の自脱型コンバインは非常に性能が良くて、汎用コンバインより走行スピードが倍くらい速くなっています。汎用コンバインはわらも取り込んで選別する関係で、自脱型コンバイン並みのスピードは出せません。これも将来的に解決を要する課題だと思います。

天候に応じて乾田直播か湛水直播を選択、GPSトラクターで夜中に播種も　私のところでは雪が3月上旬まであるので、3月の中頃から作業を始めますが、年によって雨や風の天候の影響を受けます。春の風も吹けば圃場が非常に乾くという効果があります。雨はもちろん作業に影響しますが、風が強く吹くときはものすごく乾き、風が吹かないと雨は降らなくても曇りが3日も4日も続くときは田んぼにたまった水はそのままです。土が白く乾かないと乾田直播の整地播種ができないので、鉄コーティングの湛水直播を入れて、天候不順になっても移植用の苗を急きょ調達したりしなくていいようにしています。春の天候に応じた乾田か湛水かの選択は、課題として残っています。

春に田んぼが乾くか、乾かないかというのは、1日雨が降っても、次の日に丸1日風が吹けば次の日は作業できる状況になるので、私はあまり降雨日にはこだわりすぎない方がいいと思います。

週間の天気予報を見ながら、本当に雨が降るのであれば夜中でも種を播きます。夜中だとどこまで播いたか分からないので、今はGPSをトラクターに付けて、自分の播種した跡をGPSで記録しながら作業するときがあります。

また、播種後のローラーかけの際も、軟らかい圃場であれば縦と横と2回かけますが、2回目は1回目の踏んだ跡ができてしまいますので、どうしても勘だけでは分からない。そこで、GPSを使う方法は非常に有効だと思い、実施しています。

次に均平後の降雨で播種できなかったこともあります。乾田直播は今まで9年やりましたが、予定より大幅に遅れた年が3年ぐらいではないかと思います。

その対応については、基本的には湛水直播に切り替えました。それから、この圃場で乾田直播をやろうと大体狙いを定めて作業をしてなかなか乾かないで、乾田直播をやる予定がなかった圃場が乾くときは、急きょ切り替え、乾いた圃場に乾田直播をします。経営的には面積は計画を達成したものの、当初の計画とは違うところになる場合があるということです。

既に整地が終わったところで無代掻き湛水直播に切り替えることもあります。発芽も作業性も非常にいいので、圃場の水持ちさえ確保できればいいので、この無代掻き湛水直播を技術としてきちんとマスターしておいて、経営の中で生かしていくことは必要だと思います。

圃場の乾田化　乾田直播に不向きな圃場を暗渠の施工などで適した圃場に手直しすることがあります。圃場の中でなかなか乾かずにぬかるんで機械の旋回できなかったところが、圃場をより大きくしていくと、そこで旋回しなくてもいいようになることもあります。できることはなるべく自分

でやるようにしていますし，レーザーレベラーなどは特にそういう場合に必須の機械だと思います。

乾田直播のため秋冬の作業が重要　乾田直播をやろうとした場合，大事なのは秋から冬の作業です。春からスタートしたのでは春の天候によって左右されすぎ，多分立ち行かないと思います。冬の間に圃場にサブソイラーをかけて排水を良くしたり，水切りをして滞水をなくしたり，雪がなかなか解けない場合は融雪剤を散布したり，吹雪で道路際だけたまった雪がなかなか解けないような場合にクローラトラクターで雪の上からサブソイラーをかける「雪割り」と呼ぶ作業など，とにかく雪を早く融かす工夫をします。このように，春先の作業も含めて，とにかく1日でも早く雪を消す，1日でも早く圃場を乾かす，という努力をします。

春に乾きやすい圃場にするために行っているのは，プラウ耕，それから排水溝の設置です。また，暗渠の疎水材の更新で，これは自分で籾殻暗渠の補助暗渠を秋に行います。トラクターに作業機を付けて，自分のところで出た籾殻を入れて暗渠がより効くように補助暗渠を強化します。

稲わらの腐植化と地力増進のために堆肥，鶏糞散布を実施　それから，堆肥，鶏糞などの散布も行います。レベラーをかけるときにどうしても前の年の稲わらがじゃまになりますので，腐植化するために鶏糞を散布します。稲わらを粉砕する方法もありますが，そこまでは必要ないと考え，鶏糞の散布等を稲わらの腐植化と地力増進のために毎年秋のうちに行っています。

気象データ等の活用法　各種ツールの活用については，研究機関でいろいろなシミュレーションが行われており，例えば積算温度について，私の

ところで直播きをやるのだったら「あきたこまち」でないと無理だよという結果が示されることがあります。実際には，「ひとめぼれ」を作っても特に問題はなく，必ずしもシミュレーションの結果どおりにはならないので，もちろん参考にはしますが，それだけで判断はしていません。

また，平成24年(2012)，平成25年(2013)のアメダスデータで降雨パターンをみると花巻市は直播きがしにくい年であったと言われています。しかし，気象データを取っている場所がどこかということもあり，特に春の天気は場所によって非常に違うので，自分の圃場が実際にどうなのかというのは多分このデータとそんなにリンクしていないと思います。

用水は夜引いて朝に止め昼間温める　私は夜に水を入れていますが，私のところではダムから直接田んぼに来ている冷水なので，田んぼの青立ちの原因になることから，基本的に夜に入れて昼間は止めて水温を上げるようにしているのです。

深水管理を組み合わせた除草体系は，畦畔の高さや用水量については，可能だと思います。ただ，乾田直播では，苗立ちを優先するか除草を優先するかというのは，各ステージごとに非常にシビアな部分があります。苗立ちを優先して，浅水で乾田状態を長くすれば，どうしても雑草対策は後手後手に回ります。そこで，より深水管理というか，もっときちんと水を入れて，いわゆる一発剤の除草剤の効果を高めるというのも方法としてありだと思っています。

乾田直播技術の課題

施肥と生育むらの問題　乾田直播の課題としては，どうしても肥料分の流亡が多いのと，食味を

表5　乾田直播の今後の課題

- 低コストで生育と食味を考慮した施肥法
- 合筆による生育むらの解消
- 深水管理を組み合わせた除草体系
- 播種時の天候不順への対応
- 安定した収量の確保
- 低コストな除草剤利用

考慮したときにどういう施肥法がいいのかということで，施肥量と施肥方法が課題になります（表5）。

　それから，レーザーレベラーやプラウを使う場合に，どうしても圃場が小さいと作業効率が悪いので，1枚の田んぼを広くしますが，そうすると生育むらが生じるという課題があります。圃場は30a区画が基本ですが，100m×30mでは短辺が短かすぎるので，今は100m×60mの60a区画か100m×90mの90a区画にします。

　その場合に田んぼの高低差が大体20cmぐらいありますので，土を移動すると，削ったところの生育がどうしても悪くなります。切土したところには鶏糞を散布したりして生育むらの解消を図るのですが，地力の差はちょうど出穂前あたりから色むらとして出てきます。それが最終的には稲の草丈で10cmぐらい違う結果になり，収量も1枚の圃場の上と下で違ってしまうことがあります。毎年少しずつ改善されてはいますが，生育むらの解消はまだ課題として残っています。

　雑草防除の問題　雑草防除体系も課題です。直播の場合は，基本的に雑草も出芽させて，除草剤を使って防除していくというやり方で，移植で代掻き時に雑草の出芽を抑えるのとは異なる雑草防除体系です。除草剤に頼る体系のため，除草剤と

雑草のいたちごっこになってしまうという課題があります。また乾田直播だと一部畑作用除草剤なども使えますので，できるだけ低コストの剤を選択することも課題です。

　収量安定性の問題　それから，乾田直播は，直播開始時の水持ちの悪さや肥料の効果が出にくいなど移植に比べて各圃場の収量の安定はまだまだで，管理の仕方が課題となります。

乾田直播の経営上の位置づけ

　販売面から乾田直播と移植を併用　乾田直播はこれ以上増やさないつもりですが，1つは米の販売上の問題で，買う方が定めている基準に乾田直播の農薬の使用基準が合っていないということがあります。作るための米づくりではなくて，最終的にはお客さまに食べてもらうための米づくりという観点から，移植を残すということです。

　乾田直播と他の技術を組み合わせて，作業分散とリスク分散を実現　それから，春の作業で全部乾田直播をやると，そこだけにピークができてリスクが大き過ぎます。そこで移植，もしくは一部湛水直播も絡めておけば，かなり柔軟にできます。それから，秋の刈取りに関して，同じ品種の米を作りながら，時期を長くとれるというメリットがあります。

　私のところは小麦をメインにしているので，移植の稲刈りと小麦の播種がちょっと重なる部分はあります。作業の平準化のためには，いろいろ組み合わせて並行して実施した方が，全部乾田直播にしてしまってそのリスクを背負うよりは，分散できるということです。

　播種の適期が5月6日までの間だと言いますが，4月20日ごろまでの間が一番雨が少ないので

す。だから，最近は4月20日までに播くという計画で作業しています。国立研究開発法人農業・食品産業技術総合研究機構東北農業研究センターも大体4月10日から4月20日が一番いいと言っていて，20日が過ぎれば不確定要素がどうしても出てくるし，特に地域にパイプラインの水が来始めると，上の田んぼから自分のところにも水が入ってきたりして，全然違うリスクも出てくるので，20日までには播きたいなという計画でやっています。

また，今後は，米よりも麦・大豆を増やすつもりですので，乾田直播は今は12haぐらいやっているのですが，今の圃場の状況であればこの辺が大体上限に近い気がして，増えても15ha程度かなと思っています。

リスク分散のため，直播でも色々な技術を組み合わせる　直播についてはいろいろな技術が開発されています。鉄コーティングもありますが，鉄コーティングしない乾籾の散播，湛水への散播，イタリア型の直播も含めて，多分直播の技術というのはこれからもっと磨きながら増やしていくと思います。鉄コーティング自体は，今は補完的に実施しています。

鉄コーティングは，代掻きしてもできるし，代掻きしなくてもできるし，技術としては柔軟でいいと私は思っています。鳥害等の問題がなくて乾籾を鉄コーティングしないで播ければ，もっと自由度は上がると思います。

鉄コーティングの場合，田植機で条播のほか点播もしていますし，動力散布機でただばらまきもやっています。田んぼが特にぬかるんで入れないときは，ラジコンヘリに委託して播いた年もありました。

要は，そういうふうに技術を組み合わせて作っ

ていくということが天候のリスクを減らすことになります。今年東北は冷害の予報でしたけど，そういうときに全部乾田直播で出穂がずっと遅くなって，本当にそれで大丈夫か，春から心配しないでできるかということです。

代掻き後に乾かして直播するV溝直播を私が採用しないのも天候によるところが大きいのです。V溝では1日に2haやそこらしか播けません。春の厳しい天気だったら播種時間の確保が大変だろうと思うからです。

畑輪換よりも畑転換

水を貯める水田，排水性を重視する畑作　田畑輪換について，乾田直播は特に転作と輪換すると相性が非常にいいのですが，私のところでは一応田んぼは稲作，畑は麦，豆，トウモロコシという畑作の中で輪換しますので，田畑輪換を積極的に行ってはいません。ただし，状況によってそういうふうになることもありますが，それは一部だけで，経営の中にこれを組み込んでいるということではありません。

私の基本的な考えは，田んぼは水をためることが第一だし，米以外の作物は排水性をいかに良くするかが大前提です。だから，例えばブロックローテーションや田畑輪換に地域として集団的に取り組めば，それは可能だと思いますが，個人レベルではかえって非常に無駄が多いのではないかと思います。だから，畑作物は畑作物の中だけで回すということです。麦から大豆，大豆からトウモロコシへと畑作物の中で回して，冬作物と夏作物を作って，雑草対策や地力維持を図り，田んぼの方は，きっちり水をためる機能を大前提として続けていくということです。

岩手県花巻市・有限会社盛川農場

ただし，近年飼料用米が増えてきたため，今まで転作していた圃場の隣が田んぼになると，田んぼの水が自分の麦の圃場に漏水で入ってくるのです。溝を掘ったぐらいではなかなか対処できないので，そういうところは田んぼに戻したこともあります。

　水田の基盤整備のコストを考える　私は基本的には畑作と水田は分けた方がいいし，例えば基盤整備やFOEAS（地下水位制御システム）にして米も麦も野菜も作れるという圃場を造るよりは，日本は国土の半分しか米を作る必要がないのだから，基盤整備は米を作るか畑を作るか分けて，コスト意識をもってやった方がいいと思います。いわゆるスーパー水田にものすごく高い金をかけて日本中の地下に塩ビパイプを埋めるよりは，10haの傾斜の畑を作って，そこで効率的に麦や大豆を栽培するやり方のほうが，ずっと将来性があるという考えです。

　飼料作物を導入した畑輪作を重視　田畑輪換して圃場の土壌を湛水状態にすることによって，連作による有害な要素を除去し，土壌の物理性，化学性，生物性などの性質を非常に幅広く変化させるなどの効果があり，土壌を改善できる場合もあります。いわゆるクリーニング効果です。しかし私は，連作障害対策という点では田畑輪換よりも畑のなかの輪作体系を重視しています。

　例えば，畑で畑作物のトウモロコシを飼料作物として作るほうが，水田の飼料用稲よりは，収量が高いし，飼料としての価値も高いからです。

　飼料用稲は，結局は転作助成金ありきの話なので，それが無くなったときにどうするかという問題があります。飼料用稲よりずっと少ない労力で機械化した畑作ができるし，トウモロコシの供給先は地域で豚を飼っているところですが，より差別化した国産のトウモロコシを飼料に使いたいということです。また，養豚の糞尿処理で困っているので，その堆肥も私のところで受け入れ，米にはない連携の仕方が，畑作ではできています。

　私自身は，米を作るにも，畑作の機械，畑作の感覚，畑作の作業時間でやりたいと思っています。極端なことを言えば，単収が下がっても，作業時間がどんどん少なくなれば，経営としてちゃんとペイするだろうという考えです。

土地基盤および水利の課題

　用水はパイプライン化　私のところは，昭和43年から45年ぐらいの時期にそれまで5aから10aだったのを30aの圃場に整備した場所です。ちょうどパイプラインが出始めの時期で，パイプラインにして，非常にぬかるむ場所だけ，20枚に1枚ぐらいの隅の排水が悪いとか，沼のあった跡とかだけは暗渠を施工しました。基本的には暗渠排水なしの基盤整備でした。パイプライン化していますので非常に利便性はいいのですが，パイプラインは水がどこまで来ているか見て分からないという欠点があるのと，水を配る順序が必然的に決まってしまうので，見えない水に対して何回も見に行って，「まだか，まだか」となる部分は不便です。

　地域の用水は，ダムから水を引っ張ってきて，分水工でコンクリートのマスにポンプアップし，そこから自然圧で圃場に出しているので，ポンプの維持費と電気代が非常に高く，今はポンプの台数をもう少し減らして，自然圧でマスにためられるように配置換えを計画中のようです。

　水利用期間の延長　水利用の期間について，乾田直播の場合は春先にみんなが代掻きするとき

には水を使わないので，地域の人たちの水利用にとっては非常にいいのではないかと思いますが，乾田直播の出穂は1週間遅いので，もう少し水を入れておきたいというときに水を切られるのは，不便だと思います。

用水路は，近年生産調整で飼料用米，餌米に取り組む人たちが増えましたが，転作では基本的に水を使わない設計でパイプラインが整備されていましたので，だんだん水が足りなくなってきました。

パイプラインの防塵機能向上　給水方法はパイプラインですが，除塵機の性能が悪いのか，魚や枝，石などいろいろなものが入ってきてバルブが非常に詰まりやすいです。取り入れ口のところでもう少しきちんと除塵すればそういうトラブルはないのに，パイプラインのバルブが詰まる不便さを感じています。一時期自動給水の装置をテストしましたが，物が詰まると自動給水も全然役に立たないし，出っ放しになってしまったりということで，自動給水を整備する以前に，きっちりラインにごみが入らなくするよう要望したいと思います。

暗渠排水管のメンテナンス　排水方式については特段問題ありません。大体田んぼ自体に15cmから20cmの落差がありますので，問題は生じていません。

暗渠排水は，管や栓などの地上部に出ている部分が全て塩化ビニールなので，経年劣化でパリパリになって壊れていきます。それから，斜面のところに栓を付けるのですが，雪が融けるときにそれを下に引っ張って曲げたり，春に排水路のごみ焼きを一斉にやるときに，暗渠の栓にも火がついて燃えてしまうということがあります。誰も直してくれないので，長期的には困った問題だと思っ

ています。

圃場の均平化はレーザーレベラーで　圃場の均平化は，自前のレーザーレベラーで均平化しています。小麦や大豆を作るところは傾斜圃場にして排水を良くするので，水田以外でもレーザーレベラーを結構使います。そのほか，堆肥を多く田んぼに入れる場合にレーザーレベラーで堆肥をならしています。

農道整備への要望　農道については，最近は農道を舗装することが非常にいいことだとして舗装するところが増えています。ですが，農道を舗装すると一般車両がどんどんどんどん入り込んできて，トラクターを止めておけなくなったり，陰から車が出て来たりするほか，堆肥散布やトラクターの泥が舗装に落ちた場合に非常に目立って，住民から苦情が来ることになるので，私は農道は管理できるぐらいの砂利道程度でいいと思います。

今は4mと5mの農道ですが，多少狭い部分もあって，コンバインなどが大型化してくるともっと広い方がいいということになりますが，広ければ広いほど車がスピードを出して走るので，危ないと思います。それから，農道を造るときに両脇にガードレールや境を示す反射板のポールを作るのですが，コンバインなどの道路幅より広い作業機が通るときにはそれが非常にじゃまになるので，そういう構造物はない方がいいと思います。

草刈り作業の軽減　水路整備，草刈りについては，今は多面的機能支払い交付金でお金が出るようになりました。それは良いことなのですが，人海戦術で実施するのには限界があります。例えば排水路の上を道路にして完全に覆って排水路の斜面の草刈りをしなくて済むようにするとか，トラクターに付けてガードレールの向こう側も刈れる

表6　圃場の状況

圃場の区画の割合	不整形	5%
	〜30a 区画	45%
	〜100a 区画	40%
	100a 超区画	10%
自宅からの距離の割合	〜1km	20%
	〜3km	10%
	〜5km	70%
	〜10km	—

機械で草刈りするとか，あるいは，除草剤を利用するとか，炎天下の人海戦術による草刈りをしないですむようなことを考える必要があると思います。

農地集積について

今，やっと流動化が大きく進み始めた時期だと思います。これまでは集落営農がその受け皿になるよう行政などが動いてきましたが，実際に集落営農を運営して現在までやってきて，当初考えた理想的な形になっているかということです。なかなか生産性が上がらない，営農組合も後継者がいない，なかなか利益が出ない体質だといった問題点が結構あって，それならということで，本当に意欲と能力のある個人や法人に土地が集約されていくのだろうと思います。

私のところは大体自分の家から半径5km以内ぐらいに圃場はあります（表6）。コンバインなどの移動はトラクターでトレーラーを引っ張って移動できる範囲内に収まっています。耕作依頼は特段断っているわけではなく，来た話は拒まず受け入れますが，自分の会社の中でどれだけ大きくするかという目標が見えないのです。特にTPP

の話なども含めて考えたときに，全てを引き受けて，夜も寝ないで稼ぐのがいいのかということです。昔は暇な人がいっぱいいて，その人たちを雇えば何とかなったのですが，今は逆に田舎ほど有能な若い人はいないし，誰でもいい作業はなかなかなく，雇用するのにものん気に構えていられなくなったのが実情だと思います。

本州での畑作農業確立の可能性に挑戦

米の需要が減り，米の価格がどんどん下がっていけば，自動的に米だけで食えませんので，米以外の作物を作ろうという土地利用型の本格的な動きが出てくると思います。転作の助成金を減らして，収量インセンティブをより高くして，きっちり米以外の作物を作れるプロの畑作農家を本州にもどんどん増やしていけば，私はもっと生産性が上がると思います。

米は神聖な主食で，1粒作るのに八十八手かかると言いますが，麦だってかかるのです。ただし，手をかけただけでは採算が合わないので，機械化できるところをどんどん機械化すれば，多分大豆とか小麦は大規模化するほど生産性が上がり，単収も上がると思います。小さい圃場で小さい機械を使ってやっている限り，少し雨が降れば湿害が出るし，刈取りも米用の機械を使っていたら非常に高コストになるので，そろそろ発想を転換する必要があると思います。

今まで日本の農業は，多い人数でみんなで金を分け合ってやってきましたけど，これから人はどんどん減っていくので，少数精鋭で日本の大地をきっちり管理していくことになり，30ha，50ha，100haという大規模な経営体によってきちんと管

理できるようにしていかないと，TPPが来なくて
も日本の農業は自滅してしまうのではないかと思
います。

　研究者の方たちは，日本では北海道は別にして
大規模畑作は難しいとよく言われます。できやす
い地域とできにくい地域は確かにあります。それ
は土質などもありますので，やれないのはみんな
さぼっているからだとは言いませんが，可能だと
思います。その可能性に私はチャレンジしていき
たいと思います。

（平成26年7月 研究会）

宮城県登米市
有限会社おっとち
グリーンステーション

柳渕淳一

有限会社おっとちグリーン
ステーション代表取締役
柳渕淳一

こだわりの土づくりと稲，大豆，野菜，加工品の複合経営で経営発展
水稲の新品種や多品目の野菜栽培に挑戦
水管理に情報システム機械を大学等と連携し開発
抗酸化作用のある野菜パウダーを開発販売

地域の概況

　登米市は県の北東部に位置して，真ん中に北上川を挟み，東側は北上山地の丘陵地帯，西側には平坦な水田地帯が広がっています（図1）。気候は，冬は風が少し強いのですが，県内でも比較的雪が少なく，その分日照時間が多いです。夏は冷涼な日が比較的多く，ヤマセの常襲地です。

　登米市は畜産が非常に盛んで，市レベルでは本州随一の肉牛地帯になっていると思います。農業粗生産額は現在，畜産，次いで米ということになっています。主な指標は，宮城県の数字と登米市の数字を対比して載せています（表1）。

　米山地域に限らないのですが，登米市は旧町域ごとに有機センターという堆肥センターが設置されています。畜産農家は肥育だったり繁殖だったりするのですが，その糞尿は堆肥舎に持っていきます。その有機センターから堆肥を受け取ってきて水田や大豆に（私どものところは大豆もですが）入れるという体系ができています。

　また，飼料用米で直接畜産農家とつながっているところはほとんどないですが，ホールクロップについては，畜産農家と耕種農家と作業分担しながら作ったものを畜産農家が使うというような体系はできています。

　堆肥も，わらを提供して堆肥を水田に入れてもらうという交換をしているところもあります。

図1　登米市の位置

仙台市

表1　登米市の農業概要

項目	数値
総土地面積	536.38km^2（宮城県の7.4%）
総人口	83,969人（宮城県の3.6%）
総農家数	9,177戸（宮城県の14.0%）
販売農家数	7,183戸（宮城県の14.5%）
専業農家数	1,176戸（宮城県の13.7%）
経営耕地面積	16,272ha（宮城県の14.1%）
田	14,976ha（宮城県の14.9%）
畑	1,248ha（宮城県の9.1%）
樹園地	47ha（宮城県の6.3%）
圃場整備率（20a区画以上）	84%
家畜飼養頭数	
乳用牛	2,525頭（宮城県の10.2%）
肉用牛	27,982頭（宮城県の30.7%）
豚	56,139頭（宮城県の28.4%）
水稲収量（平成26年）	583kg/10a（宮城県559kg/10a）
農業産出額（平成25年）	
米	14,512百万円
麦	112百万円
豆類	1,083百万円
野菜	2,911百万円
果実	264百万円
畜産花き	15,157百万円
他	348百万円

注）登米農業改良普及センター資料から抜粋

経営の概要

　弊社は平成7年に有限会社にしました。現在，稲作，大豆，野菜，加工の4つの部門で構成されています。役員が3名，社員が9名，研修生3名，パート19名で，大体40名の組織になっています。作付け品目は，水稲が乾田直播10haを含めて33haで，地域の集団転作を引き受けている大豆が40ha，野菜圃場は大崎の鳴子温泉近くの高原にあるニンジンが5.2ha，エダマメが4.2ha，唯一施設栽培しているコマツナが0.53ha，その他，エダマメの後作として，寒じめホウレンソウ3.9haを栽培しています（表2）。加工部門として，野菜パウダー，納豆，もちなどを作っています。

表2　品目別作付面積（平成26年）

品目	作付面積（ha）
水稲	33
大豆	40
ニンジン	5.2
エダマメ	4.2
コマツナ	0.53
寒じめホウレンソウ	3.9
加工野菜	0.3

経営発展の経過

4Hクラブから発展したメンバー　昭和40年代後半，集落内の4Hクラブ三度笠のメンバー12

名で水稲のプロジェクト班を結成していました。

当時，稲作のいもち病防除を粉剤から液剤に変えて経費を下げることを地元の役場に相談したところ，係長だった人に，どうせやるなら1年を通じて，みんなで一緒に働く組織をつくったらどうだと勧められました。会の中で協議した結果，昭和52年に，4戸で追土地中央生産組合という任意組織を設立することになりました（表3）。

メンバー12名は皆20代の前半で，親がやっと先代から財布を譲り受けたばかりの時期で，親を説得するのになかなかスムーズにいかず，結局4名で開設することにしました。当時から機械の過剰投資が問題になり，みんなで共同できる部門はないかということで，昭和53年にライスセンターを導入し，それとともに，地域の集団転作，圃場整備前の事前転作への対応で麦栽培を始めました。

ホウレンソウから始めた野菜栽培　そんな中で，水田で年間平均して働くために，約300坪の稲の育苗ハウスを利用して夏出しホウレンソウ栽培を始めました。ホウレンソウ栽培を始めたのは，当時，夏ホウレンソウの産地が宮城県にはなくて，結構有利な単価で取引されていたからです。親の反対を押し切って作った組織なので，親には迷惑をかけられず，この利益を資金にトラックなどを購入しました。その後，できるだけ毎月の労働時間を均平にしようということで，転作に合わせて露地のキャベツを入れました。

昭和55年に，当時は，圃場整備も進んでいて，品質の良いわらが取れるので，地域の方々にはわらを売る方も結構いました。しかし，私たちは圃場から取れたものは圃場に返すべきということで，土づくりをかなり意識して，それを全量堆肥にするために堆肥舎を導入しました。そのころか

表3　経営発展の経過

昭和52年	追土地中央生産組合を周年就農を目標に4戸で設立
53年	圃場整備で町集団転作（70ha），育苗ハウス利用の夏出しホウレンソウ栽培を開始（300坪）
54年	キャベツ栽培開始（90a）
55年	夏秋キュウリ栽培開始，集落転作で麦作始める
57年	イチゴ栽培開始
58年	水稲育苗ハウスを利用したメロン栽培開始（1,470m^2）
62年	朝日農業賞受賞
平成4年	鉄骨ハウス2棟（5,040m^2）とロックウール栽培システム導入，イチゴ栽培からバラ栽培へ転換
5年	特別栽培米の取組み開始
7年	（有）おっとちグリーンステーション設立
10年	ニンジン栽培開始（4.3ha）
12年	エダマメ栽培開始（18.5ha）
15年	寒じめホウレンソウ栽培開始（3.6ha）
20年	水稲乾田直播開始（2ha）
25年	平24全国豆類経営改善共励会農林水産大臣賞受賞，平25農林水産祭農産部門内閣総理大臣賞受賞
26年	野菜パウダー工場完成（580m^2）

ら露地野菜もどんどん増やして，夏秋キュウリ栽培も始めました。

そうこうしているうちに，昭和56年に，宮城県農業賞奨励賞を頂きました。昭和57年には単なる稲作の労働のならしとしての野菜というよりも，野菜を本格的に柱の1つとしようということで地区再編農業構造改善事業により鉄骨ハウス（5,040m^2）を建てて本格的にイチゴ栽培を始めました。そして育苗ハウスも，軟弱野菜から果菜類のマスクメロンに切り替えました。昭和62年には，朝日農業賞を頂きました。

バラ栽培の導入　平成4年に，イチゴで始まっ

表4 作付面積の推移 (ha)

		平成10年	15年	20年	25年
	水稲	23.57	19.57	25.77	31.32
	大豆	24	30.4	28.3	31.2
その他	バラ		0.5	—	—
	エダマメ		2.03	3.14	4.19
	ニンジン		4.4	2.95	5.22
	ホウレンソウ		—	2.29	4.19
	コマツナ		—	0.5	0.5
	合計	47.57	56.9	62.95	76.62

た温室を改造して，バラのロックウール栽培を始めました。これはなぜかというと，イチゴの場合，特に収穫が始まる冬から人が必要ですが，それ以外の時期は人が要らないので，季節ごとの雇用では頼みづらくなって，年間を通して安定した労働があるバラを導入したわけです。このころから世の中も景気が良くなり，バラの花束を持って飲み歩く人が結構いましたが，バラの輸入もあまりなかったので，単価も良く，バラ栽培が大変良かったわけです。

東京からの転作視察者向けに特別栽培米の開始 平成5年からは特別栽培米を始めました。この当時，米山地域は転作で結構有名で，全国的にも注目されて，小学校の社会科の教科書にも載ったので，東京から小学生が父兄も一緒に遠足代わりに現地視察に訪れていました。その顧客も利用してつながりをつけようということで，特別栽培米を始めました。

平成6年には，紙袋よりさらに人が減らせるフレキシブルコンテナバッグ用機械一式を導入しました。このころになると経営も安定してきて，周りからの勧めもあり，平成7年に会社組織にしました。

ニンジン，エダマメを導入 その後，施設栽培も大分安定してきたので，平成10年に露地では転作田を利用してニンジンを導入し，平成12年にエダマメを導入しました。この頃の考え方として，施設栽培は集約型ですが露地の野菜栽培は土地利用型なので，なるべく機械を利用して面積をこなせる品目を選びました（表4）。

台風でニンジンの播種期を逃し，寒じめホウレンソウの栽培開始 平成15年に寒じめホウレンソウの栽培を始めました。これは機械を全く使わず人手を食うものです。この年は，たまたまニンジンの播種時期に台風が1週間おきぐらいに続けて来て，圃場に肥料を入れた後，播種がなかなかできませんでした。ニンジンの播種時期を逃してしまいましたので，その後にできるものを探して，寒じめホウレンソウを始めたわけです。苦し紛れに始めたのですが，意外と価格も安定して，それが今までずっと定着しています。

コマツナ栽培の開始 平成20年からハウスでコマツナ栽培を始めました。

それというのは景気が良くて始まったバラが，このころになると，米国のリーマンショックによる景気の後退で，単価も悪くなり，燃料費もかな

り上がってきました。重油を焚いていましたが，バラは最低気温20℃以上を保つために，ハウス全体で，一晩で1kLぐらいずつ油を燃やさなければいけなくて，100円で換算すると一晩で10万円ずつかかります。それを3ヵ月続けると1,000万円かかってしまい，それでは到底合わないので，高温性の作物は暖かいところに任せるべきだという結論になり，よく食べられる野菜のコマツナを始めました。

水田の乾田直播とニンジンの高原栽培の開始　この年平成20年には，水田の乾田直播を始めました。これは経費を節減することと，栽培期間をずらすことによって，今ある施設，機械を有効利用するのが目的でした。

平成22年に，今まで転作で作っていたニンジンが，この年は収穫直前にゲリラ豪雨で冠水してしまい8割ぐらいを廃棄しました。経営的にリスクがあるので駄目だということで，冠水しない高原に土地を求め，山でのニンジン栽培を始めました。

野菜パウダーの加工開始　同じ年に，ひびの入ったニンジンは市場には出せないけれども捨ててしまうのはもったいないということと，もう1つは，どんなにうまく作っても規格外が必ず1〜2割出るので，それらもお金に換えていくべきではないかということで，野菜パウダーを思い立って，野菜乾燥機の製作を始めました。東日本大震災後に，自作の乾燥機が安定した結果を出せるようになって，小さいパウダー工場を造りました。

平成25年，全国豆類経営改善共励会において農林水産大臣賞を頂き，同じ年の秋に農林水産祭の農産部門で，内閣総理大臣賞を頂くことができました。パウダーも，ほそぼそと作っていたので

は本格的に売り出せないので，ある程度量産するために，平成26年に6次化ネットワーク活動交付金事業により，野菜パウダー工場を造りました。

経営の特徴

役員が各部門を責任分担　弊社の経営管理の特徴としてはまず3戸で経営していることです。

大きく分けて稲作，大豆，野菜，加工の4部門のリスク分散と周年安定労働体制を確保するために，あえていろいろな部門を組み合わせています。

この4つの部門は，役員3名が大豆・露地野菜部門，水稲・施設及び加工野菜部門，加工部門の3部門のそれぞれを，栽培技術から労働配分，販売に至るまでの一連のことについて責任を持って担当し，組織の枠組みの中で個の能力を生かす経営を目指しています。図2は組織図で，3人がそれぞれ専門の担当部門を持って，その役員の下組みの中で個の能力を生かす経営を目指しています。

弊社のもう1つの特徴として，後継者に自分たちの血縁が入っていないことです。やる気のない息子よりも，やる気のある他人を入れて経営を発展させていこうと思っています。ですから，自分たちの子どもは既にいろいろなところに就職しているか，個別で経営をしています。また，社員は採用したからには責任を持たなければならないので，地元に定着して，そこで子育てをして，きちんと教育できるようなレベルの給与体系にもっていきたいと思って頑張っています。

野菜は女性が力を発揮　品目が増えるに従って計画をきちんと組まないと回りません。雇用は女性が多いのですが，これは野菜生産に女性が適

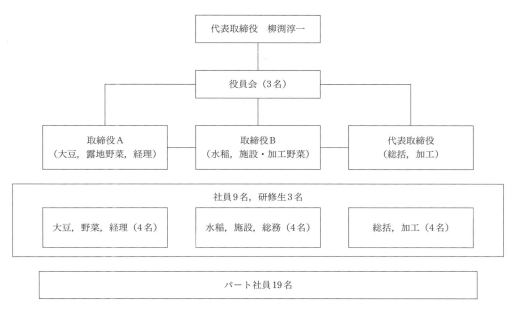

図2　組織体制

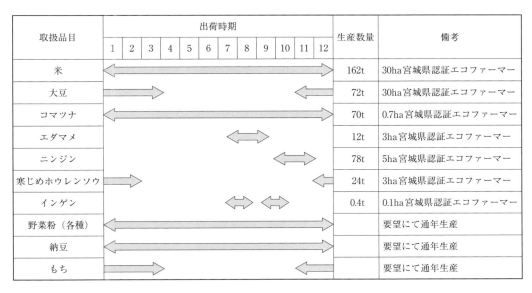

取扱品目	出荷時期												生産数量	備考
	1	2	3	4	5	6	7	8	9	10	11	12		
米													162t	30ha宮城県認証エコファーマー
大豆													72t	30ha宮城県認証エコファーマー
コマツナ													70t	0.7ha宮城県認証エコファーマー
エダマメ													12t	3ha宮城県認証エコファーマー
ニンジン													78t	5ha宮城県認証エコファーマー
寒じめホウレンソウ													24t	3ha宮城県認証エコファーマー
インゲン													0.4t	0.1ha宮城県認証エコファーマー
野菜粉（各種）														要望にて通年生産
納豆														要望にて通年生産
もち														要望にて通年生産

図3　取扱品目と年間出荷予定表

しているからです。ハウス栽培のコマツナは男性ゼロで管理しています。圃場の耕起から整地，播種，収穫，全部女性の力だけで行っています。手先の器用さが必要な仕事やこつこつとやる仕事は女性が向いているようで，男性だと向いていないようなので野菜が増えるに従って女性の雇用も増えたということです。

もう1つは，労働が平均化したといっても，どうしても季節によって労働量がまるっきり違いますので，パートの人たちがいて，ちょうどバランスが取れています。

賃金体系は，役員は役員報酬ということで決まっていて，社員に関しては，入った年代によって幾らか差がついていますが，若い社員を入れ始めてまだ5～6年なので，そんなに高くはなっていません。最近社会保険にやっと加入して，若い人たちの入りやすい環境を整えています。これから飛躍的に給与体系を安定させていくためには，加工部門が安定することが弊社の経営のポイントだと思います。

社員の出身は，大体登米市内が多いのですが，中には隣の栗原市から来ています。今年は富山県から来ていますし，仙台の隣の富谷町からも来ています。富山県から来た者も富谷町から来た者も，両親がサラリーマン家庭で，農業が好きだけれどやる環境がなかったので，ありがたいことに弊社を指名して来てくれました。あとはパート，社員とも，地元中心に採用しています。

栽培技術の特徴

稲作以外の作目は，試行錯誤で選定　図3は品目ごとの出荷時期を一目でわかるようにしたものです。

作目については，当初は稲作が安定していたので，稲作を中心に考えていました。水田の暇な時期の作物を選定していたのですが，だんだんやるうちに，雇用の関係もありましたし，野菜も1つの収入の柱になってきたということで，稲作と関係ない選定になってきましたが，やはり早期に安定とはいきませんでした。

今の品目になるまで，大体30品目試してきて，4～5年無収入の時期もありましたので，今の状態は失敗の積み重ねの上に成り立っています。キュウリを植えたときは，明日からいよいよ収穫だというときに台風が来て，一晩で葉も何もなくなったこともありましたし，キャベツを植えたときは，2tトラックいっぱいに仙台の市場に積んでいって，トラック1台で1,800円ということもありました。そういった経験を積み重ねながら，いろいろ品目を絞っていったということです。

土づくりのこだわりとぼかし堆肥　技術の特徴の1つは土づくりです。高品質のものの安定生産と販売の差別化を念頭に，ビールの搾りかすをはじめ，食品残渣を使用した「ぼかし堆肥」を施用し，肥料の安定確保，食の地域循環を目指しています。将来を見据えて，できれば最終的には理想とする成分割合の肥料を自分たちで製造していきたいという思いを持っています。

この「ぼかし堆肥」は，実は産業廃棄物の業者と組んで作っています。堆肥を作る槽が4レーンあり，その1レーンを食品残渣専用にしていただいています。原料はビール工場のビールかすなどです。ですから食品残渣といっても工場から出る残渣が中心で，荷受け量は大体一定しています。1つの処理槽のマスが何千tとありまして，そこにたまたま冷凍を失敗したマグロが数t入ったり，冷凍を失敗したアイスクリームが入ったりして

も，何千tあるうちの少しなので，基本的に成分の変化はありません。これも定期的に成分分析をしていて，成分の変化がないことは証明されています。

ぼかし堆肥の安定供給については，今の食品製造会社が産廃業者を利用し続けるかぎり，量的には安定だと思います。ただ，そこは産廃業者ですから，処理にもある程度お金を取っているのですが，自分たちが使う肥料を作るとなれば，食品製造会社でも処理料がかからないということで，お互い良い関係で材料を集めて，将来的には独自の有機肥料の生産ができないかと思っています。

野菜は，全量を堆肥と有機肥料を使用して無化学肥料栽培を達成しています。稲作にはクズ大豆を使用して，できるだけ化学肥料を減らす減農薬・減化学肥料栽培を行っています。大豆に関しても，場所によっては20年ぐらい連作した圃場もあるのですが，新しい土地とそんなに差がなく収量を取るために，そこも土づくりを重視して，有機質の堆肥を入れて，化学肥料を抑えています。将来は全作目の無化学肥料栽培を達成していくつもりです。

水田作における栽培技術の特徴

もう1つの技術の特徴は，土地利用型の作目に機械を導入して省力化し，面積の拡大とコストの低減を目指していることです（表5）。また集約型の作目は地域の雇用を活用しながら複数の品目を組み合わせてリスク分散し，さらに付加価値をつけるべく加工等に向けていくつもりです。

低コストの水管理情報システムを大学等と連携し開発中　水稲の栽培は，大体3分の1が乾田直播で省力化しています。ただ課題の1つとして，

表5　農業機械の装備状況

種類	仕様・能力	台数
トラクター	〜50HP	4
	〜100HP	5
田植機	〜6条植え	2
播種機	グレインドリル	2
収穫機	普通型コンバイン	1
	自脱コンバイン（5条刈り〜）	2
レベラー	レーザーレベラー	1
	バーチカルハロー	2

水田は面積が33haで50ヵ所ぐらいに点在していることが一番のネックになっています。現在，科学技術振興機構（JST）の補助金を頂いて，東北大学工学部，日立ソリューションズ東日本とプロジェクトを組んで，水田の水管理システムを作っています。後で圃場をご案内しますが，管理棟の上にアンテナがあって，そこで水温，地温，水位の数値を受信し，パソコンで見て，異常のあるところに行って管理します。

今まで50ヵ所の水管理のために人を3名ぐらい雇用して，毎日目視で見て歩いていたわけです。ところが，その中で異常のあるのは1割未満なので，異常のあるところにだけ行けばいいという発想です。土地が集まらないのなら，パソコンの画面で1つに集約して，異常のあったところだけに行くようにすれば，かなり効率化できるし管理面積が増やせるという発想です。

もう1つは，日立ソリューションズ東日本の技術を利用して，データの蓄積をしています。新規参入者に対しても篤農家の技術がすぐ利用できるように，今まで勘に頼っていた篤農家の増収技術を数字にして可視化しています。

湛水直播から乾田直播へ　乾田直播をして今年

で8年目になりますが，30年ほど前は湛水直播をしていました。収量も低かったし，やっている場所が少なかったので鳥害を受けてしまって，2年ほどやって，いったんやめました。こういうリスクの大きいことは一生産者が頑張ってやるべきでない，データがしっかりした段階で利用すればいいということにしました。

8年前に乾田直播を開始したのは，規模がどんどん大きくなってきていることと，代を掻いて田植えをするという今の米づくり体系では，若い人たちを呼び込むのが大変だということのためです。若い人とよく話をするのですが，トラクターで播種するのと，代を掻いて田植機で米づくりをするのとどちらがいいかという話をすると，やはりトラクターでスニーカーを履いて米づくりをした方がずっといいという話です。将来，自分たちの代，子どもたち，孫の代の米づくりを考えたときには，乾田直播技術をきちんと習得していないと駄目だということなのです。

乾田直播を始めた当時は県の試験場でもあまり勧められず，湛水直播を勧められていたのですが，私たちはそういう考えで，難しくてもやろうということで始めて8年目になります。去年あたりから移植栽培と同じぐらいの収量を上げられるようになってきました。

乾田直播をするのに雨で予定した日に播けなかった場合は，日をずらして1週間あとに播きます。もしどうしても播けない場合は，大豆を作りますが，今まで，そんなことはありませんでした。

土壌と地力維持　土壌については，色々な土壌がありますが，古い圃場は用水が水田3枚で1つにつながっていて，1圃場に1つの水閘（水門）があるというわけではなくて，400mが1本の配水路でつながっていて，水田3枚ごとに止めるもの

があるだけなので，隣の水田で水をかけられてしまうと乾田直播はできなくなってしまいます。ですから，あくまでも土質でということではなく，場所的に乾田直播をやるところ，やらないところと分けることになります。土質的には，黒土のところはやりやすいですし，粘土質の非常に強いところはやりにくいです。

30数％の転作率なので，3回に1回転作が回ってきますが，2年単位〈大豆2年間〉なので，4年間の稲作ということになります。転作は，ほとんどの方は無肥料で作られていますが，うちの圃場は，大豆を作付けするときに堆肥を入れて土づくりをします。ほとんどの生産者の方は転作大豆には堆肥を入れないと思います。長くやっていると，どうしても土壌の地力の消耗がありますが，1年で少しずつの減少なのでデータ的には表れてこないで，大豆がうまく生産されているということで喜んでいます。実際に土壌分析をすれば地力は消耗していると思いますが，特に地力窒素の土壌分析はやっていません。

大豆栽培は団地化し，地力維持に工夫　農薬・化学肥料節減栽培をしている大豆は弊社だけではなく隣の転作集落と機械を共同所有して，お互いが播種時期，収穫時期に共同作業をして行っています。これで効率的に機械の経費と出役人数を減

写真1　大豆作は隣接集落と団地化して共同作業

らして，隣の集落と合わせて70haをこなしています（写真1）。

　先ほど言いましたように，土づくりにもかなり気を遣っていて，全国豆類経営改善共励会で農林水産大臣賞を頂いたときのデータでは，収量は県平均の2倍で，品質も98％以上が一等でした。米山地域の場合，転作奨励金は大体が地権者に渡しています。われわれ請け負う側は栽培しても量を取らなければ経営のプラスにならないので，かなりの収量をあげています。地権者もメリットがないと土地を集めるのに協力いただけないので，そういう形にして，大豆はほぼ完全に団地化しています。

　大豆を20年近く連作している圃場がありますが，単収は毎年ほとんど差がなく変わりません。ただ，連作地に関しては，大豆収穫後にライ麦を植えて，緑肥を入れて，さらにそれに堆肥もふんだんに入れています。そういう工夫で地力を維持しています。

　野菜は品目に応じて栽培を工夫　コマツナ栽培は，ぼかし堆肥のみで6年ほど栽培しています。普通は直接種を播きますので年に6〜7回転ぐらいですが，弊社の場合，育苗ハウスを別に持って定植方式でやっていますので年間12回転できます。

　ニンジンもぼかし堆肥を使った栽培をしています。土地が鳴子温泉の手前の川渡温泉街から車で15分の距離にありますから高原の景色の良さを生かして，地元の旅館とコラボレーションして，収穫のときに仙台のまちから消費者を呼んで，ニンジン掘りをした後温泉に入って，内と外から健康になろうという企画などをして徐々に面積を拡大しています。

　エダマメは収穫期の作業を除いて，大豆の機械

写真2　自脱コンバイン台車にフォークリフト装着

をほぼそのまま利用できるので，大豆よりも付加価値の付く品目ということで導入しています。

　このへんの気候は寒いのですが，太平洋から大体40kmの場所なので，雪が少ない所です。ここでは冬場の寒さを利用して，糖度を上げた甘いホウレンソウを育成することができますので，地の利を生かした品目として寒じめホウレンソウを導入しています。

　自社で工夫して農業機械を改良　転作田を利用して野菜を栽培していますが，管理上，人員を減らすために機械に色々な工夫をしています。田植機の改造機は除草から播種，培土まで全部に対応した機械で，これは自前で作りました。

　もう1つは，自脱コンバインの台車です。これに油圧式のフォークリフトを付けて，収穫物を道路まで上げています。これも自作の機械です（写真2）。こういう工夫をすることによって，ぬかるんだ水田でも出荷に穴を開けないで，取引先にも信用され，当てにされる産地を目指しています。

米価の動向を見ながら規模拡大

　今うちの集落は120戸あるのですが，大豆の転作に関しては，団地化しないとよく取れないので，各地区から代表の人たちが出て転作委員会を

作り，それでブロックローテーションの順番を決めています。そういう協力もあって，大豆は集めやすいということです。もう1つは，奨励金の大部分を地権者に差し上げているので協力が得られやすいことです。

ただ水稲の場合は，そういう形ではなく，個人対弊社になっていますから，どうしても点在してしまいます。これからまだまだ米が安くなって，水田に愛着がなくなれば集めやすくなるのかもしれませんが，現時点では農地は先祖からの財産という考えがありまして，土地を交換するにしても集めるにしても，今はなかなか困難な状況です。

野菜の転作は，自作地を中心にやっています。他の人の土地も利用していますが，そういう人たちは兼業で勤めの方が優先で，できればずっと何十年も任せていたいという環境です。

水田における規模拡大については，今までは面積の小さい人の委託が結構多かったのですが，最近は機械の更新をしたくないとか，後継者がいなくなったとかの理由で，2〜3haの依頼が増えてきました。その中で，私たちは今の米価と自分たちの生産費収支をしっかり出していかないと，現状のままで面積を拡大するのは難しいです。販売との兼ね合いも含めて，これから慎重に検討していきたいと思っているところです。

稲の新品種「ハイブリッドとうごう4号」の導入

「ハイブリッドとうごう4号」試作栽培　「ハイブリッドとうごう4号」という多収穫品種を去年から導入しました。

去年の収量は，移植で14俵（820kg）で，直播は13俵です。去年の直播面積は全部で8haやって，

2haが「ハイブリッドとうごう4号」で，6haが「ひとめぼれ」でした。その6haの「ひとめぼれ」の平均単収が9.6俵という数字にまで何とか技術習得ができました。今年，私たちと同じような組織で経営をしている人たちにも話をして，「ハイブリッドとうごう4号」はうちの町で，全部で17haです。直播の面積は，はっきりした数字はつかんでいませんが，60〜70haになると思います。

「ハイブリッドとうごう4号」の栽培特性　「ハイブリッドとうごう4号」は，多収品種にコシヒカリ系の品種を掛け合わせて，良食味で多収品種ということで作り上げたものです。それで，やたら着粒数が多い品種で，1次枝梗で16本ぐらいつきますし，大きいものだと1穂に300粒ぐらいついてしまいます。千粒重が24〜25gの品種で，将来は10a当たり1tを狙っています。

草丈や栽培上の難しさについては，比較的作りやすい品種です。ただ，着粒数が多いので，登熟歩合を上げるのが非常に難しい。宮城県の場合は，「ササニシキ」でも「ひとめぼれ」でも，3万粒/m²の良い籾を取って，その登熟歩合を上げて600kg/10a取ろうということになりますが，「ハイブリッドとうごう4号」の場合は，5万粒，6万粒ついてしまいますので，登熟歩合がどうしても60%前半で終わってしまうのです。

粒のばらつきが極めて大きいというのが，昔開発されたハイブリッドの欠点だと聞いています。私のところは，まだ今年で2年目なので，正確に粒そろいの確認はしていませんが，登熟歩合を上げるのが大変で，見た感じの米質も非常に悪いですし，また検査をしてもらっても，オール三等米で，米質はあまり良くないです。

その登熟歩合を上げるのに，現在，乾田直播に限らず全部の圃場で深水管理をして茎を太くして

大柄に作って，株を開張させて受光態勢を良くして，上位の方の葉をうまく生かして登熟の能力を上げられないかと考えて管理しています。今年は900kg/10aを目標として，一生懸命頑張っています。

「ハイブリッドとうごう4号」の価格・販売　とうごう4号の種籾の価格は4,150円/kgです。普通，「ササニシキ」，「ひとめぼれ」は，農協からは600〜700円/kgで買えますので，10a当たり1万円ぐらいの経費はかかりますが，秋の段階で米を買っていただくときに，その分は付加することにしています。

平成26年産は農協での仮渡金が60kg当たり8,400円〜8,500円でしたが，種子籾の差額分を付加した金額で買い取りをして頂いております。豊田通商株式会社と取引させていただいていますが，豊田通商さんは，とにかく検査を受けてもらえばいいということで，等級に関係なく，米代は種籾代に農協仮渡し金を加えた値段になっています。全国の米のサンプルを持ってきて比較してもらっていますが，南の方の一等米より，うちの方の三等米の方が見た感じは良いですが，「ササニシキ」，「ひとめぼれ」と比較すれば，見た目は非常に悪いです。そのへんがどうなのか私も不思議でならないです。

近々検討会を開きますが，岩手，山形，秋田の各県からも合流して検討することになっています。

土地基盤

圃場整備事業で湿田が改善　40年前はこのあたりは湿田地帯でしたが，タイミングがいいことに，私たちが任意組合を作ったと同時に圃場整

表6　圃場の状況

	不整形	―
圃場の区画の割合	〜30a区画	51%
	〜100a区画	29%
	100a超区画	20%
自宅からの距離の割合	〜1km	10%
	〜3km	30%
	〜5km	50%
	〜10km	10%

備事業がスタートしました。ですから，そこから圃場条件の良い水田がどんどん増えたのです（表6）。それと，国の転作の事業がありましたので，弊社の場合は，それと併せて野菜の導入が進んでいきました。

深水管理を励行　この地域はヤマセもあり，大冷害のあった昭和54年に，この地域もかなりの被害を受けて収量が皆無に近い人もいましたが，弊社の場合は深水にして守りました。有機物を入れた土は幾らか温度が高いので，平均の8俵は超えました。

また深水管理については，ヤマセ対策としてだけではなく，米づくりの仕方として，太茎にして1次枝梗を多くするために行っています。1次枝梗に直接つく籾は登熟しやすく，いろいろなデータがあると思いますが，2次枝梗につく籾は登熟に40〜45日にかかり，1次枝梗に直接つく籾は30〜35日で登熟することになっています。だから1次枝梗に直接つく籾の割合を多くすれば米は取れてしまう。

そこで，取れてしまう米づくりというリポートをみんなに渡して，同じような米づくりをするようにしています。今の時期は6月いっぱい，7月10日ごろまで深水にして伸び癖をつけます。草丈がだいぶ伸びてきているので，それ以降うちの

圃場では深水効果を出す水位は確保できません。それで開張した稲の姿を作るということをしています。

東日本大震災による被害　東日本大震災による被害の状況ですが，被害の大小は設備や場所によって違っていました。例えばU字溝は少しずれたぐらいで被害は少なかったのですが，その前の最初のコンクリートの板をはめて水路を作る柵渠工法で被害が大きかったので，用排水の関係は改良区で災害の補助をもらってやったと思います。

弊社の場合は，特に沼地の跡は沈降が大きかったので，そういうところは，レベラーで対応したり，ひどいところは客土したりしましたが，極端に大きな被害はなかったと思います。

野菜パウダーの加工品開発

加工品開発に取り組んだきっかけ　農産物の付加価値を高めるために加工品開発を行っています。まずは品質の良い大豆を生産していますので，その大豆を使った納豆作りを始めました。最初は趣味みたいなもので自己満足だったのですが，周りから，かなりおいしいということで，今ほそぼそですが販売が広がりつつあります。

それから，野菜パウダーの加工に取り組んだわけですが，きっかけは平成21年の水害によるニンジンの廃棄です。廃棄して山になったニンジンを見て途方に暮れていたのですが，たまたま当時，県の普及センターの所長さんが，こういうものもあるよと机の中から出してきたエダマメのパウダーを見て，野菜パウダーがいいのではないかと思いついて作り始めました。

野菜パウダーは今まで他メーカーのものもあったのですが，他メーカーのものは大体規格外の野菜を安く仕入れたりして作るわけです。弊社のものは高規格の，安全な栽培をしているものを使い，また旬の栄養価の高い時期の野菜を利用しています。旬の野菜は，その時期しか流通しないので，豊作になれば豊作貧乏，気象災害がくれば全く駄目になるというリスクがあるのを防ぐために，旬の栄養価の高い野菜を乾燥させて年間流通させるということで，パウダー事業を始めました。

加工品を導入したもう1つの理由は，後継者として若い人たちをどんどん採用し，会社を継続するためには，その人たちにきちんと定着してもらわなければならず，さらに安定した給与体系にするためでした。

加工技術の習得　野菜パウダーの加工品開発を行う過程で，野菜の抗酸化処理を偶然に発見したのですが，加工技術に関しては，抗酸化の状態を安定させるための技術について色々な指導を受けました。技術指導を受けたのは，仙台の会社です。その会社を紹介していただいたのは，酒田市の東北公益文科大学の平松教授です。その先生が抗酸化の専門で，開発段階から何回か粉の品質の指導を受けました。

試行錯誤で独自に野菜パウダー用乾燥機を開発
当初は野菜パウダーを作るための最高の乾燥技術であると言われたフリーズドライの機械を気仙沼の水産加工会社さんが持っているということで，この機械を利用していろいろ試しました。でも，何回も試しているうちに，これで乾燥させても，風味，香りが抜けて，理想とする野菜のパウダーができないということと，維持費がものすごくかかるという欠点があることがわかりましたので，別のいろいろな乾燥機を探しました。だが意にかなったものがなくて，自主開発することにしまし

た。

6年前に開発した1号機は冷蔵庫を改造して作ったものです。栄養分を残すために，まずもって低温乾燥ですが，低温乾燥でも時間がかかっていたのでは品質が劣化するので，低温と時間の両方の最適なところを追求しました。

遠赤外線を利用したり，気圧を調整したり，いろいろな方法を試して，1号機を造り，2号機は少し大型化して，3号機は登米市から補助金をもらって，地元メーカーと共同で開発しました。

抗酸化技術の利用効果　もう1つの技術は材料の抗酸化処理に関するものです。乾燥機の除湿機能が故障したのを気づかずに一晩機械にかけてしまい，開けてみたら腐っていました。ところが，同じ乾燥機の中に入れていた半分は全然ダメージを受けていなかったのです。これは，仙台の企業が持っていた技術で出来た抗酸化の高い水素サプリメントを人が飲んでいいものなら植物に試したらどうなるかということで，たまたまそれを試したときに，こういった発見がありました。

実際に酸化の程度を測定してみたら，酸化還元電位の数値がかなり上がっていました。＋200mV以上が酸化された状態，＋200mV以下が還元された状態ですが，普通のピーマンで－40mVのところ，抗酸化処理したものは－400mVでした。

野菜パウダーの特徴とその利用　野菜パウダーは，重量が1/10～1/20になるので，少ない量で必要な栄養素を摂取できるということです。栄養価は成分によりますが，特にβカロテン類は生野菜よりも47倍も高く引き出されることが分析で分かりました。

このパウダーはいろいろな使用方法ができるということで，ホテルで試してもらいました。他社のものは焼き菓子にしたりパンにしたりすると色が茶色になってしまいますが，弊社のものは酸化しにくいため，色がきちんと残って，天然の着色料ということで良い評価を受けました。

現在，練り製品に混ぜたり，アイスクリームやヨーグルトに入れただけでも野菜の補給ができるということで，いろいろなお菓子屋さん，ホテルなどと一緒に製品開発の研究をしています。また，旬の野菜は1年を通じて流通できないが，野菜パウダーにすればいつでも摂取できる，そして貯蔵ができて震災等災害時の保存食にもなるので，新たな野菜の消費方法を提案していきたいと思います。

栽培方法・乾燥技術と栄養価の関係　栽培法によって栄養素の含有量が違うのかどうかはわかりませんが，弊社の赤ピーマンと他の地域のものでは，βカロテン含量が違うという結果が出ました。

標準の栄養素と弊社の野菜の比較で，栽培方法によっても栄養価が違うというのは分かりますが，決定的に栄養素が違ってくるのは抗酸化技術によると思います。もともとの野菜の栄養価そのものも違いますし，もう1つは乾燥で，成分のロスを少なくするための低温乾燥と乾燥時間を短くできる技術のためです。もう1つは，仙台の食品会社の抗酸化技術を使って，生野菜の成分のロスが少なくなり残ることを発見したということです。それは今特許申請しています。

弊社は加工用野菜に関しては，農薬も極力使わないで，ものによってはほとんど無農薬で栽培しています。それは乾燥させると，1kgの野菜が大体100gぐらいになりますが，いいものも濃縮されるが悪いものも濃縮されるということで，気をつけなければならないからです。

JAS有機のホウレンソウと弊社のホウレンソウを無水鍋で30分間蒸して下にたまった液体を比較すると，あくの分だと思うのですが，有機野菜のものは色が濃くなり，ホウレンソウは苦くなりましたが，弊社のホウレンソウは透明に近く苦味は感じず，甘味がでました。野菜によっては，これだけクオリティが違うのです。作り方によって，野菜そのものの栄養素もこれだけ違うことが分かります。

パウダー加工用の野菜を生産する農家のメリット　普通の野菜は旬で豊作のときほど価格が安くて，気象のリスクが多いのですが，野菜パウダーを作る原材料の生産者にとってのメリットは1年中，一定額以上の価格で買い取ってもらえることと，虫食いや形が悪くても，1kg当たりを同じ価格で引き取ってもらえるので，安心して無農薬・減農薬栽培が可能なことです。

　私たちは野菜づくりをしてきて，市場に出せる野菜を作るためには3～5年の経験が必要ですが，原材料を作る生産者は粉末にすることによって最初から収入の道が開けます。それで，弊社より平成26年4月に独立した1人はケール，モロヘイヤ，シソ等を栽培しています。

加工品の収益を地域・農家に　震災復興を進めている時に，復興支援の名のもとに大手企業の進出があり，弊社で乾燥機を開発していることを知った企業から，いろいろな話が来た中に，原料を作ってコラボレーションしないかという大手青汁会社がありました。そこで，我々が乾燥物を作って売ると利益はどうなるのか計算してみると，野菜を作るより幾らかいいぐらいの条件でしたが，その会社のホームページを見たら，販売単価は，その30倍ぐらいでした。

　それではコラボでも何でもないのではないかということで，われわれが自分で事業をすることによって，地元の生産者と利益を分け合うシステムができないかと考えました。地域の農産物を原料にすることによって地域の農産物の販売単価が安定して，明日の収入が見えるということで，後継者の定着につながり，水田単作地帯である地域にも経済効果がでてきます。

　製品の販売については，私たちが販売に乗り出すと，そちらの方に神経が行ってしまい栽培がおろそかになります。後継者の育成は，栽培技術の伝承だと思うので，私たちは良いものを作り，その作ったものを，きちんと理念が分かってもらえる販売者に売ってもらおうということで，販売に関しては，もともと仙台の会社で健康食品を売っていて，野菜粉の開発と一緒に，その会社の中でアグリ部門を作っていただいて，その中で流通も考えていこうということで始まりました。

　今，そのアグリ部門が独立した会社になり，そこを通して，原料としての出荷はレストランやかまぼこ屋さんや魚の加工品を作っているところ，サプリとしてはスポーツクラブ，あとは仙台市内の歯医者さんに販売されています。またネット販売もしています。ただ，クオリティは実際伺って説明しなければなりません。粉で食べるという習慣がないので，それを提案しながら，これから販売を伸ばしていこうとしているところです。

最先端無線技術を駆使する
水管理システムの開発に挑戦

　現在，水田の水管理プロジェクトを行っています。1つは，東北大学の電気通信研究所が持っている無線通信の技術で，微弱電波でデータを遠くまで飛ばすという技術です。

今まで他のメーカーで持っている水管理システムは，電波が遠くまで飛ばなくて，高い子機のほかにもう1つ中継器を付けるのでものすごく高い設備になっていました。ですから電波を遠くまで飛ばすのがポイントです。1台1台インターネットにつないでもいいだろうという案も出ると思いますが，それぞれ1台1台にネット回線を設けると日々の通信コストがかかってしまいます。

　それと違い，この技術は，各地に点在している水田からセンサにより取得した情報を5km以上先の遠方の飛び地からも子機から電波で1台の親機まで飛ばして，1台の親機がインターネット回線でデータを集めるシステムです。

　もう1つの特徴は，安価で使いやすいということです。カメラとか取水口との連動は考えないで，とにかく人が歩いて確認する水位，温度，できれば肥料濃度のECまでの最低限のデータを集める簡単な構造の機械で，コストを落として農家が導入しやすい単価の機械を目指しています。

　もう1つのプロジェクトは，統合情報管理システムです。これは日立ソリューションズ東日本の技術で，水田で得た，水位，水温，地温，肥料濃度等のセンサ取得データを地域のアメダスの気象データと合わせ，試験研究機関のデータも合わせて分析して，対処法を検討し，異常な圃場に警報を出す警報装置を組み込み，栽培技術の向上，技術伝承に活用できるよう，それらの統合したデータを何年も蓄積して，可視化していくことを目指しています。

（平成27年7月 現地研究会）

茨城県坂東市
有限会社アグリ山﨑

山﨑正志

有限会社アグリ山﨑代表取締役
山﨑正志

米の生産から直接販売まで一貫経営
毎年堆肥投入や機械除草による有機 JAS 米の生産・販売
稲わら還元等によるおいしい米づくり，疎植と直播によるコスト低減
貿易商社と組んで有機栽培米の輸出に取り組み，自らも販売活動

経営の概要と発展経過

（有）アグリ山﨑が位置する坂東市は，平成17年3月22日に岩井市と猿島町が合併して誕生しました（図1）。茨城県の南西部に位置し，年平均気温15℃，年間降水量1,293mmの比較的温暖な地域です。首都から50km圏内にあることを武器

図1　坂東市の位置

に，今まで埼玉，東京，神奈川に販路を拡大してきました。私どもは，この地域で，日本百名山の霊峰筑波山とお互いを見つめ合いながら稲作経営を日々行っています。

米の生産・直接販売を中心にした農業経営　私は，農業で最も重要だと考えている人づくり，土づくりを実践して，米の生産から販売を中心に農業を行っています。

平成8年9月に会社を設立し，その年の11月に農業生産法人になりました。現在の経営面積は，水田55.1ha，普通畑20.1ha，作業受託面積29.5haです。水稲の作付けが55.1haで，そのうち5.8haが有機栽培です。麦・大豆は，生産調整を含め，麦が14.1ha，大豆は15.5haを作付けしています。従業員は，現在9名です。そのうち現場に4人，精米に2人，営業に2人，そして機械整備に，最近会社を退職したプロの方を1人配置しています。

米国視察に学び米の直接販売，有機栽培に取り組む　私は昭和44年に農家の後継者として就農しました。昭和62年に茨城県主催の青年海外視察団に参加し，カリフォルニアの1,000ha規模の

農場を視察しました。そこでは，セスナ機や大型コンバインが活躍していましたが，規模の大きさにはあまり驚きませんでした。しかし，農業者自身が生産から販売まで行っていることにすごいショックを受けて帰ってきました。当時は，食管法（食糧管理法）があり，私たちは作ったものは農協へ出荷すれば終わりだという時代でしたので，その衝撃は大きかったわけです。

また，視察に行った野菜農場で，化学肥料や農薬を使わない野菜づくりをしていて，レーガン大統領が実際にその農場へ野菜を買いにくることを聞き，これからは環境にやさしい米づくりをしなくてはいけないと考え，有機の米づくりを開始しました。

米穀小売店資格を取得して業務用の米販売を目指す　平成4年には米穀小売店の資格を取得しました。それは近くに米の小売りをしていた方が廃業したので，それを取得したわけです。私はそのとき既に消費者に直接米を販売していましたが，業務用として売ろうとすると，「農家か。米屋さんじゃないのか」ということで，あまり相手にされませんでした。というのは，プロの人たちはバックに卸などが付いていて，米を安定供給する要素がありましたので，私は農家の一倅ということで相手にしてもらえませんでした。私としては業務用に安定的なロットを持って商売をしていても，そういうことが多々ありましたので，米の販売の自由化が迫る中，あえて小売業の資格を取得して今に至っています。

法人化後，米の一次集荷資格を取得，土地提供者と結びつきが強まる　平成8年に，農業生産法人（有）アグリ山﨑を設立して，平成10年に米の一次集荷業の資格を取得しました。それは近くに一次集荷業をしていた方が，後継者がいないので廃業になるという情報をつかんだからです。この一次集荷業の権利取得は後々大きな力になりました。それは当時，米が安くなっていた時代で，一次集荷業の方々は，手数料が少なくて，廃業になったと思うのですが，私としては，土地の提供者とつながりがつくという気持ちがあって，損してもみんなのためにここはひとつ踏ん張ろうということで資格を取得しました。また，われわれの会社はJA岩井の管内でも，JAの支店がない地区でしたので，支店も遠いし農協へ行くのは億劫なので，「ここはひとつアグリ頑張ってくれや」という後押しもありました。

JAS法に基づく有機認証制度を取得　平成12年には，JAS法に基づく有機認証制度をいち早く取り入れ，県内初めての有機認証を頂きました。そして，平成25年にニューヨーク，香港，26年にバンクーバーへ輸出を始めました。

水稲の有機栽培の取組み

有機栽培は，区画・土質が良い圃場で稲わら還元，毎年堆肥投入を徹底して実施　有機栽培は，区画・土質など条件のいい圃場でやっていますから，大型機械も入れ，少ない面積ですが収量は安定しています（表1）。

水田の土づくりは，水田から持ち出したもの（稲わら・籾・米ぬかなど）は，極力水田へ返すようにして稲づくりをしています。また，地域の畜産農家と連携して，米ぬか・大豆くず・菜種油かす・鶏糞を堆肥化して毎年水田に散布しています。

慣行栽培や麦・大豆には動物性の堆肥は使いますが，有機栽培には動物性の肥料は使っていません。なぜかというと，鳥インフルエンザやBSEな

茨城県坂東市・有限会社アグリ山﨑

表1　主な機械装備（平成28年度）

種類	仕様・能力	台数
トラクター	～50HP	3
	～100HP	3
田植機	8条植え～	2
播種機	ロータリシーダ・ドライブ ハローシーダ	1
	湛水直播機	1
収穫機	普通型（汎用）コンバイン	1
	自脱コンバイン（6条刈り～）	3
レベラー	レーザーレベラー	1
	バーチカルハロー	1

どがあって消費者に嫌われるのを恐れるからです。有機米を食べる方は，そういうものに敏感なので，私としては有機栽培では植物系の堆肥を使っています。

また，有機質肥料を何年も使っていると，おいしい米ができることが分かったので，その肥料を自社のブランドにしようと取り組んでいます。どの圃場の米もみんな食味を測定してロット管理しています。

有機栽培は，全面積移植栽培で行っており，直播きはしておりません。

病害虫対策では，種子消毒は当初失敗もありましたが，全て温湯種子処理機で60℃に10分間浸して行っています。温湯種子処理機の新商品が出たときに，説明書には「60℃に10分間浸す」とだけしか書いてなくて，種籾をお湯に浸した後，すぐ水に入れなかったので全て駄目になりました。メーカーに説明して，種子を全部補償してもらいました。まさかのときのために種子を十分保存しておいたので事なきを得ましたが，そういった失敗がありました。

最大の苦労は雑草対策　有機栽培の技術は大体クリアできたのですが，雑草対策だけが今のところネックです。「奇跡のリンゴ」で紹介された青森の木村秋則さんは，雑草のごとくリンゴを作れと言っていました。木村さんは山に生えている木が立派な花を咲かせて，虫にもやられないでいたのを見て，自然の木々は人間の手を借りなくてもすくすくと育つのだということを言ってましたし，私もそうだと思います。ですから，水田でも根を丈夫に作れば病害虫の被害を受けないで済むのです。しかし，有機栽培では，雑草だけはどうやっても駄目です。

私は農業機械化研究所（現在の国立研究開発法人農業・食品産業技術総合研究機構農業技術革新工学研究センター）のコンバインのモニターをしていた関係で，農業機械化研究所とメーカーが共同で水田除草機を開発するのを見たりしていたので，最初の水田除草機が製品化されたときすぐに買いました（写真1）。

これは先ほどの温湯消毒ではないですが，メーカーなどはこれをどう使うか詳しく研究していないので，使う土地で使い方が全く違い，使い方を見いだすのに何年もかかりました。

田植後の1回目の除草を失敗すると株間の草が取れなくなったのですが，草の芽が出てからで

写真1　高精度水田除草機

は遅いので，根が出て早いうちに取るのが大事
です。その年の積算温度によりますが，大体1週
間たってしまうと少し遅いかなという感じです。
1回目は1週間以内に必ずやらなければいけない
ので，苗をきちんとしなければ駄目ということで
す。そこまで気をつけても年，場所によっては何
回もやります。多いときでは5～6回，少ないと
きは2～3回です。

以前は，この除草機を使いながら，片方では手
取り除草をやっていましたが，今では，手作業な
しで水田除草ができるようになり，労力を省くこ
とができるようになりました。

田へ行かなくてもできるスマート農業への期待
これからは，水田除草も人の手を使わない，水の
コントロールも田んぼに行かなくてもできるよ
うな，国が考えているスマート農業を取り入れて
やっていきたいと考えています。

私がメーカーに提案しているのは，アイガモの
ような除草をするアイガモロボットです。それを
何ヵ所かで取り組んでいるようです。なかなかで
きないですが，そろそろできるのではないかと思
います。

持続可能で低コスト農業への挑戦

**稲わら還元・深水管理でおいしい米づくり，疎
植・直播でコスト低減**　消費者は見た目や等級で
お米を買うのではなく，炊いておいしいお米を
買っているので，収量目標は510kg/10aを超えな
いといったところにポイントを置いて，食味重視
の稲づくりをしています（表2）。

圃場管理は，圃場から出る稲わらなどは極力水
田へ返すようにして，深水管理をしています。深
水にすることにより，除草対策の効果も大きい
が，主に茎を太くする，穂を大きくする，倒伏防
止をする効果を狙っています。

良いものは高く売れますが，コストを下げるこ
とも経営努力の課題だと思います。平成19年か
ら湛水直播栽培を導入しました。乾田直播栽培を
しなかった理由は，特別栽培に取り組みたかった
ので，除草剤を大量に使わなければいけない乾田
直播栽培に抵抗があったからです。平成26年は，
湛水直播栽培は5ha，疎植栽培は30haでした。そ
の他に，新しい技術の密播疎植栽培に取り組んで
います。これは播種量が240g/箱で，10a当たり

表2　最近の主な水稲品種別作付面積と単収の推移

移植・直播の別	方式	品種	作付面積（ha）			単収（kg/10a）		
			平成23年	24年	25年	平成23年	24年	25年
移植	慣行	コシヒカリ	17.3	14.8	10.6	426	420	420
	疎植	コシヒカリ	—	4.8	11.2	—	468	474
	有機	コシヒカリ	2.5	2.0	2.0	426	360	420
	慣行	ミルキークイーン	12.1	8.2	2.0	426	400	400
	疎植	ミルキークイーン	—	3.3	8.6	—	432	432
	有機	ミルキークイーン	2.6	2.8	2.8	426	300	366
直播	鉄コーティング	ふくまる	—	—	0.5	—	—	390
	鉄コーティング	コシヒカリ	0.9	1.1	—	342	462	—
	カルパー	コシヒカリ	1.1	—	—	390	—	—

茨城県坂東市・有限会社アグリ山﨑

苗箱5枚で育苗し，疎植で移植する方法です。

疎植栽培・密播疎植の取組み拡大してコストダウンを　なぜ疎植栽培にこだわるかというと，国が平成25年6月14日の閣議決定で，稲作農家は米1俵の生産費を1万6,000円から10年後には4割カットで9,600円にしようという目標を出しましたが，平成26年はすでに米価が1万円を切ってしまいました。そういった中で，コストダウンがなかなか追い付かないのですが，私は，これから土地改良をもう一度やって，地下水のコントロールもでき，そして排水溝が地下に埋設されているスーパー圃場を造り，心配なく乾田直播栽培ができるようにならないと，そのようなコストダウンはなかなか難しいと思いました。

私どもの圃場の状況では直播きは拡大できず移植しかないので，疎植栽培のウェイトを高めています。というのは，苗箱1枚は700～800円で売っているので，それが疎植ですと半分になってコスト的にすごく下がります。密播疎植栽培では1枚の箱にまくのは240gですので，箱数は更にそのまた半分ですから，技術が確立すれば栽培面積を拡大しても育苗ハウスの面積を拡大しなくても良いですから，これからは普通の疎植栽培から密播疎植栽培にどんどん移行していきたい気持ちでいます。今年は，密播疎植栽培で10a当たり苗箱5枚で試験的に植えてみましたが収量がそんなに変わらなかったので，平成27年産は面積をもっと広げようと考えています。

移植栽培から直播栽培への発想転換には，農地基盤の再整備が必要　一方，今，直播栽培をやれる面積は限られているのです。なぜかというと，用水がうまくいかないとか，水もちが悪いなどいろいろな要因があって全ての圃場ではやれません。ここだったら直播栽培ができるというポイントに導入しているのです。ですから，それは移植栽培と同じぐらいに経費がかかってしまうのです。まとまって直播栽培を10ha，20haとやるのであればコスト削減につながります。

移植栽培は先進国の中で日本だけです。イタリア，アメリカ，オーストラリアは全て直播栽培です。国が生産費を4割カットしなさいと言われると，そこまでの数値は直播栽培でなければ出せないと思っています。国がそこまで考えるならば，これから農地基盤を再整備して，われわれが直播栽培をできるような圃場を作り上げないといけないと思っています。

また，現在の条件の中で乾田直播栽培をすると，どうしても除草剤を1～2回多く使わなくてはなりませんので，自社の直播技術を磨くという意味で，できるところを選んで鉄コーティング湛水直播栽培に取り組んでいます。品種は，茨城県の新しい育成品種「ふくまる」が，丈が短くて，作期がコシヒカリより早く，耐倒伏性にも優れるので使っています。

日本の稲作といえば移植中心ですが，そういう概念を皆さんに捨てていただきたいと思います。世界へ向けた米づくりが移植では価格的にコストの問題で対抗できないわけです。アメリカもしかり，水さえあれば米は作れるわけで，オーストラリアもしかり，イタリアもそんなに雨は降らないという話を聞きました。土地改良をするときに移植を念頭にやっていると思うのですが，そのへんの発想の転換をしなければいけないと思います。日本は雨が多くて直播に不向きな環境ですが，雨の多い日本で直播をするにはどうしたらいいのかといえば，まずは土地改良，その次に栽培方法，管理方法を考えることになると思います。

飼料用米の取組みはリスクが大　自分の経営

方針は，作ったものは自分で売っていくという考えですが，飼料用米の場合，間に人が入って売ることになると思うので，経営的にはリスクが多くて，取り組んでいません。今は，農協か，どこかに渡すと，その飼料米も飼料会社に渡って，最終的に畜産農家に届くと思いますが，その間に何かがあって売れないということになれば，お米の新たな販路を拡大しなければならなくなってしまいます。

自分が飼料会社と直接取引きをしているのであれば取り組むと思います。それはお互いに納得しているわけです。そうでなければ，飼料米とトウモロコシの価格は今は同じですが，政策的に引っ込んだ時に，トウモロコシの方が安いということで売れなくなってしまいます。国の補助なしで売れるぐらいにコストを下げて飼料用米が取り組めるのならやりますが，今のところはまだそういう状況ではないです。

麦・大豆など経営の多角化

経営の多角化として，麦・大豆を作っていますが，年間雇用者がいるので，経営には大変有利に働いています。

麦・大豆の作付けが合わせて30haぐらいで，ほとんど地目は田（陸田）ですが半永久的に畑になっています。2割ぐらいの普通畑の麦・大豆と生産調整の麦・大豆の両方です。おおよそ過半が麦・大豆二毛作です。

また，冬場の暗渠排水工事を請け負うために土木工事の資格を取っています。以前は公共事業が多かったので，暗渠排水工事の請け負いも多かったのですが，今はそれが少なくなって，個人で頼まれて年に何回かやる程度です。

全面作業受託・借地で規模拡大

作業受委託，借地は，ほとんどが相対で，農協や農業委員会を通して借りているのはほとんどありません。相手は，兼業農家がほとんどですが，親父さんの具合が悪くなって作れないからというので借りるのと，機械が故障してしまって，機械を買うまでもないので作ってほしいというのもあります。また，土地改良費を払うほど稼いでいないから土地を売りたいという相談も受けます。そういうときには全て土地を買うか借りるようにしています（表3）。

表3　自宅から耕作水田までの距離の割合（％）

～ 1km	25
～ 3km	39
～ 5km	33
～ 10km	3

10年前と比較すると，以前は請負耕作で手間を取れて，経営としてすごく安定していました。要するに米が高くなろうが安くなろうが作業料金は変わらないので，経営的にすごく楽なのですが，今では請負耕作はほとんどなくなって，アグリ山﨑にそっくり貸すというのがほとんどです。そういう変化がこの10年であります。また，借地料は，米価が下がったときの高どまりを防ぐため10a当たり1俵とか2俵にして，物でやっています。

土地基盤・用水確保の現状と要望

うちの地域は，昭和48年に第2次構造改善事業で基盤整備したので，それからもう何年もたって

状況が様変わりしています。土地基盤整備は，もう1回やって初めてコストの安い，品質の良い，安全な米が作れると思うのです。そういったお米は日本でしか作れないというぐらいのインパクトを与えてやっていけば，日本の稲作農家は生き延びるのではないかと思っています。

　圃場を大型化していくうえでは，GPSなどを利用したICTで，土地改良区全体の圃場を1枚1枚管理できるようなシステムが欲しいのですが，今はそうはいかないので，社員に地区を割り当てて管理しています。一番問題なのは，電気料がすごく上がったことで経営が圧迫されています（表4，5）。あとは施設の老朽化で水の出が悪いということがあります。土地改良区はそういったものは直し直し使えという考えです。われわれの周りは，昭和40〜50年代に土地改良が終わって耐久年数が過ぎてしまっても，直し直し使っているので，効率はよくないです。だから，ぜひとも再整備をしてもらいたいと声を大きくして言いたいところです。

表4　圃場の区画の割合（％）

不整形	—
〜30a 区画	56
〜100a 区画	44
100a 超区画	—

表5　圃場への配水路の割合（％）

開水路	19
パイプライン	81

　「山田錦」という酒米を作ろうすると，この品種はすごく晩生で，10月に水が要るのです。うちの土地改良区は用水が来るのが8月いっぱいなので，作れないという制約があります。土地改良区とすれば，電気料をいかに抑えるかですから，そ

の時期には当然電気を止めてしまいます。水が欲しいときでも1日おきにしている土地改良区もありますし，本当に水では困っています。

　現在，レーザーレベラーを使っています。レーザーレベラーを使わないで，代掻きのときに高低差があると倍ぐらい時間がかかってしまいます。冬のそれほど忙しくないときにレーザーレベラーをかけることによって均平度が保たれますので，3年に1回ぐらいレーザーレベラーをかけていけば，代掻きのときに土の移動はそんなにありません。またプラウ耕のあと，レーザーレベラーで多少勾配をつけ水管理を効率よくするのに役立っています。

米の国内販売は業務用が拡大

　米の国内の販路は，一般消費者やデパート，外食産業です。

　価格設定は900円/kgから300円/kgの間にあります。販売先の比率は，業務用がどんどん多くなっています。要するに，消費量は，以前は1軒当たり1カ月10kgだったのに今は5kgぐらいと，どんどん減っています。そこへもってきて農地の流動化によって面積が増えているので，販路拡大をしていくのに業務用にもっていかないと自社のお米がペイしません。そういうことで，5割以上が業務用で，一般消費者は4割ぐらいになっています。価格は，消費者向けの方は何年も全く同じですが業務用はシビアです。ただ，おいしさを売りにしている業務用は値段がずっと同じですが，チェーン店展開のところは厳しいです。

　販売促進活動として，2012年から幕張で開催されているFOODEX JAPAN（国際食品・飲料展）に毎年出展しています。国内だけでなく世界各地

からも自社ブランドを持っての参加があり，ためになる商談会です。今年は3月3日から4日間出展する予定です。

米の輸出の取組み

将来の国内需要減を見込み，海外販売の取組みを開始　国内販売は，これから5年，20年先を考えたときには，どんどん消費が減っていくのは目に見えていますので，国外に持っていかないと生き残れないと思います。自分は一応代表者なので，そこまでを考えた経営をしないと社員が路頭に迷ってしまいます。

そこで，2009年にシンガポールの商談会に参加しました。そのとき，寿司屋のオーナーと会って「うちの寿司は築地から空輸でネタを持ってくる」という話を聞きました。そのオーナーがシンガポールから銀座5丁目に開店したというニュースを何年か前に聞いたときに，世界が身近に感じられ，これからは海外に出て，1粒でもいいから自分の米を海外に持っていきたいという欲求にかられました。

その後，香港，ドイツ，ニュージーランドなどいろいろな国に出向きました。一番ショッキングなのは，香港は近くて親日家が多く，関税もゼロということで，毎年行き，順調に商談が成立したと思った矢先に，平成23年3月11日の福島の原発問題が発生し，商談は不成立になりました。あのときは，米を持ってくると罰金を取るとまで言われて，本当にまいりました。風評被害で3割ほど売上げが落ち，それはいまだに回復していません。お米を買う人たちは，そういうのにすごく敏感だということを今さらながら感じています。

ドイツは，EUの中で経済的にも一人勝ちのよ

うな雰囲気でしたが，どんな農業をしているのだろうということで，ちょうど平成23年に行ってきました。また，ニュージーランドには，経営士仲間と一緒に行きました。商談はまだ成立していません。

平成25年3月に開催された茨城県の商談会で商談が成立して，4月からニューヨークへ，5月から香港へ輸出できるようになりました。しかし，香港には90kg出しましたが，その後のオーダーは全然ありません。ニューヨークからは毎月オーダーが入るようになっています。また，平成26年の11月からカナダのバンクーバーへ輸出を開始しました。

海外販売は有機米が主体，販売ルートは貿易商社から　海外への販売量は，大体月平均にすると200kg前後だと思います。売る米は有機米を主体にしていますが今は赤字です。米の販路拡大は本当にスピードが遅いです。それは国内販売でも同じだと思いますが，自分で営業に行って3年かかったという人もいますし，本当に息の長い営業だとつくづく感じています。でも，要するに風穴を開けたのですから，そこを大きくするだけです。去年の輸出の戦略と今年の戦略は違いますし，去年はアメリカに3～4回行きましたが，もう，そんなに現場に行く必要はありませんので利益も出てくると思います。

米の輸出ルートとしては，日本の貿易商社に売り渡す形でやっています。なぜかというと自分たちは貿易のルールも知らないし，国によって表示の取決めが違いますから，そこまでの対応を自分たちでやっていこうとは思わないので，百貨店に納めている値段で貿易会社に納めればいいということでやっています。今年は国内の米がかなり安いですが，海外に売られている米の価格は同じで

す。そういう経営をしていけば，米価が安くなろうが高くなろうが経営としては安定してくるわけです。そういう安定という意味で海外へ売ることも必要だということです。業者はいろいろな農家を相手にしていますから，業者に任せっきりというわけにはいきませんので，海外に行って宣伝もしています。

ターゲットを決め自らも販売活動　初めてシンガポールへ行ってから6〜7年がたっています。輸出するまで長い時間がかかったのは，自分たちはいいものをそれなりの値段で売りたいのですが，今までの業者は安ければよかったので，なかなか持って行ってくれなかったのです。今お付き合いしているところは，価値のあるものは高いという考えなので，何ら問題なく取引ができたということです。でも，それに至るまでには，こちらも努力しました。

例えば，パンフレット一つにしても，今まで日本語で作っていたものを貿易商社と相談して英語で作り，輸出用のポスターなどいろいろなものをそろえて提供しています。

また，海外の現地では，ロサンゼルスやニューヨークに貿易会社の拠点があって，そこの担当者がうちの米のセールスをしてくれます。そういう時に，ただ日本で見ているのではなく，アメリカに渡って一緒に歩いたりします。

デパートでも，よく売れるところは売る人が優秀なのです。配置転換されて，売れないところによく売る人が行くと売れるのです。そういったようにやはり人と人のつながりだと思うのです。現場に行って一緒に歩くことによって，その店の状況も分かるし，また，買ってくれた人には浮世絵の風呂敷をあげるようなこともしてきます。

最近，オバマ大統領が日本に来て「すきやばし

次郎」で寿司を食べているのが全世界に流れて寿司ブームになっているので，そういうところをターゲットに持っていきたいと思っています。どこの国に行っても日本のレストランがたくさんあります。バンクーバーにも，ベトナム，フランスにもたくさんあります。そういった中で，みんな現地で原料を調達していますが，何店舗もある中で生きようとすれば，当然，日本で作られたものを使うと思うのです。「うちは日本の食材を使っています」と言い出すと思うのです。そこを今狙っています。そこをターゲットに進んでいこうということで，今月もパリに行って情報を得てこようと思っています。いいものは高くて当たり前ですから，そういうところのお客さんをつかんでいこうという考えで動いています。

輸出は有機農産物の認証制度と国の施策が追い風に　日本の有機米はアメリカの農務省が昨年1月1日にオーガニックの同等性を認めたことにより，私たちは「USDA ORGANIC」のマーク（写真2）をつけることが可能になりました。そして今年の1月1日から，カナダも同等性を認めたことにより，ORGANICの表示が可能になりました。

また，私は，有機のJAS認証を取るのには，JONA（特定非営利活動法人日本オーガニック＆ナチュラルフーズ協会）とAFAS（株式会社アファス認証センター）を利用しています。自分たちが

写真2　USDA ORGANIC のマークと有機栽培米

交渉するのではなく，日本の認証機関に交渉をお願いしました。

現在，国は5年ごとの「食料・農業・農村基本計画」の見直し作業をしています。そして，農産物を海外にということで，いろいろな施策を打ち立てていますので，まさにわが社にとっては追い風です。

日本のおいしい米に即した価格設定のルールづくりが必要　現在，ニューヨークのマンハッタンの10店舗ほどと，郊外にも何店舗か，うちのお米が置かれています。マンハッタンは郊外と違い人口密度も高いし商売も盛んで，東京のデパートで売られている自社のお米の3倍の値段で買っていただいています。郊外では約2倍です。その他にシカゴ，ニュージャージー州でも売られています。値段はやはりニューヨークから離れた所は2倍くらいになっていると聞いています。

そのような所で売られている日本の普通のお米は安いので，同じ日本のお米でどうしてこんなに安く持ってこられるのかと疑問に思い，買って食べました。まずいです。海外では日本の農産物はおいしいと信じられているのに，まずいお米を海外に持っていくのは，いくら安くしたとしても，日本の農産物のイメージをダウンさせると思うのです。日本は狭い小さい国で耕地面積も少ないので，再生産可能な価格で作ることになれば，当然，人件費も高くなります。それを海外の平均200〜300haの農業者と比べた場合，向こうの方が当然安くなります。それに合わせて，まずい米を安く売ってしまうと，日本のお米まずいということが定着してしまいます。

隣の中国では13億人の1割の人が富裕層で潜在購買力がありますから，日本のデパートで売られているお米の2〜3倍でも買うニーズはあるわ

けです。日本のおいしい農産物を海外に持っていくときに，流通業者が農業者から再生産可能な価格で買って持っていくようなルールづくりが必要ではないでしょうか。そこまで目を光らせていただかないと，せっかく努力して固定客をつかんでも，日本のお米はそんなに高いはずはないと言われかねません。

雇用者の働く労働条件整備と さらなる規模拡大への展望

雇用者の役割分担　常時雇用されている9名のうち2名が営業を担当ですが，この2人が海外との折衝に当たっています。うち1人は私の娘で海外の米担当です。今月下旬から営業にもう1人加わって，専属で米の販売をします。それは，原発事故でダウンした3割がまだ戻っていないので，それを早く戻すには，もっと売らなければいけないので，営業を入れました。今後，6次産業化にも取り組もうとしているので，営業が専属にいないと難しいということです。この社員は，農業もやっていたし営業畑でやっていました。また，語学堪能なので去年の4月に採用したのですが，やはり現場をよく知って物を売るのと，ただ売るのとでは全然違うので，現場をよく理解し，海外の営業を将来やってもらいたいと思っています。

また，常時国内の現場で営農にあたっている4名は，うち1人は千葉県柏出身で，平成8年に会社を設立したときから来ています。もう1人は，岐阜から来ていて，もう17年います。あとの2人は去年入った徳島の人と，千葉の柏の人です。

人手としては現状程度と考えています。2人が新人ですから，この人たちが一人前になれば，もっとやれるわけです。米価が下がると農地の流

茨城県坂東市・有限会社アグリ山﨑

動化が速くなり面積が増やせると思います。

雇用者の処遇と能力向上　常時雇用者の給与は、大卒基本給は18万円で、昇給もあって、能力に応じてどんどん上げていきます。後継者は、東京農大を卒業して今頑張っている娘がやるような形になると思います。

社員の技術習得は、まず、トラクターに乗れる大型特殊やフォークリフトの資格を取らせます。何年かたつと建設業の資格も取らせますし、社員に担当圃場を持たせて、担当圃場が会社の平均より多く取れた場合は、その分、特別ボーナスをあげます。うちは7時半から5時までなのですが、その中では完結しないのです。要するに、気象条件も違うし、雨が降ってくるから5時になったから稲刈りをやめて上がろうというのでは駄目なのです。なぜ駄目なのかは、自分が田んぼを持たないと分からないのです。うちに来ている人たちは非農家なので、農業の常識が非常識で、それをたたき込むために圃場を持たせます。でも、入ってきてすぐではなく、2～3年たってから圃場を持たせますが、今は激しく農業が様変わりしているので、今年入った2人は、やる気もあったので最初から圃場を持たせました。将来が楽しみです。

会社が良くなるのは、社長がいいのではなくて、社員の腕がめきめき上がらないと会社は立ち行かないと思うのです。だから社員教育は徹底してやっています。朝礼は毎朝30分くらいやって、小さいノートを作って、昼休みにページを埋めて、帰るときはタイムカードを押す一歩手前で、1分でも2分でもいいから今日やったことを書かせています。みんなの動きが分からないと教育もできないので、そういう取組みをしています。

経営規模は50ha単位で考え、規模拡大は分社化も視野　分社化についてですが、今の状況だと自社は50ha前後で1ロットです。それは品質で売っていますので、それ以上になると管理が行き届かないと思うのです。その面積が倍になったときは分社化を考えて、経営責任者は全く別にしてやった方が均一なものができるだろうということです。基本は、品質が良い米を生産することで、そこを削ってしまうと販路はなかなか拡大していかないと思います。

農地中間管理機構がうまく機能して、私も南総土地改良区のエリアだけ作ることになれば、100haでも200haでも、まさにこれからICTを使いスマート農業を実践して、本当に安いお米ができますが、今の段階だと50～60haが限界かと自分なりに考えています。そうなったときに、若手の社員が独り立ちできるように、その人のバックアップができるように、人材育成も含めて経営をしています。

ワンセットの大型機械で耕すことのできる面積は、条件が最高に良ければ100haぐらいできると思いますが、自社の現状では、今の55haが限界です。あと、GPSと地理情報システムの導入は計画しています。

（平成27年2月 研究会）

茨城県龍ヶ崎市
有限会社横田農場

横田修一

有限会社横田農場代表取締役
横田修一

田植機・コンバイン各1台作業体系で100ha規模の低コスト水田農業を展開
稲多品種作付けで作期分散と消費・実需へ対応
有機JASなど環境保全的農業の実践
地域の信頼を得て団地的農地集積を実施
米の9割を直接販売，うち6割をインターネット販売
子供たちへ米・農業の理解を図るため「田んぼの学校」を実践

地域の概要

　茨城県龍ヶ崎市は，茨城県の一番南側にあり，千葉県との境に近い市です（図1）。

　意外だと思われるかもしれませんが，私の地域は東京にも比較的近くて，それなりに仕事もあるのがあだになっているのか，子供が少なくなって

図1　龍ヶ崎市の位置

しまって，来年度で小学校がなくなります。私の世代も，龍ヶ崎のニュータウンに家を建ててしまい，地元には誰も住んでいませんから，年寄りばかりになっています。地元の農地の管理や農道の補修などに行くと，みんな70～80代です。私の社員全員で出ていって作業をすることで，なんとかやれている状況です。

　農村地域のコミュニティーが高齢化しているにもかかわらず，世代交代できずにいます。そのうち，コミュニティーそのものがなくなるのではないかという危機感をもっています。

経営の概要と発展経過

　就農に合わせて両親が法人設立　法人の設立が平成8年1月で，その当時，私はまだ大学生でしたが，父と母の2人で20ha弱の経営を行っていました。私は子供のころからずっと農業をやると両親に言っていましたので，息子がいよいよ農業をやるつもりらしいとわかった時点で，両親はちゃんと給料を払ってやるしかないなと思ってくれた

ようで，平成8年に法人化しました。父と母と，私もほんの少し自分の貯金を崩して出資し，3人で法人を設立しました。

役員は2名です。設立当時は父と母でしたが，その後，母と私が入れ替わって，現在は私と父の2人が役員です。平成10年に私が大学を卒業して入社し，平成20年から私が代表になっています。

今，正社員は11名で，規模拡大に合わせて少しずつ社員が増えてきています。生産を専属でやる者が6名，精米と販売，納品などをする者が2名。それから，私の妻が中心になってやっている米粉を使ったスイーツの加工に3名です。当然，役員の私と父も生産作業を行いますので，大体7〜8名で生産現場を回しています。パートは5名いますが，全て米粉スイーツを担当していて，交代で出てもらっています。

圃場整備事業を契機に経営面積急増　今年（平成25年）の経営面積は103haです。平成8年の法人設立時が大体20ha弱で，平成15年ごろまではそれほど急激な拡大ではありませんでした。そのころ，私の地元では一部の地区で圃場整備事業が

入り，10a区画だったものが1ha区画に変わりました。その事業が担い手育成型の事業だったので，横田農場がその担い手になりました。それをきっかけに作付面積が急激に増えました。

平成16年は，圃場整備事業の関係で作付けできない部分もあったので少し減っていますが，次の年からは毎年5〜10haぐらいずつのペースで規模拡大が進んでいます。図2は平成24年までですが，この勢いは今後もますます加速していきそうです。今は有機や特栽も取り入れて，6品種を作り分けています。

ちなみに，昨年（平成24年）の作付けは88haですので，15ha増えています。今年の作付けが終わったばかりですが，来年も12haほど増える予定です。ほとんど借地で，農地利用集積円滑化団体を通じて，利用権設定をしています。

米の直接販売を開始　私が平成10年に就農（私は就職といいたいのですが）するまでは，稲刈りなどの忙しいときは大学生のアルバイトなどを使っていました。私もアルバイトでやっていました。私が就農してからは，余力もできたこともあ

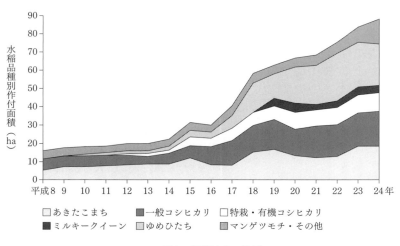

図2　経営拡大の進展

り，父が以前から強くやりたいと思っていた消費者への直売を開始しました。

子供・消費者との交流イベント「田んぼへ行こう！」に取り組む　平成15年には，とにかく子供たちを集めて何かやりたいと思い，消費者との交流イベント「田んぼへ行こう！」を開始しました。平成16年からは，単ににぎやかにやるだけではなく，子供たちの環境教育やそういった視点を取り入れた活動をという思いから，「田んぼの学校りゅうがさき」を始めました。それから毎年やっていますので，今年で10年やったことになります。

水稲栽培の取組み

栽培に関する取組みには，大きく分けて低コスト・省力化の取組みと環境に配慮した栽培の取組みの2つがあります。

田植機・コンバイン各1台を効率的に稼働させて規模拡大に対応　私のところで特徴的なのは機械がそれほど多くないということです。図3は平成24年までのものですが，平成25年もほぼ同じです。田植機は8条植え1台，コンバインは6条刈り1台です。トラクターは4台ですが24馬力のものはあまり使っていませんから，実質3台で作業しています。73馬力のトラクターは昨年盗難に遭いましたので，新たに95馬力のトラクターを買いました。

このように少ない機械を効率よく使い，規模拡大に対応しています。

農繁期の作業は田植機・コンバインそれぞれ1台で行い，今年ですと，103haに作業受託を含めると110haを超えていますが，それぐらいを1台でやります。田植機は3台ありますが，同時に動くのは1台だけです。コンバインはそもそも1台しかありません。

一方，機械が故障した場合にどうするのかと問われることがありますが，予備の機械は持っていません。故障するかどうか分からないのに1台の予備を持っているのは私のところの考え方に反しているので持てません。天気のいい日は圃場で作業して，雨が降って田んぼに出られないときは機

年次		8年	10年	13年	14年	15年	16年	17年	18年	19年	20年	21年	22年	23年	24年
労働力（社員）		2名	4名	5名		6名			7名	7名＋研修生		9名		12名	14名
機械・施設	トラクター	24, 16PS							24, 46, 73PS			24, 46, 73, 75PS			
	田植機	6条1台		6条＋紙マルチ田植機6条					8条＋紙マルチ田植機6条						8条＋多目的田植機＋紙マルチ田植機6条
	コンバイン	5条1台							6条1台						
	育苗ハウス	3棟（3,000枚）							7棟（7,000枚）						
	乾燥機	50, 40石				50, 40, 30石		50, 40, 30, 40石			60石×4基				
	施設・その他	作業場倉庫		格納庫	低温倉庫	ライスセンター	精米プラント（精米・石抜・色選）	レーザーレベラー導入				米粉製品加工施設		鉄コーティング機導入、米粉製品店舗施設	

図3　労働力と機械・施設装備の変化

茨城県龍ケ崎市・有限会社横田農場

械の整備をして，機械を熟知する。それが使いこなすということだと思っています。部品は早ければ当日，遅くても翌日には入るので，そこで自分たちで直せます。２ヵ月も作業をしていれば，雨が降れば休みますから，機械が壊れたから休むという感覚でやっています。

３名１組で２ヵ月間の代掻き・田植えや収穫作業を実施　田植えについては，今年は４月下旬から６月下旬ぐらいまで，だいたい２ヵ月かけました。基本的には，代掻きが１名，田植機のオペレーターと補助が１名ずつで，この３名がとにかく２ヵ月間なるべく休みなく，毎日田植えをする。それに合わせて他の残ったメンバーが種まきをしたり，それ以外の代掻きの前の水を見たり，肥料を撒いたり，植えた後の水管理をしたりして，田植機が休まずに作業できるようにしています。田植機は年間に300時間ぐらい稼働します。

稲刈りも８月下旬から10月下旬までだいたい２ヵ月かけます。コンバインのオペレーターが１名と籾運搬が１名，隅刈りが１名の３人で稲刈りのチームをつくり，コンバインが休まず毎日刈れるように作業します。

乾燥調製には３名があたります。籾すりをし，新しい生籾を乾燥機に入れ，乾燥機の水分調製をして排出する作業を行います。少ない機械を効率的に動かすことに特化してやっています。

結果的に田植機１台，コンバイン１台でやっていますが，決してこれを目指したものではありません。

早生から晩生まで６品種栽培し作期分散。米消費者・実需者の選択の幅も広げる　私のところは田植えも稲刈りも１日に2.5〜3haぐらいずつやることを目標にしています。毎年5haから10haずつ増えるという急激な規模拡大に対応する過程で，例えば5ha増えれば，田植えも稲刈りも２日延ばして何とか対応します。10haなら４日延ばして対応できるように，作期を延ばして対応してきました。そのため，品種は早生から晩生まで６品種を作り，作期分散させてきました。これは作業分散だけでなく，直売するとき品種がいろいろあった方がお客様は選びやすいという意味もあります。

環境に配慮した栽培に取り組む　環境に配慮した安心安全なお米ということでは，平成11年ごろから有機栽培を始めて，有機JASの認定を受け，さらに特別栽培などの認定を受けました。ちなみに，有機栽培は有機JASの認定を受けているものは大体4.5haです。特別栽培は20haぐらいですから，合わせて大体25haはこういった環境に配慮したお米です。

有機栽培は紙マルチ移植，米ぬか散布・機械除草の試験実施　有機JASの認定を受けた有機栽培米は，全部温湯消毒をやっています。また，有機の世界では邪道だといわれそうですが，紙マルチで移植有機栽培を行っています（写真１）。

紙マルチは思想的な問題もありますが，紙の交換が非常に手間で時間もかかり，普通の田植えと比べると倍ぐらいの時間がかかるなど，技術的にも限界を感じるところがありました。田植えをした直後に大雨が降って水位が上がって，紙が浮かび，稲の上に乗ってしまうことが２〜３回起こりました。２〜３日かけてみんなで撤去して，せっかく敷いたのに何もなくなってしまうのです。

そこで，良い方法がないかということで，農研機構の中央農研などと協力して，一部，回転除草機や米ぬかを使った除草試験などを行っています。写真２は多目的田植機の後側が除草機になるタイプです。施肥田植機の施肥部分を使って，粒

写真1　紙マルチを敷きながらの田植え

写真2　多目的田植機を使った除草の工夫

写真3　緑肥（ヘアリーベッチ）を
用いた特別栽培

状の米ぬかを入れ、米ぬかをまきながら除草します。田植えのときにも米ぬかをまきます。あと、除草機を2回かけるのですが、その1回目のときに米ぬかをまくことで雑草はかなり抑えられます。

肥料については、牛糞の堆肥を100％使っています。

ヘアリーベッチの緑肥・抑草効果を利用した特別栽培米の取組み　特別栽培については、有機栽培に準じた形で減農薬・減化学肥料でやっています。写真3はヘアリーベッチというマメ科の植物を緑肥に使った特別栽培です。窒素固定ができますので、元肥をかなり減らせます。今年もほとんど元肥なしで栽培しました。

これは特別栽培が主な目的ではなく、うちで一番遅い田植えをする6月下旬の田んぼで出てくる草を抑えるためにロータリーをかけたり、除草剤をまいたりという手間が非常に掛かるので、何か方法はないかということで取り入れました。緑肥をやっておくと、当然、田んぼ全体が被覆されますので、草が出てきません。除草効果、抑草効果が非常に高いと感じています。草種もヘアリーベッチ以外もいろいろ試しましたが、やはり湿田だとなかなかうまく伸びなかったりして、早生で湿害に強い草種が良いことが分かってきました。

省コスト・省力化の多収品種の栽培や直播栽培の取組み　省コスト・省力化のために、短稈で多収な品種へ少しずつシフトしています。また、平成19年からは不耕起乾田直播を始め、湛水直播栽培も少しずつ増やしています。

現在、鉄コーティングの湛水直播が5haと乾田直播が3haぐらいです。今、少しずつ増やしていますが、特に、乾田直播を増やしたいと思っています。私のところの圃場は湿田が多いのですが、乾田化できるところもあります。しかし、そこには乾田直播に合わない品種を作りたかったりして、結局、やりたいけどできない状況です。ただし、私が今栽培していないところにも1ha区画で乾田直播ができるところがあります。いずれはそこも私のところで面倒をみることになるでしょうから、そうなれば乾田直播を増やせる状況になっ

茨城県龍ケ崎市・有限会社横田農場

てくると思います。

　湛水直播栽培は鉄コーティング種子の湛水直播で、これまで代掻きをしていましたが、今年は一部代掻きをしないでやってみました。今後の規模拡大に対応していくためには、移植の他に湛水直播をやっていく必要があります。その場合、代掻きがネックになりますので、どう効率的にやるかということが問題になります。私のところは湿田ですので縦方向の漏水があまりないので、代掻きをしなくても何とか漏水せずにできることもあり、今年は代掻きをしない湛水直播も試してみました。普及センターの人に「そんなめちゃくちゃなことをやって大丈夫ですか」といわれました。でも、そういう既成概念にとらわれずにやってみて、課題もありましたが、うまくできそうだという感触を得ました。

　不耕起乾田直播では、以前はディスク駆動式の直播機を使っていましたが、最近は麦などで使うドリルシーダーで播種しています。

　大きい区画のところは代掻きだけで均平を取るのは難しいので、冬の間にレーザーレベラーである程度均平作業をしています（写真4）。また、以前は畦畔を取ることに地主の理解が得られないこ

とが多かったのですが、最近は隣接している圃場を借りるときには1枚にすることを許していただけることが多くなってきました。そういうところもレーザーレベラーで均平にしています。

　私の圃場は湿田ですので、代掻きのときにトラクターが何度も回るとどんどん深くなり、田植機が入れないことになってしまうので、代掻きは基本的に1回しかできません。ですから、冬の間にある程度均平にしておかないと、代掻きのときだけでは均平化できないということがあります。

圃場の状況とIT技術を利用した管理法

　圃場の約6割以上は約30a～1ha区画　図4は圃場の分散状況を示しています。自宅は右上にあります。その上は高い台地のようになっており、その際に集落がずっとつながっています。下の方に向かって、どちらかというと湿田が多いですが、ずっと平場で水田地帯が広がっています。先ほど説明した圃場整備事業をやったのが右上のあたりで1ha区画になっています。私が始めた平成10年は10a区画でしたが、圃場整備事業でかな

写真4　レーザーレベラーによる均平作業

図4　圃場の分散状況

り区画が大きくなり，この一帯60haのうちの約半分の30haを横田農場で作付けしています。担い手は私を含めて3人ですが，残念ながら，あと2人は60代で後継者がいません。一番大きい区画は1枚で2.1haです。

右下の部分が1ha区画で，その隣が15aぐらいの区画，実際には30a区画ぐらいが多く，合わせてだいたい30haあります。その左の部分は10a区画で，ここも合わせて30haぐらいです。それを全部合わせると103haです。

圃場は東西2.5km・南北3kmの範囲に，エリアごとに品種を分け機械は自走して移動　圃場の位置は，東西が2.5kmぐらい，南北が3kmぐらいの範囲に収まっていますので，トラックに載せて機械を移動することがなく，全て自走して移動できます。

そして，大体エリアごとに品種を固めています。当然，土壌とかいろいろな環境でどの品種を

どこに作付けするかを決めています。早生の「あきたこまち」から始めて，「コシヒカリ」に移るように一筆書きして1周回って100haやる感じで作業を進めています。まだ，私たちが作付けしないところは70代，80代の方が何とか頑張っておられますが，今年も10ha増えたように，いずれは全部私たちがするようになるのではないかという状況にあります。その時のために，今，どういう準備をすればよいのかが非常に大きな課題になっています。

IT技術による圃場特性や作業履歴の記録と情報共有　今作付けしている圃場は320枚ほどです（図4）。20haのときから100haまで毎年新しい田んぼを覚える必要があり，それなりに私は圃場を理解しているつもりです。しかし，新しいスタッフにいきなり300枚の田んぼを覚えろといっても覚えられませんので，コンピュータに圃場ごとの特性や作業の履歴を記録して，情報を共有してい

図5　IT技術を利用した圃場管理

ます（図5）。

　私自身も，新しい田んぼを忘れたりすることもあります。それに，作業も当然分業化しており，全員が全部の作業をするわけではありません。前に，いつ，どういう作業をしたかを知るためにも情報共有は大切です。また，昨年の作業がどうだったかなど，今まで紙に書いたり，頭に記憶していたことをコンピュータで管理しています。

　こういった話をすると，横田農場はこうしたシステムを完璧に使いこなしているようにいわれてしまいますが，まだまだ，ようやく使いはじめたところです。うまく使って経営の効率化を図っていきたいと思いますし，今後300ha，400haという経営を考えると，何とか今のうちに使いこなさなければいけないと思ってやっています。

規模拡大と生産コストの
低減に向けた取組み

隣接圃場を集積し作業を効率化して生産コスト7 〜 8千円/60kgに低減を目指す　今の米の生産コストは，60kg当たりで1万円をちょっと切るぐらいです。今後，規模拡大していく中での米のコスト低減の可能性について考えてみます。

　作付けしている圃場は東西2.5km，南北3kmの範囲に収まっています。その中で作付けする圃場が増えていますから，実質的に圃場は隣接しています。来年も10haぐらい増えますが，圃場の枚数はあまり変わりません。今後も農道から排水路まで50m，横が100mあって50aというような大きい圃場が増えて，効率が良くなると思います。区画が大きくなって，枚数が減るという状況で規模を拡大していけば，コストは下げられると思っています。

　生産費を考えたときに，3分の1が人件費，3分の1が地代や土地改良費，残りの3分の1が肥料・農薬代と機械の減価償却費です。地代や土地改良費を自分の努力で下げるのは難しいですが，人件費は下げられます。給料を下げるわけにはいきませんし，むしろ上げたいぐらいですから，結局，1人当たりでどれだけの面積をこなせるかが決め手になります。そのためには，どうやって圃場を集積するかです。私の地域では横田農場に圃場が集まってくる動きが今後も加速するでしょうから，そうした状況で少ない人数でどれだけ効率よくやるかだと思います。それは地域の雇用を生むことにはならないのですが，少ない人数でうまくやっていけば，生産費はまだ下げられると感じています。7,000 〜 8,000円ぐらいにはなるのではないかと思います。

経営規模の将来目標は300 〜 400haぐらい　私たちは300 〜 400haぐらいの経営規模を目標にしています。その場合，今一つの機械で作っている作業体系が複数個できてコストの低減ができることになると思います。すると，複数個のチームを有機的に連携させて，効率的な作業を統括する人間が必要です。そんな人を育てるには，5年では無理で，10年，15年かかりますから，今の時点で人件費をかける必要があると思います。将来的にはうまく集約することによってコストは下げられると考えております。

直播と移植を組み合わせて作業を分散　直播と移植を比較したとき，私は必ずしも直播の方がコスト的に優位だとはとらえていません。除草剤が必要だったり，天候のリスクがあったりで，そんなに変わらないような気もします。

　ただ，移植だけで300 〜 400haを経営できるとは到底考えられませんので，直播と移植を組み

合わせて作業を分散させていく必要はあります。今，田植機1台で植えていますが，これに2台目の田植機を入れるのではなく，まずは直播を導入しようと考えています。移植と直播をうまく組み合わせると，育苗の作業や労働力の配置も含めて，全体として分散できて，効果が上るように思います。

土壌条件に応じ湛直と乾直を組み合わせる　私のところは湿田が多いので湛水直播をせざるを得ないところもありますが，圃場整備をやって暗渠を入れれば乾田にできるところもあります。収量は，移植よりも乾田直播の方が高い年もありますので，乾田直播を増やしたいと思っています。しかし，品種と圃場のやりくりの中で，作りたい品種が乾田直播に向かない場合もあり，乾田直播が増やし切れていません。今後，規模拡大していくと，当然，乾田直播と湛水直播と移植とを組み合わせて使っていくことになります。

疎植化と苗づくりの工夫によるコスト低減　移植も私が農業を始めた頃は，10a当たり18～20枚ぐらいの苗を使っていましたが，今は13枚ぐらいです。それだけでもかなりのコスト削減になっていて，労力も軽減されています。田植機の精度も播種の精度も良くなっていますので，移植密度を下げるだけで低コスト化，省力化できると感覚的に思っています。

苗づくりに関してもコストを下げる努力をしています。2ヵ月間かけて14回に分けて種まきして1万4,000枚ぐらいの苗を作りますが，田植えが終わったときに100枚ぐらいしか残らないようにしようと考えています。田植えが終わるとハウスの横に余った苗が山積みになるのが当たり前ですが，それを限りなくゼロに近づけたいと思っています。

毎日，今日はどれだけの面積を植えて，何枚植えて，何枚残っているのか，使えないものが何枚あるのかということを厳格に管理することでかなり大きなコスト削減ができています。無駄に苗を作らない，足りなければ15回目をまけばいいという考え方でやりたいと思います。品種の組み換えなども考えなければいけませんが，起こるかどうか分からないリスクのために無駄なコストをかけたくないと思っています。

直播についても，乾田直播を4月中旬ごろに予定していても，雨が降って5月の連休明けにずれることがあります。その場合でも，出芽するのは同じころだということもあります。そういうことですから，ある程度幅を見てリスクを分散できます。単に直播に切り替えてコストを下げるというよりは，いろいろな技術をうまく組み合わせて全体としてコストを下げるという考え方でやっていきたいと思っています。

直接販売による
価格安定とインターネット販売

自分の米を自分の名前で売りたいとの思いが直売のきっかけ　父の頃は，ほとんど農協への出荷で，一部地元のお米卸に出荷していただけでした。

自分で売ろうと思ったのは，自分がすごく良いものを作っていると自負していても，農協に出荷すれば農協の米になってしまうのがすごく残念で，それを自分の名前で売りたいと思ったのが一番のきっかけです。今思えば，自分が思う良いものであって，食べる人の評価ではなかったのですが。

直接販売を通じ米を「農産物」ではなく「商品」

と考える　直売を始める前は，農協に出荷して検査で1等のはんこを押してもらったものがいい米だと思って，一生懸命作っていました。しかし，直売してみると，お客さんから直接「おいしい」という評価や時には厳しい意見をもらい，それに悩みながら対応し，生産現場にフィードバックしていく過程で，「農産物のお米」から「商品のお米」と考えるようにお客さんに育ててもらったと思うようになりました。値段の問題もありますが，そういう気持ちをもたせてくれたことが，直売をやって一番良かった点だと思います。

9割の米を消費者や実需者に直接販売し，うち6割がインターネット販売　私のところでは作っているお米の約9割を直接販売しています。消費者への直売が多いのですが，生産調整をほぼ加工用米でやっているものですから，直接茨城県内の加工業者，お酒やみそ，煎餅，和菓子といったところに使ってもらっています。主には，スーパーとか直売所，インターネットです。

インターネットによる販売は，平成10年に私が就農してから，とりあえず私が簡単に手作りしたホームページで始めました。最初は，年に1件か2件ぐらいしか注文が来ませんでしたが，少しずつ口コミで増えていき，一番多いときは，毎日5〜10件ぐらい注文が来て，全国に宅配便で送っていました。直売のうち6割ぐらいはインターネットによる販売でした。

直接販売による価格安定は経営の基盤　直接販売せずに農協に出荷していたら経営は成り立たないと思います。高い，安いということもありますが，むしろ24年産と25年産のような価格差が問題です。うちのように，従業員に給料を払わなければならない大規模経営では，米の価格変動は大変こたえます。

加工用米などは，茨城には大手の加工業者がないので，中小の加工業者と対等とはいえないまでも，ある程度の価格で長く取引きしています。こういう関係は経営の底をつくるという意味で大変重要です。

直売の部分も，ここ数年，市場価格にかかわらず，同じ価格でやっています。それはお客さんの信頼につながります。豊作だったら安くし，不作だったら高くしたいところですが，それではお客さんに説明できません。「市場が高いから，お客さんにではなくて市場に売ります」では信用されません。同じ値段でやることで，経営の基盤ができます。直売でやっているというのは，その意味合いが強いです。

東日本大震災後，ホームページ，パッケージ等を一新，安心安全とおいしさを訴える　ところが，震災以降は放射性物質を気にされるお客様が非常に多くて，9割ぐらい減ってしまいました。インターネットで買っている方は，特に安心・安全なお米ということで有機栽培や特別栽培を中心に選ばれる方が多いです。そういう方は真実どうか分からない情報を気にされて，残念ながら茨城のものを避けることが多いようです。

それもあって，震災後にデザイン事務所に依頼して，ホームページをリニューアルしました。それが写真5です。ロゴやデザインを新しくして，安心・安全とおいしさを伝えられるサイトにしました。ちなみに，トップページの子供はモデルではありません。私には子供が6人おり，3番目と4番目の子供です。

従前のパッケージは私がデザインし，私たち生産者の顔が入ったものでした。作っている人が分かり，安心・安全を訴えやすいと自負していましたが，いかんせん，おじさんの顔ではおいしそう

写真5　インターネットによる販売

でないこともあり，子供がおにぎりを持っている写真に変えました。それが実際自分の子供というところも，ちょっとストーリー性があったりします。

　そもそも，横田農場のお米を誰に買ってもらうのかという立ち位置，つまり私たちが農業をやっていく中で何が大事か考えると，次の世代に農業やお米のことを伝えていくことだろうと思います。高級なお米を裕福な方に買ってもらうことより，私自身が子育て中ということもあり，次の世代を担う子供たちにこそ，うちのお米を食べてもらいたいと思っています。そのためには，子供たちに横田農場のお米の良さを知ってもらわなければなりませんし，若いお母さんたちにうちのお米を買ってもらわなければなりません。そういうお母さんたちが手に取りやすい，親しみやすいパッケージ，ホームページ，パンフレットになるような戦略的デザインを使いました。

米粉スイーツと
田んぼの学校の活動

米粉スイーツを販売し1,000万円ほど売上げ
平成22年から私の妻が中心になって米粉スイーツのお店をやっています。私の妻はお菓子の勉強をしたわけではないのです。自分の6人の子供のためおやつを作るのに，試しにうちの米粉を使ったところ，非常にいいものができたので，直売所やスーパー，自分のお店で販売してみました。小さなプレハブのログハウスみたいなお店で，中の機械も全部中古で始めたものです。お客さんが来てくださるようになり，今も年間1,000万円ちょっとの売上げがあります。

米粉スイーツを通じてお米に関心をもってもらう　繰り返しになりますが，私たちはお米を作って，そのお米を皆さんに食べてもらいたい，それこそ子供たちに食べてもらいたい，そのためにはお母さんたちにお米に関心をもってもらいたい，と思っています。その非常にハードルが低くて入りやすい入り口の一つとして，この米粉スイーツを活用したいと考えています。分かりやすく言うと，イベントなどでお米だけ並べていても誰も立ち止まってくれません。そこにスイーツがあると，若いお母さんは立ち止まって，試食し，「あら，おいしいですね」「このお米でできているんですよ」「じゃあ，お米もちょっと買ってみようかな」というように，お米に興味をもつ良いきっかけになります。

　米粉のシフォンケーキは一番の売れ筋です。うちで取れたホウレンソウやサツマイモなど，季節によっていろいろなものを入れて，常時7種類ぐらい販売しています。

　米粉100%のロールケーキは昨年度の茨城県農産加工品コンクールで最優秀賞を頂きました。県内の有名なお菓子屋さんのオーナーからも，「農家もこんなものを作るようになったのか」とお褒めの言葉を頂きました。素人が見よう見まねでやっていたのですが，少しずつ自信も技術も上がってきたように思います。

子供に農業や米を知ってもらうため「田んぼの学校りゅうがさき」の活動 「田んぼの学校りゅうがさき」という活動を平成15年から始めています。これも、次の世代の子供たちにこそ農業のこと、お米のことを知ってもらいたいと思って始めたものです。

　私は、田舎に住んで農業にずっと関わり、田んぼの風景やお米を作っていることが当たり前と思っていますが、今はそうではなくなってきています。うちの近所でさえも、自分の名義の田んぼがあっても、田んぼに入ったことがない子供が多かったりします。近くには龍ヶ崎ニュータウンがあり、子供たちがたくさんいます。そうした子供たちを対象にスーパーを通じても告知してもらっていますので、千葉県からも来てくださったりします。今は農業体験のようなものがすごく求められているなと感じています。

　作業の体験もですが、どんな生き物がいるか探して、生き物の専門家に解説してもらったりします。また、田植えをした後に必ずそこでおにぎりを食べます。塩をつけただけなのですが、「こんなおいしいおにぎりを食べたことがない」と言って何個もおかわりして食べます。このお米の食味値が何点だからとか、何とか栽培だとか、どこ産ということは関係なく、そこで作られたものを、その作業に関わって、その風景を見ながら食べることのおいしさといったら、他に代えがたいものがあります。このお米の味を子供たちは一生忘れないのではないかと思います。そういう子供たちを増やしていくこと、これからの農業やお米のことを次の世代にしっかりつないでいくことが重要なことなのかなと考えて、こういった活動をずっと続けています。

消費者とのコミュニケーションにより農業そのもの、日本の文化を伝える 消費者とのコミュニケーションでは、安心・安全だとか、私たちがどんな思いで作っているかということを伝えることも大事です。それにもまして、田んぼの学校や米粉スイーツのように、それを通じて農業そのもの、日本の文化といったものを含めて発信していくことこそが、私たちに求められていることではないかと思います。

人材の育成と横田農場内での分担（ユニット）化

サラリーマン的農業を希望する社員に経営的感覚・コスト意識をもたせることが課題 うちの社員は、私自身もそうでしたが、自然の中で汗を流して仕事をすることにあこがれをもって入ってきた人が多いように思います。そして、新卒よりも、1回社会経験をしてきている人が多いです。では、自分で経営までやるのかというと、そうではなくて、サラリーマンみたいに安定して収入を得ながら農業ができたらいいなと思っているところがあるようです。ですから、私のところにずっといたいという気持ちが強いようです。私もなるべく長くいてもらいたいですから、そこで利害は一応一致していることになっています。

　社員の給料は、勤続年数にもよりますが、30〜40代で500万円ぐらいです。人材育成という面で考えると、いつまでも自分は社員でいいという気持ちでいると、どうしても越えられない壁があるように思います。コスト意識といったような経営的な感覚が必要ですから、そこにどのようにして意識を向けさせるかが大切です。ですから、のれん分けみたいにして、独立してもらうのが良いと思うのですが、本人が望まないのに無理やり追

い出しても仕方がないですし，悩ましいところです。

横田農場が規模拡大し，その中で社内農場が分担　地域の人たちも，今は横田農場と農地の契約をしていますが，皆さんの感覚は横田農場に貸しているのではなく，うちの屋号である横田作兵衛に貸していると思っています。時代や世代が変われば意識は変わるとは思いますが，横田農場から独立した誰かを信頼して貸してくれるかというと今の時点では難しいような気もします。私のイメージでいえば，横田農場がどんどん大きくなり，その中にいくつかの農場（ユニット）が含まれているが，あくまでも基本は横田農場である，というのが地域の人たちから信頼されやすいと思います。「横田さん，まだ若いけど次の社長はどうするの？　子供が6人もいるのだから誰かやるのでしょう？」みたいに言われます。確かに，横田家の人間がやった方が地域の信頼が得られると思いますが，時代は変わっていくでしょうから，私は必ずしもそこにこだわらなくても良いと思っています。

社内農場単位（ユニット）の規模としては，私の地域では100haだと思います。今，1台で100haの作業体系ができていますから。

私は300〜400haを目標においていますので，400haになったらチームを四つに分けて100haずつやることになります。もちろん地域によっても全然違いますが，私の地域のような平場であれば機械や施設を相互利用することでうまくいくのではないかと思っています。

経営のあり方と今後の展開

経営とはやりたいこと，やるべきことの実践

経営のあり方については，私の場合，規模は20haから100haへ，販売も直接販売がないところから今のように直売や加工までやるという変化を経験してきましたが，自分がやりたいこととやるべきことを考えた上でこういう道を進んできました。

すべての農家がこうすべきだとは思っていません。地域，経営者・農家の考え方，人材の特性に違いがあるわけですから，それぞれが最大限の効率を発揮するようにやれば良いと思います。他の人がやって結果が出たからといって必ずしもそれが正解ではないし，それをみんなが目指せばいいというものでもないと思っています。規模が大きければいいとか，50haでは駄目だとか，必ずしもそうではないと思います。要は，本人の問題意識だったり，考え方だったり，そこが一番だと思います。

機械1台でどうやっていくのかというのも，結局はそれと同じだと思います。息子が農業をやってくれるからコンバイン1台買って，自分のコンバイン，息子のコンバイン，そして弟のコンバインと，3台あってもよいと思います。私は機械には興味があり，大好きですが，機械は道具と割り切っていますから，道具を使いこなすことが最も重要であって，それこそが農家として一番かっこいい姿だと思います。

経営効率化の鍵は農作業の段取り向上　問題はどうやって使いこなすかです。機械，特に田植機とコンバインは作業をしていない時間が意外と長いものですから，その時間をどれだけ短くするかが重要です。それは何かをやれば画期的に変えられるものではなく，コツコツやるしかありません。とにかく毎日どうしたらたくさん植えられるかということですから，F1のピットインのように，往復してきたら秒単位で苗を積むようなこと

をしています。

また，この作業の回数を減らすと田植えが早くできる，枚数を少なくすると早く植えられそうだとか。機械を遊ばせないためには代掻きをちゃんと順番にやらなければいけないけれど，代掻きを順番にやるためには，その前に水を見ておかなければいけない，その前の作業をこうやっておかなければいけないというように細かいことの積み重ねです。

私のところは，比較的小さい圃場も多いので，移動距離が少なくて順番に作業がやれるのですが，作期を延ばすために後半部分はどのようにして水を確保するかという問題が出てきます。そこは土地改良区の理解を得なければいけません。私の近隣地域は圃場整備をやりましたが，「横田さんは晩いものを作っていて，そのうちの半分も作っているのだから，自分でポンプを回してくれれば，水を出してもいいよ」みたいな了解を得ることができて，何とか1台でやれているところです。

どういうわけか，100haを1台でやっているのがうちのキャッチコピーになってしまっているのですが，決してそれを目指したわけではありません。そのうち限界に来て，このキャッチコピーが使えなくなる時がきます。

交付金付きの飼料米には躊躇　もちろん，この地域は雪も降らないので，もっと収穫を遅らせることができる飼料米を作れば，収穫期間を3ヵ月に延ばして1台体制でできますが，それをやることが本当に良いことなのかと疑問に思っています。飼料米の価格は1kgが20円とか30円なのですが，新しい米政策では10a当たり最大10万5,000円の交付金がもらえるようになります。でも，それをもらってしまったら，交付金がなく

なったときにそのまま続けることはむずかしいのです。

経営所得安定対策で，最初はお小遣いだと思っていたものが，経営の中にしっかり根を下ろしてしまうと，なくなったときもっとくれとは言えませんから，苦しくなったことがありました。その二の舞を踏みたくないと思うので，生産を誘導するため政策があっても，それがなくなったとき，自分たちでやっていける仕組みをつくれるという自信をもてるものでない限り，手を出しづらいのです。飼料米などに関しては仕組みづくりが難しいと思いますから，なるべく手を出さないという考え方でやっています。

地域農業を守るためリスクを負っても経営規模拡大　自分の経営だけを考えたら，今の100haぐらいでとどめておいた方が，これ以上の設備投資をしなくて済み，新しい人材を確保して育成する必要もありませんからその方がいいと思います。一方で，地域の担い手が少なくなっていく中で農業をやっていくためには，リスクを負ってでも私たちがしっかりと守っていかなければいけないと思っています。国の補助金で何とか生かしてもらおうではなく，自分たちが自立してやっていけるような仕組みを私たちがつくっていかなければいけないと思います。

経営の発展には地域の信頼が重要　地域の信頼は本当に大切です。地域で飛び抜けていると，「隣の家に蔵が建つと腹が立つ」ではないですが，そういうふうにみる人もいます。しかし，地域で信頼を得ていれば，例えば田んぼで仕事をしていると，「横田農場がいてくれるからこの地域は安心して農業をやめられるよ」と言ってもらえます。ギリギリまで自分でやるつもりで，種まきの準備までしたけれども調子が悪くなって，その後を頼

まれることが結構多いのです。そういうように信頼されているのですから、地域に応えなければいけないと思っています。乱暴な作り方をして圃場に草が生えていたりすると、「横田農場に貸すととんでもないことになる」と言われてしまうので、そうならないようにきちんとやっています。特に、遠くの集落ほど草や畦畔の管理をしっかりやっています。

横田農場の大きな機械が農道を占拠してしまわないように、率先して道をよける、地域の人たちに会ったらきちんと挨拶をする、というようなことも大切にしています。私は15年しか農業をやっていなくて、米づくりも15回しかやっていませんから、地域で長く米づくりをやっている人と圃場で会ったときには、話をよく聞くことにしています。地域の担い手が私しかいないからだけでなく、一つ一つ丁寧に対応して信頼を得てきたから、農地が集まってきたのではないかと思います。

従業員をプロの農家に育てる　経営としては、規模拡大に対応していく設備的なものもありますが、一番の問題は、人材育成です。最近は、若い人たちが農業に抵抗なく入ってくるようになりましたから、せっかく入ってきた有望な人材をどうしたらうまく一人前の農家に育てられるのかを考えなければなりません。分業化して、田植機に1シーズン300時間も乗れば田植機のプロにはなれますが、米づくりのプロにはなれません。分業化していると他の作業を見渡せませんから、どうやったら全体を見渡せる本当のプロの農家を育てていけるのかが非常に大きな課題です。

「みんなの笑顔のために」というのが、横田農場の社訓、目標です。みんなというのは、当然、地域の皆さんもそうですし、お米を食べてくれるお客さんも、私たちスタッフのみんなが笑顔になれるような農業をやっていきたいと思っています。

更なる規模拡大には販売方法の見直しも必要か　今は9割を自分で見つけた販売先に売っていますが、400haになったときも販売先を自分で見つけて9割売っていくのかといえば、それは違うと思っています。今もスーパー7店舗に置かせてもらい、インターネットや直売所でも売っていますが、これをもっと増やそうとすると、大きな精米プラントを作って、人もたくさん投入しなければ、お米を納めていくことができません。

直売をやることは、お客さんと向き合って、お客さんのために良いものを作ろうという意識を高める意味ですごく大事なものでしたが、今後もそれを膨らませていくことは私たちのやるべきことではないと思います。私たちは、良いお米を低コストできちんと作って、しっかりしたところに供給していくことに戻っていくべきなのかなと思っています。

お米の消費を考えても、外食チェーンやコンビニおにぎりなどのような外食が増えてきています。私たちが500ha作ったとしても、外食産業に安定的に供給するにはロットが小さすぎます。農協がいいのか、商社がいいのか、大手卸がいいのか、もしかすると通さないで直接やるのがいいのかもしれませんが、そういうところに納めるという形に戻っていくべきなのかもしれません。

業務用であれば価格が低くても、複数年で契約するなどの条件があれば、私たちの経営を安定させる意味で有益ですから、そこに戻っていくというのも一つの方向だと思います。

今のお米の消費は、家庭用と業務用が4割ぐらいで、残りが加工用などです。そういう割合が自分の経営に縮図のようにあるというイメージで

茨城県龍ケ崎市・有限会社横田農場

147

やっていくことが，リスク分散という意味でもいいもしれませんし，いろいろなメニューをもっていることが大事だと思います。今後，規模拡大したとしても，全部，自分で販売先を見つけていくことを目標にはしないと思います。

自分の米を理解してくれる消費者を育てたい

また，海外展開も日本の人口が減って，米の消量も減っていますから，必要だとは思います。一方で，誰のために米を作るのか，何のために米を作るのかと考えると，日本人の日本の米に対する意識が薄れてしまっていると思います。牛丼チェーンがオーストラリア産の米を使っていても，誰も文句を言わずにそのまま食べ続けるのを見ると，簡単に足元をすくわれてしまうのではないかと危惧しています。確かに中山間地域だと安い米を作るのは難しいと思いますが，私のところはコストを下げることができる地域にあるので，海外の米が入ってきても足元をすくわれないように，高い米でも，安い米でもきちんと提供できるようにしたいと思います。そして，おこがましいようですが，「田んぼの学校」やスイーツを通じて，そういうことを分かってくれる消費者を育てたいと思っています。海外についてはきっかけがあれば展開する可能性はありますが，私自身は現時点で積極的に行おうとは思っていません。

（平成25年12月「先進農業者を囲む
懇談会（八木宏典座長）」にて）

埼玉県北葛飾郡杉戸町
株式会社ヤマザキライス

山﨑能央

株式会社ヤマザキライス
代表取締役
山﨑能央

複合・多角化は目指さず水稲単作経営
平坦な大区画圃場での大型機械化体系による大規模経営
商社との契約栽培で業務用米を中心に生産販売
ICTなど最新機器の利用

地域の概要

　弊社は，埼玉県の東部，春日部市の北，杉戸町にあります（図1）。私の住む場所は，最寄りの東武線春日部駅から都心の大手町まで電車で約1時間と，近いとはいえませんが，東京への通勤圏にあたる地域です。ただ，春日部駅から離れて北に行くと，急に100m区画の農地が現れてきます。35年ぐらい前に土地改良を実施しており，水田には全てパイプラインと暗渠が埋設されている米の単作地域です。平らで，レーザーレベラーで均平にして区画を大きくするのは当たり前と考えてい

図1　杉戸町の位置

る地域で，とても生産しやすい圃場環境となっています（写真1）。

　用水はパイプラインで4月10日から9月10日ぐらいまで加圧給水されています。弊社の農地は飛び地になっていて明渠を掘ることもできませんので，4月10日に水が出ると麦は作れません。人・農地プランが進んできて，約10haずつ連坦すれば，水を止めることができ，他の作物を作ることができると考えています。

会社の概要と発展経過

16年前に新規就農して80ha稲作経営を実現
農業経験ほぼゼロから始まった農業も現在80haの水稲経営面積となりました。以前は，都内で営業職に就き，仕事もとても充実しておりましたが，16年前に東京以外での可能性を感じ「みんながやらないことをやる」と考え，主食である米の生産の道へと進みました。当時はメディアも全く農業には興味を示していない時代で，農業に憧れる若者は全くいない時代でした。また実家には

写真1　杉戸町の水田

2haの農地があり，周りに水田がたくさん広がっていました。農業高校や農大にも進学しておりませんし，父親は専業農家ではなかったので大変苦労をいたしました。

法人化の前に脱家族経営が目標　ヤマザキライスとして株式会社化した背景には，周りの農家を見るとみんなが家族経営で，家族経営が故に，タイムカードもなく労働時間の管理もせず，1kg幾らで米が作られているか判断もできず，無限に労働をしているのです。何が無駄か，無駄ではないかも分からない状況でした。就農当初，私の家族を見ていると大変な思いをしていましたので，脱家族経営が目標になりました。法人化の前に脱家族経営で，それから，スタッフを入れて，人に任せるのだという気持ちになってきたときに，ちゃんと組織化しようということで，4年前に法人化しました。

5つの経営基本ビジョンで都市近郊の大規模農業を推進　経営の基本的なビジョンを5項目掲げています（図2）。就農16年間の中で，規模が大きくなったことで見えてきたものがあります。今後，私の地域で大規模経営の中で進む道を以下のように考えています。もちろん，中山間地や地方の米どころの考え方とは少し違ったものとなりま

図2　経営基本ビジョン

- 都市近郊大規模農場
  ……東京に近いからできること
- プロ用業務米の商社との契約栽培
  ……顔の見えない生産者
- 多角経営ではなく生産に徹する考え
  ……売ることは売る人に任せる・商社とのパートナーシップ
- 補助金の利活用
  ……霞が関を向いた農業
- ASEAN諸国でのローコスト大規模遠隔農業の展開

表1　平成25年の米の出荷先割合（％）

農協系統	1
系統外集荷業者	27
加工業者，外食産業等実需者	61
自社販売	11
自社加工	1

す。

1つは，都市近郊での大規模農業と大都市圏向け販売までの一貫性を持つことです。これは，弊社が東京，神奈川に近いからできるということです。

2つは，プロ用業務米の商社との契約栽培です。今，全国の米どころでは，隣の県同士でAランクのブランド米を作って，産地間で大変激しく競争をしています。私の住む埼玉県は，他県に比べるとブランド力はありません。大消費圏に近いので，地域の米農家は自由に生産して販売しています。私は地の利を活かして，大手商社とのパートナーシップを組んで，プロ用業務米の生産販売に取り組んでいます（表1）。

3つは，多角経営ではなく，生産者は生産に徹するという考え方です。6次産業化が推奨されるなか，徹底的な固定費の削減には，生産者は生産に徹するというシンプルな考え方です。この点も業務用に特化することに関連しますが，販売は売る人（商社）に任せるということです。今までは，販売を人に任せると利益が取れませんでしたが，大規模になって，規模拡大により販売する米のロットを大きくできましたので，卸ではなく商社と取引ができるようになってきました。単に，商社に販売するのではなく，商社も中間業者を省いて利益が出ますので，多少ですが私たちに利益を還元することが可能となりました。また，商社からベンダーまで全て利益の分配率がどれぐらいで

あるか示してもらって，利益の正当な分配をしましょうと，パートナーシップを組んでいます。

4つは，助成金の活用です。実は，昨年まで14年間は，助成金はもらっていませんでした。方向転換をした理由には，TPPへの参加があります。TPP参加は，農業のためではなく，商業，製造業，自動車のような輸出関連の経済界に役立つ協定です。もちろん農業開国となりますが国内で農業が守られる部分も出てきますのでしっかりと農業政策に則り，農業の活路を見出していこうと考えています。

最後の5つ目のASEAN諸国でのローコスト大規模遠隔農業の展開は，優れた日本の農業技術を用いて，東南アジアで農業展開が可能と考えています。実際に，タイでのフルーツトマトの生産も始まり，今後たくさんの品目を増やしていきます。

新規就農から16年で，ようやく生産面積と売上げは増えてまいりました（図3）。当初は，緩やかな上昇でしたが，12年目ぐらいから，地域での離農と認知度が増え，急激に増えるようになってきました。平成22〜27年で売上げは2倍ぐらいに増えております。ただ，2年前に米価が大暴落して，売上げが約3割落ち，危機的経営となりました。現在はV字回復していますが，長期的な傾向からは緩やかな下降で安定していると，前向きに考えております。

水稲栽培法の工夫

埼玉県奨励品種を含む多品種を組み合わせて栽培　今年度の水稲の作付けは，「あきたこまち」，「コシヒカリ」，高温対策の品種で埼玉県の奨励品種「彩のきずな」です。その後に「彩のか

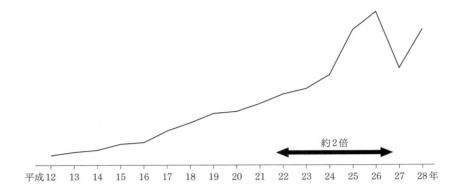

約2倍

図3　新規就農より16年の売上高の推移

がやき」,「あさひの夢」となります。業務用に関
しては，多収穫米の「あきだわら」が買い手から
指定されます。「あきだわら」は12俵/10a取れる
と言われていますが，埼玉では植える時期が遅い
と多収穫にはならないようです。「あさひの夢」や
「彩のかがやき」,「彩のきずな」は例えるとオート
マの車というか，簡単に栽培でき，被害も受けに

表2　近年の水稲作付面積の推移（ha）

平成 15 年	7
20 年	40
25 年	70
28 年	80

表3　耕作水田（経営＋作業受託）の状況

圃場の区画の割合	不整形	—
	〜30a 区画	30%
	〜100a 区画	66%
	100a 超区画	4%
圃場への配水路の割合	開水路	15%
	パイプライン	85%
自宅からの距離の割合	〜1km	20%
	〜3km	67%
	〜5km	13%
	〜10km	—

くく収量，品質も安定しています。

　また，お盆前から稲刈りが始まりますので，「み
つひかり」という多収穫品種は，稲刈りが遅すぎ
て，いつまでも水田にお米が残っていると「ヤマ
ザキライスは何をやっているのだ。あそこに貸す
と，いつまでたっても稲があるぞ」と言われてし
まい，遅くまで水田に残しておけないのが現実で
す。

　わら，籾殻は全量還元，独自の施肥設計も　土
づくりは，籾殻を全量，堆肥と混ぜ合わせ，圃場
に散布しております。また稲刈り後のわらは土の
中で，徹底的に分解させるという考え方です。水
田に水を張りますので，普通は，いつかガスが出
てくるのですが，ガスを湧かせないよう，極力早
いうちに砕土をして，土とわらを触れさせて分解
を始めさせます。4月には，きれいになくなって
いるようにしています。

　全品種おおよそ10俵/10aは取れています。肥
沃かどうかは分からないですけど，傷んでいるこ
とはありません。また，久喜と越谷にアメダス測
定地点があり，その7年間のデータを基に，私の
プログラムで肥料設計もしています。

　埼玉県内のコシヒカリの種子を生産　埼玉県内

の「コシヒカリ」種子の生産もしております。種子生産者になることで，栽培技術が向上すると考えています。種子作りでは，食味よりも，いかに粒を大きくし，いかに稲に根を張らせるかなど，食用とは全然違う観点からの栽培で，とても勉強になっていて，栽培のヒントにもなっております。

育苗は全て数値管理して，効率化を図る　全てがゼロからのスタートでしたので，想定以上の規模拡大により，設備投資を行うのが今でも間に合っていない状況です。常に生産規模の拡大による先行投資型となっています。

育苗ハウスが全部で5棟あり，約50日間で5棟とも3回転しています。ハウスの苗を田植えしハウスが空いた日に，次の苗が並んでいます。種子消毒か種まきかなど緻密なシミュレーション表を作って，育苗ハウスを効率よく使うための工夫をしています。また，育苗は全て数値管理化していて，ハウス内温度や地温は24時間把握，灌水量は生育ステージに合わせて数値化し，その日の天候に合わせて変更・指示しています。働いて1年目

のスタッフであっても，長年農家で育苗されてきた方と同じ苗が作れるようになっています。

育苗作業を減らすため疎植の実施　田植えの特色は，37株/3.3m^2，42株/3.3m^{2}の疎植栽培をしていることです（写真2）。稲の生命力を伸ばす作り方で，あまり甘やかさず，もちろん甘やかすところはたっぷり甘やかしてあげます。自然に対して強くなるにはそれなりのストレスが必要です。近年，埼玉県は夏期に気温が35℃ぐらいまで上がり，夜温が30℃となりますので，37株/3.3m^{2}で植えても十分に分げつして，茎数も取れています。

疎植栽培にした理由は，育苗が手一杯になって，おのずと育苗の使用枚数を減らさなくてはいけなかったのです。そうしている中，稲の生命力と分げつ力がよく分かるようになってまいりました。収量も変わりませんし，育苗箱の枚数が大体10a当たり11~12枚ぐらいの使用に減り，結果として，育苗作業を減らしています。今期からは密播苗疎植という新しい方式で10a当たりの苗箱使用を極端に減らしています。

写真2　疎植による田植え

埼玉県北葛飾郡杉戸町・株式会社ヤマザキライス

鉄コーティング種子

写真3　鉄コーティング種子を用いた湛水直播

省力，低コスト化を図るため湛水直播の導入　移植栽培から直播への作業のシフトもしています。現在，湛水直播を3haで行っています。鉄コーティング直播の導入に当たっては，まず鉄コーティングの仕組みを徹底的に研究して，メーカーに確認しながら除草剤の仕組みや物理性を考えて，発芽させる勘所や雑草を抑える勘所のタイミングを徹底的に打ち合わせています。水田用レーザーレベラーで均平化し，鉄コーティング種子での湛水直播を進めています（写真3）。乾田直播の導入も考えておりますが，確実な方法として湛水直播を進めています。鉄コーティングの「コシヒカリ」の点播まきで，一株に5粒，2.3kg/10aまきという設定です。

　湛水直播は，水の管理がちょっと特殊で，播種後に，水を入れっ放しにできないのです。パイプラインと暗渠により徹底して水位のコントロールをし，播種時に水をため，水温を積算温度から換算した後に水を抜いて，薄く水を走らせて水温をどんどん上げて，一気に発芽させます。例えば60a水田は，レーザーレベラーで均平化されておりますのでパイプラインを開けると約15分で水が奥まで入ります。その繰り返しをして，地温，

水温を上げていくと，直播きもかなり薄くまいても発芽し分げつが確保でき，しっかりと稲が生育します。

　また，除草剤の問題がありますので，発芽させる段階で大変細かい管理が必要になってきます。この段階がロボティクス化されてコントロールできると大変良いと思っています。直播きでの発芽率は，95%以上でして，一部発芽していない場所は，播種機の最高速度で播種した結果，機械特性によって発芽していないところです。

大型最新農業機械をフル活用

　3年償却で常に最新の農業機械に更新　メインとなる農業機械は，基本的に3年で償却します（表4）。コンバインと田植機に関しては，3年更新とし中古農業機械の相場の高い時に売却，新しい機械に買い替えます。トラクターは5年で更新です。通常は，たった3年使っただけでの更新は，無駄と思われるかもしれませんが，弊社が使っている農業機械は各メーカーのフラッグシップモデルのもので，性能もよく耐久性もあります。3年間使用の間はメンテナンス費や修繕費がほぼかからず，中古相場も高い状況です。

　3年で更新というのは，一見，無駄があるよう

表4　主な機械装備

種類	仕様・能力	台数
トラクター	〜100HP	2
	100HP超	1
田植機	8条植え	1
収穫機	自脱コンバイン（6条刈り〜）	1
レベラー	レーザーレベラー	1
	バーチカルハロー	1

に見えますが，法定耐用年数で償却した数字よりも上回る金額で売却できますので，決算書には売却益がほんの少しですが載るようになります。農業機械は3年に一度はフルモデルチェンジをしますので，同じスペックであっても性能は旧型に比べ120％良くなっています。

地盤の良さを活かして大型機械をフル稼働　代掻きに130馬力トラクターという大きな農業機械を使っています。私の地域はとても地盤が良くて，田植機が沈んだり，コンバインやトラクターが沈んでしまったりということがありません。とにかく大きな機械を使って仕事の効率化を図っています。

水稲80haを，6条コンバイン1台，8条田植機1台で行っています。作期分散を図っていて，稲刈りはお盆から10月10日ぐらいまで2ヵ月間あります。6条コンバインで1日3haぐらい稲刈りができ，2ヵ月間の60日のうち晴天率が60％としても，実際に100haぐらいは1台で収穫できるのです。ですから，いろいろな機械をたくさん持つよりは，大は小を兼ねるではないですけれども，大きい機械をとことん動かすことが，一番損益分岐点が高くなると考えていて，2台目を増やす考えはありません。

付加価値向上よりも 生産コスト低減を重視

小規模な農業用倉庫と大ロットフレコン出荷　弊社は80haの規模に対して，ものすごく小さな規模の農業用倉庫で営んでおります。もともと私には大きな設備投資の資金がありませんでしたので，最低限で作れるものを作り，その中でうまくレイアウトして，作業を進めてきました。また，年間14℃に保った定温倉庫があり，30kgの玄米が2,000袋入り衛生的に保管できます。以前は，精米して少しでも付加価値を付けて販売するという考えでしたが，今では逆になり，大きなロットによりフレコンで玄米を納品するという考え方に変わってまいりました。

農薬散布は県の特別栽培米の基準値以下　栽培の特徴として，農薬も必要以外は使用しません。ただ，病害虫により経営に影響が出るようなときは農薬を使うという考え方です。本田の水田用除草剤1回のみで栽培していきます。「あきたこまち」に関してはカメムシの防除を1回入れております。県の特別栽培米の基準値以下で栽培していますが，それがスタンダードと考えていますので特別栽培米としては販売をしておりません。

特別栽培米よりも業務用米を重視　特別栽培米の価値は，経営規模に応じて変わってくると思います。私の場合，80haを特別栽培米にしたからといって，誰も買ってくれないのです。埼玉という地域的な問題もあり，この地域では特別栽培米は評価されにくいのです。需要構造としては，三角形を描いて，上に有機が3％あって，その下にほんの少しの特栽層があり，慣行栽培があって，下に業務用という大きな土台があります。私は，業務用のマーケットが大きいと考えていますので，大きなロットにして，特別栽培米と同じような金額で販売できるのであれば，私は業務用を対象にしたいと考えています。

米の販売戦略

ハートマークのオリジナル紙袋でココロを伝える　弊社オリジナルで玄米の紙袋を作っていて，大きなハートのマークが描いてあります（写

写真4　ロット番号を記載したオリジナル専用紙袋

真4）。「ゴハンガダイスキ，ココロヲコメテ」と書いてあり，なかなか消費者に伝わらない生産者の気持ちを，消費者の皆さんがこの袋を見ることによって，感じてもらえばと思っています。

ロット番号をスタンプしてトレーサビリティを確保　また，8年前から，全ての紙袋・フレコンに，品種，生産者，圃場を識別できる6桁のロット番号をスタンプしています。6桁のロット番号を見れば，パレットに積んであるときから品種が何かなど，すぐに分かります。そして，どの圃場でとれたものかもすぐに分かり，出荷先への対応が迅速にできます。

クレーム等問い合わせがあった時は原因究明がすぐにでき，常に安定した品質で販売できるようになってまいりました。このように，袋から圃場が分かる，栽培履歴が分かるというのは当たり前かもしれませんがとても重要と思います。

また，全品種の残留農薬検査と含有カドミウム検査，セシウムの検査もしております。

ICT機器を利用して
農作業の高度化

ICT機器を活用した高い農作業精度の実現　規模を拡大してきたなかで，だれが担当しても，高い精度のきちんとした農作業ができるよう，農業機械や通信機器を上手く利用したいと努めてきました。

図4に示した肥料をまく機械は，国産準天頂衛星「みちびき」を利用してGPSのみよりも精度の高い，熟練のプロ農家を超えるような高い精度で肥料散布ができます。今まで，肥料をまくことにものすごく神経を使って，ストレスを感じて，秋に稲穂がどう実るかを想定しながらまいていたものです。10a当たり何kgの肥料を，散布幅は幾つでと入力すると，流動計により計算され，散布速度にバラツキがあっても設定量を計算してまいてくれます。

従来の車速連動と違って，「みちびき」を使用していますので，タイヤがどれだけスリップしていても，ブロードキャスターが自分でシャッターを開けたり，閉めたりしてくれます。非常に高い精度で仕事ができるようになりました。機械の使い方が分かれば，生産担当1年目のスタッフでも熟練の方と同じ作業ができています。

情報機器を利用した水田のローコスト管理を目指す　また，ICTを利用して，圃場全てをWi-Fiでつなぐことを準備しています。目指しているのは超ローコストによる水田センシングです。すで

図4　GPSを利用した高精度農作業
熟練作業であったものが，誰でもできるようになった

に，大手メーカーにより，ハイスペックで高価な
ものがつくられておりますが，価格やメンテナン
ス料とかソフト使用料などが高く，導入が困難と
なっています。

農家に本当に必要な情報として，水田がどうい
う状態であるかを知るためには，水田の水位情報
だけで十分です。水を管理することによって，収
量が上がり品質も向上いたします。弊社は，地域
の大規模農家より後発で農業を始めておりますの
で，圃場は集約されておらず300枚ほどの水田が
点在しております。今以上の効率を図るために
は，水田の水位管理をICT，IoTで何とかできる
のではないかと考え開発を進めています。

挑戦する農家を応援する
（一社）アグリドリームニッポン
での活動

「世界農業ドリームプラン・プレゼンテーショ
ン」を一般社団法人アグリドリームニッポンの理
事として3年前から活動しております。この一般
社団法人は，これから農業で挑戦したい方やこれ
から頑張っていこうという人を応援するための組
織です。

また，今後は農家同士の壁を取り払い生産者同
士のアライアンスを組み，生産物を大きなロット
にして，商社とパートナーシップを組んでいこう
という目的で，関東で，生産面積1,000haを目指
して，生産者グループの設立を検討しています。
埼玉，千葉，茨城，群馬，栃木で，上昇志向の生産
者を集めて，生産者から手数料を取らない販売会
社の設立を目標にしています。

今後の展開方向

**臨時の雇用を入れずに定時の労働時間帯を守る
経営** 稲刈り中と田植え時期にも，期間雇用，臨
時雇用がありませんので，4人の従業員で回して
います。稲刈り期間でも，時間になると「はい，
今日はもうおしまい。また明日」と残業はさせま
せん。ただ，稲刈り中，田植え中は，休みが若干
少なくなりますので，農閑期に休みを多めに取る
ことにしています。冬の間も忙しくはないが作業
がなくなることはありません。農産加工が少しあ
りますが，常時雇用の4人は暇ではなく，ほぼ作
業していて，定時に始まって定時に終わっていま
す。

人材育成にICT活用や外部のつながりを活かす
人材の教育は下手と思いますので，今後の課題と
考えています。一生懸命，後ろも振り返らずやっ
てきましたが，人材の育成は正直大変でした。こ
の5年間，技術を教えたり，仕事の効率化や，稲
の重要な部分を教えていくのがとても大変でし
た。今まで少数精鋭だったのですが，今後はもっ
と人を増やして，1人の負担を減らします。同時
に，ICTの活用によって誰でもできる農業を目指
してより一層の数値化と可視化を図ろうとしてい
ます。

一般社団法人アグリドリームニッポンでは，各
地域の農業法人の代表が理事に入っているので，
人を集めるのが上手な人，お金を集めるのが上手
な人，経営が上手な人，何かものづくりが上手な
人がみんな集まると，意外と色々なことができる
と実感しています。ですから，人材育成もこうい
う大きい枠の中で進めていこうと考えています。
農業のチームというのはどういうものなのか。ど

埼玉県北葛飾郡杉戸町・株式会社ヤマザキライス

この会社に行っても働けるような人材育成をしていこうということで，人材の相互間の入れ替えも始めるところです。

水稲以外の作目へは別会社を設立して展開したい　経営規模の拡大と並行し，これからいろいろな畑作物や野菜などを作って，土地の利用効率を高めたいと考えています。以前は農産加工とか，野菜とかもいろいろ手掛けていましたが，一度全部なくしてシンプルな稲作経営にしたことによって色々な経営課題が見えてきたため，イチゴやネギなどを生産する際には別会社を作って生産したいと思います。別会社にする理由は，経営がどうなのかがはっきり見えるように，何が無駄か，無駄でないかがすぐにわかるように，決算書はシンプルにしたいと考えているからです。地域に点在する多彩な担い手のノウハウを結びつけて，自分1人での複合経営ではなく，みんなで複合経営という意味です。

ASEAN諸国でのローコスト大規模遠隔農業の展開をめざす　3年前にフィリピンで，約100haほどの水田で生産テストを始めました。隣の圃場で同じ種子を用いても，フィリピンの農家と比較すると，苗の植え方と肥料と水のコントロールにより収量，品質ともに大きな差が生じ，日本の稲作技術が非常に高いという事を認識しました。そして，日本の技術を基にASEAN諸国での農業展開が可能ではないのかなと考え，水稲にこだわらず，いろいろな作物において日本の農業技術での現地生産により圧倒的な高品質の農産物の生産と販売，加工のためのプラットフォーム作りを進めていきます。

政策への期待

災害時における政府の緊急支援　鬼怒川が決壊した昨秋の記録的大雨のときには，杉戸町でも，町中が水没してしまいました。雨水によって水位が上がり稲穂が水没はしましたが，きれいな雨水による被害でした。この地域は国道16号線の地下に巨大な貯水溝の外郭放水路ができたおかげで，2日で水が引いていきました。自然災害や記録的異常気象による品質劣化が原因の米価の下落に対しては，即時の緊急支援等が必要になると考えております。

生産に対する助成金も生産法人へは銀行のようなスピーディーな決済ができるような農業政策にしていただきたいと思います。

人・農地プラン，農地バンクの展開　弊社で耕作している圃場を地図に落とすと飛び地で，まとまってなく，あっちに行ったりこっちに行ったりと本当に遠く，時間，費用，手間がかかります。ですから，政府が力を入れている人・農地プラン，農地バンクの利用も，まだ集約されるまでには数年かかると考えている一方で，強い期待感を持っています。なかなか私の地域では人・農地プランが動かなかったのですが，農地バンクがうまく動くようになってきましたので，遠い所を誰にしようとか，担い手のトレードが始まっています。地図を広げ大規模農家の自宅の周りにコンパスで半径1kmの円を描いて，とりあえずここを優先にしましょう。それ以外の所を5haずつぐらいのブロックにして，みんなで作って，また，増えてきたら5haのトレードをかけましょうと話しています。

これから農業経営をしていく中，団地化，集約

化がものすごく大きな力になってくると考えます。人・農地プランには「人」という言葉が付いていて，どうしても地域みんなで話し合って農地づくりをしていきたかったので，人・農地プランに心より期待し，これからの稲作経営をかけております。

地域の農地保全を優先した経営規模の拡大

今はどちらかというと，地域の農地を保全しなければいけないということです。借地をする際に，例えば，配水路が，パイプラインか開水路かは借りるかどうかの判断要素になるのですが，地域の農地を守らなければいけないという気持ちもあり，耕作放棄地が出るだけで悲しい思いをするため，断わらず借りています。利益の出しづらい圃場であっても快くお借りしています。担い手がいなかったりするので，その圃場を断ったら耕作放棄地になってしまうので，借り受けざるを得ない農地ということです。そして，借り受けている圃場が，いつかまとまってくれば良いと考えています。

（平成28年3月 研究会）

埼玉県北葛飾郡杉戸町・株式会社ヤマザキライス

新潟県長岡市
神谷生産組合株式会社

丸山信昭

機械利用組合から出発し経営受託主体の農事組合法人を経て株式会社へ
酒米を含む稲の多品種栽培と餅・味噌加工で収益向上
従業員の勤務は8時から17時，週休2日が基本
人材確保と人材育成に尽力

神谷生産組合株式会社代表取締役
丸山信昭

地域の概要

水に恵まれた平野部の水田地帯　私の住んでいる旧三島郡越路町大字神谷地域は，現在新潟県長岡市ですが，平成の大合併のときに11市町村が一緒になりました（図1）。東京23区より広い面積です。

新潟市と長岡市は同じぐらいの面積なのに，人口が新潟市は80万人，われわれのところは28万

図1　長岡市の位置

人しか住んでいませんので，そこで販売を拡大するのは厳しいですが，その分，他県に販売しようという心意気です。神谷地域は農地が約100haくらいで，ほぼ100％に近い面積が水田という地区です。なおかつ新潟市の信濃川の河口から私どもの越路町まで60km近くの間に標高は25mしか上がっていない，ほぼ一面の平野部です。

うちの田んぼから畦一本越えると魚沼コシヒカリの産地で，米の値段が1俵何千円も違います。食味はほとんど変わらないか自分らの方が上だと思っていますが，いかんせん地籍に関してはひっくり返すことができませんので，われわれのところの米は新潟一般米と同じという評価をされています。もう少しこちら側に線引きしていただければ，1俵2万円の取引額になると思うのですが，今は1万2,000円の仮渡し金です。

農業立地としては，長野県から流れてくる信濃川が町の脇を通っていて，信濃川と，その西側を流れる一級河川渋海川のおかげで水量が非常に豊富です。最近は少し地下水位が下がりましたが，以前は標高7mほどの井戸は涸れないような水位

の高いところでした。良質米を産出してきた理由もそこらへんにあると思います。

関東・関西への販売に便利な高速道が整備　長岡市は全国で最初に融雪道路にした所で，市内で800kmぐらい消雪パイプが整備してあり，除雪車が通らないところが結構多くても，積雪はあまりありません。関東や関西へ行くには関越自動車道，北陸自動車道があり，インターチェンジが2ヵ所あります。そういう立地条件なので，これからも販売には有利にいけるのではないかと思っています。

われわれの地域の農協は明治期に新潟県内で2〜3番目にできた信用組合がもとになった農協ですので，大正のころまでは全国から多くの人が視察に来られ，昭和初期には献穀米として皇室に献穀しています。そのときに徳川侍従長が来訪されて確認されたということでした。そういうことを誇りに思っていますが最近勢いがないので，頑張ってそういう時代の勢いに戻していかなければいけないと思っています。

組合の歩みと事業の変遷

機械の共同利用組合から出発　神谷生産組合は今，株式会社になっていますが，最初は，昭和44年に，手押し式の田植機が出始めたころ近所の有志で田植機を共同利用することで始まった組合です（表1）。組合員は当初は5人，その後7人，4人と変動しました。当然，機械は共同ですが，使いたいときは皆一緒の時期になり，なかなかうまく共同利用できませんでした。それから数年して，バインダーなどが出てきたときに，私は，まだ10歳ぐらいでしたが，収穫用の機械も共同利用しようということで機械利用組合になり，昭和53年に機械利用組合から田んぼも共同利用する神谷生産組合（任意組織）に発展したと聞いています。

県内でいち早く農事組合法人に　それからしばらくして，新潟県でも法人組織を立ち上げる運動が始まり，その時流に乗って，昭和61年に県内でもいち早く農事組合法人になりました。昭和63年には新潟県の認定生産組織になり，昨年まではずっと農事組合法人の形でやってきました。しかし，購入原料を加工して販売することは許されないので，株式会社にして，昨年からは米や他のものも購入して販売できる形になりました。

初代の代表小森庄二が，まとまりづらい農家をまとめ上げて組合を立ち上げ，2代目の白井義光は，米価が上がる時流にのって，経営規模を拡大して軌道にのせました。3代目の私は代表になって7年になりますが，交代してから米価が下がり始め，頭の痛いところです。

餅・味噌加工により冬の出稼ぎから解放　生産組織になった段階では，先代，先々代は冬場には出稼ぎに行っていましたので，一年中働けるようにと，冬場の仕事として餅と味噌の加工を始めました。当初は餅を10俵か20俵だけ搗いても売る場所がなく，米屋さんや農協さんに頼み込んで，少しずつ伸ばしていきました。今は年間400〜500俵の米を搗いています（写真1）。一時，年間600俵近くまでいきましたが，このところ米離れ

表1　神谷生産組合の経過

昭和44年 3月	神谷田植組合
48年10月	神谷機械利用組合
53年	神谷生産組合（任意組織）
61年 7月	農事組合法人神谷生産組合設立
63年	新潟県認定生産組織（昭和63年24号）
平成25年 2月	株式会社に組織変更

新潟県長岡市・神谷生産組合株式会社

写真1　餅の加工・販売は年間400〜500俵

が進み，餅の方も当然のように消費が減ってきています。また，農家のライバルが非常に多く増えて，宣伝をしないと売れない時代になってきました。

味噌に関しては，スーパーに置いていない手づくり味噌がいいと言って買っていただく年輩の方たちは増えてきましたが，農家手づくり味噌がどこでも手に入るようになりましたので，餅と同じようにライバルが増えて，これも難儀していると

写真2　会社のメンバー

ころです。

　その他転作を100％消化しようと当初はハクサイなどの野菜を田んぼで作ってみました。麦・大豆は，特段何もしなくても高収益が得られるので，いろいろなところから表彰を受けました。野菜は忌地現象が出て，収量が最初のころの半分くらいに落ちてしまいましたので，野菜は田んぼからは撤退しました。麦の方も補助金がなくなり，これも十数年前に撤退して，今は割り当てられた農地全てで大豆を作っています。

経営の概要

　うちのメンバーは今，出資者6名でうち取締役4名，従業員4名，パート若干名（図2，写真2）で，一番上の年齢の者が今度61歳になります。60歳になるのが1人で，61歳，60歳，52歳，47歳，35歳，34歳，30歳，27歳の構成です。この27歳の下にもう1人近いうちに採用したいと思っています。このメンバーをいずれは経営者に育てたいと思いますが，株式会社になりましたのでこの際，能力がなければ，よそから連れてこようと思っています。私（52歳）は65歳で役員定年と決まっているので，その間に若い後継者をつくって渡せれ

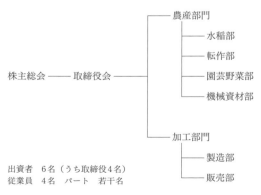

出資者　6名（うち取締役4名）
従業員　4名　パート　若干名

図2　神谷生産組合の組織構成

ばいいかと思っています。

経営受託，借地が基本で，農地購入は考えない　平成25年度の経営内容等は，表2，表3のとおりです。

経営受託契約が71haぐらいあります。水田の保有は今までゼロだったのですが，昨年，神谷から昔の庄屋さんが東京に移られて，「田んぼを引き取ってくれ」と言われて購入させてもらった70a以外は全部借地で，今後も購入することは考えておりません。水田は通常10aが70～80万円，実勢価格が50万円前後で，その金額を米で回収するのは難しいという判断です。10aから年に1万円ずつの利益が出たとしても，払い終わるのに50年かかります。

水田の小作料（地代）は，昨年の秋まで10aで2万9,000円でした。一番高いところで3万1,000円～3万2,000円。われわれもついこの間までそのくらいでしたが，今年の冬前の農政改革で国から頂くお金が減ることが決まりましたので，地主さんにもお願いして，今年は1万8,000円に下げました。他地域から見れば高いのですが，地域の農家にとっては随分安くなったと思っています。

全作業受託3haは，農地保有者の都合で経営受託契約では出せないところです。できれば作業受託をした方がわれわれも利益は出るのですが，そういう形で出してくる方がいなくなり，そっくり任せますという農家ばかりになりました。今後はそういう形で，どこまで頑張れるかというのがこれからの課題です。

水稲苗販売の実施　稲の育苗は3間（1間＝6尺，約1.8m）×25間の育苗ハウスが16棟ありますので，自分達の使う分の倍の苗を作って，他の農家に販売します。最大で育苗箱が2万2,000枚ぐらいまでやっていました。最近は農家が減り

始めて，地元農家以外に，山古志や柏崎など車で20～30分かかるようなところから買いにきていただくようになりました。水稲の苗づくりは1枚約800円で利益が出ますので，今後は自分達の面積の増える分に関しては，直播の方にいかざるを得ないと思っています。

転作面積は全て大豆作　大豆の転作受託面積は14haです。すごく少ないと感じられると思いますが，実を言うと，この他に4ha，砂利取りをしています。それでも約18％の転作割り当てですので，割り当てが少ない地域です。長年の販売努力の結果もあって，越路地区は全域特別栽培米ですので減収率を見ていただいています。あとは直播栽培も減収率を少し見ていただけるので，本来33％以上の割り当てですが，その分ずっと下がって18％まで下がったということです。われわれ

表2　経営概要（平成25年度）

水稲育苗	19,800枚
経営受託	71ha
作業受託	3ha（全作業受託）
転作	14ha（集落全面積）
餅加工	約40t
味噌加工	約7t
その他	育苗ハウス利用の野菜栽培等

表3　主な機械装備

種類	仕様・能力	台数
トラクター	～50HP	4
	～100HP	4
田植機	8条植え～	2
播種機	ロータリシーダ	5
	湛水直播機	1
	畝立て施肥播種機	1
収穫機	普通型コンバイン	2
	自脱コンバイン（5条刈り～）	3

新潟県長岡市・神谷生産組合株式会社

163

農家としては，政府の制度に乗ってきちんとやると，こういうこともできるのだという証明をしているのだと自負しています（写真3）。

餅加工しスーパー成城石井に販売　餅の加工は40tぐらいで，ありがたいことに，20年前に，スーパーの成城石井さんに餅の販売でつながりを持たせていただき納品できているのは，自分たちの企業のイメージがアップできて，非常に助かっています。

その他に味噌加工は7tぐらいで，地域の小中学校に，作り始めたころからずっと毎月一定量納入させていただいています。最近はいろいろなところの道の駅に置かせていただき，あとは地元の味噌ということで近所の農家の方々が直接買いにきてくださいます。量はどんどん増えるようなことはありませんが，コンスタントに販売させてもらっています（写真4）。

今後の経営拡大は米一本で　その他，田んぼでは野菜をやめましたが，育苗ハウスでスプレーギクやトマト，キュウリ等いろいろな野菜を作ってきました。最近また田んぼが増える方向になりましたので，ハウス野菜も今はほとんど撤退して，メロンを少量作っているのと，真冬にアスパラ菜を遊び程度にやっています。1月，2月に収穫できる野菜を今後もやろうと思っていますが，それを拡大することは今のところ考えていません。今後は米一本に絞って拡大していこうと思っています。

稲作の技術的特徴

酒米の契約栽培　越路地域は越後さんとう農協管内で，県内の酒米の産地としての格付けをいただいています。「五百万石」がメインですが，酒造

写真3　大豆の播種作業

写真4　手作り味噌の加工

業組合と毎年契約栽培をしていて，県内の酒米の約25％を越後さんとう農協で受けています。この他に地元の農家はA酒蔵と，「たかね錦」と「千秋楽」を契約栽培しています。今まで「コシヒカリ」並みの価格を保証していただいていたのですが，今逆転して，「五百万石」の価格が高くなり1俵1万5,000円前後です。「千秋楽」と「たかね錦」は，今でも以前の「コシヒカリ」価格での契約です。

A酒蔵向けについては，うちで「千秋楽」が3ha弱，「たかね錦」はその2.5倍ぐらいです。そのぐらいの面積でいいので良い酒を造るための米を作ってくれということです。各集落にある生産組織が受けてやっています。「五百万石」は一定価格

ですが，タンパク質の含有量割合が6.6〜7.3％あたりが一番いいそうで，その範囲外は価格が違います。荷受けした時に測定して，それが高かったり低すぎたりするのは1俵当たりの単価を下げるという契約栽培になっています。

主食用米，酒米，もち米の5品種作付けることで作期を拡大　自分のところで作る餅の米は自分で作ります。それが8ha前後ありますので，「コシヒカリ」の栽培比率が今まで60％以上になったことはありません（表4）。新潟県内では珍しく，ほぼ55％前後の作付け比率です。そのぐらいの割合でやれるので農作業としては作業手順が非常に楽になっています。

「コシヒカリ」一辺倒だと一度に全部やらなければなりませんが，早い酒米から始めて，次にもち米を作付け，もう1回酒米，「コシヒカリ」を作付けて，最後にもう1回酒米を作付けるという，1ヵ月間かけてのバランスの良い作付けをするので，仕事が非常にやりやすいです。そのおかげで，米一本でも今後もやっていけるのではないかという気がしています。

作付けに関しては，そういう感じで非常に有利なことをさせてもらっています。

品質と作業効率のバランスを見極めた施肥設計
酒米にはタンパク質含有量に幅がありますが，よほどの異常気象でないかぎりは，土質に合わせた施肥設計をしていくと，あまり外れないです。大体狙った水準のところの上下0.2〜0.3％あたりで収まります。それはわれわれの土地の特徴かもしれません。

安定していて崩れないというのが一番作業のやりやすさにもつながります。倒したりしたら，スピードも落ちますし，効率も，品質も悪くなります。だから，あまり取れなくても，きちんと立っ

表4　稲の作付け品種（平成25年）

	品種	作付面積（ha）	反収（kg）
移植	コシヒカリ	28	480
	こがねもち	9	480
	五百万石	15	500
	たかね錦	5	500
	千秋楽	3	450
直播	コシヒカリ	3	480

ている稲を作るためには，今の施肥設計がちょうどいいと思っています。

今年（平成26年）は8.5〜9俵ぐらいの収量です。最後まで行ってからの倒伏だったので米質がものすごくきれいでした。なぜ8.5〜9俵だったかというと，実らなかったといいますか青米が多かったのです。ですから最終的には8俵ぐらいに落ち着いたのですが，全部実ったら大豊作だったのです。収量予測は作況指数が102と出ていましたが，うちの方は100ぐらいに落ち着くと思います。

圃場はブロックローテーションで転作しますので，転作明けのところに酒米を作ります。大豆跡では，今のところ無肥料ですが，窒素成分が高くなっても，酒米であれば生育に問題はないと思います。

経営費にも配慮し全ての稲作で特別栽培　うちは全面積で特別栽培（特栽）をやっているので，特栽を特栽と思っていません。販売のときは，うちは特栽表示をしていないです。付けてと言われたときだけ表示しています。特栽を普通の「コシヒカリ」として出しています。特栽で売りたいときは，同じ米に特栽シールを貼って出しますが，価格差はほとんどありません。

特別栽培の収量は，通常ですと8.5〜9俵で

新潟県長岡市・神谷生産組合株式会社

しょうけれど，うちは基本が8俵です。収量については，どちらかと言えば今の技術のままでも作れるので，収量増のためにわざわざ特栽を外してまでやる必要はないと思っています。1俵余計取るというのは魅力的ですが，その1俵のために他の経費が上がったのでは，あまりメリットはありません。肥料農薬の価格が上がっているので，収量を上げるためには撒きたいのですが，それをやるとマイナスになるのではないかと思います。

3haで鉄コーティング湛水直播　直播については私のところは鉄コーティングの湛水直播が3haです。既に十数年やっています。ずっとやって厳しいのは雑草対策です。以前は乾田直播を行ってみたのですが，コンバイン収穫時に稲株ごと抜けて上がってくる状態が続いたので，乾田直播はわれわれの土地では合わないと思っています。これからもっと新しい技術が出れば挑戦してもいいかと思いますが，やはり安定しているのは湛水直播だと思います。カルパーの方が安全ですが，時間に余裕のある2月に種籾を鉄コーティングできるので鉄コーティングで行っています（写真5）。

うちの圃場では，5種類の土壌がありますが，直播は壌土でやっています。砂土ではとても水が

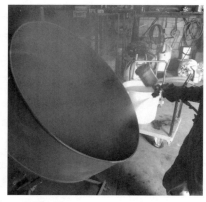

写真5　種籾の鉄コーティングは自分たちで行う

持ちません。重粘土のところがあるのですが，そこも駄目です。

今後は受ける面積が大きくなるので，移植では間に合いません。今，既に移植を1ヵ月やっていますが，関東のように2ヵ月の猶予があるような地域ではないので，5月いっぱいか6月初めまでに田植えを終わらせるためには，直播を増やさざるを得ません。規模拡大すれば，直播栽培面積は，20〜30ha程度まで増やすことを考えます。

直播栽培の発芽率と雑草対策　発芽率は高いが，危険性も大きいので，一度に大面積をして失敗したときに，移植する苗を持っていないと，その年は休まなければいけないことを心配しています。今のところ，ほぼ95％以上の発芽率ですが，一抹の不安があるだけでも怖いと思っています。従業員は，もっと広げようと言っているのですが，田んぼが増えた分で増やしていこうと思っています。

直播圃場の位置は，試験という形で同じところでずっと行っています。うちの田んぼの状況はどこもあまり変わらないので，それがどこに移っても大丈夫なことを確認できれば，広げていけるかと思っています。

直播栽培では，雑草で困っていますが，茎葉処理剤の散布時期が他の作業と重なりうまくいかないのと同時に，除草剤の処理時期が薬剤によって変わるので，それを見極めるのに1〜2年かかっていると，その次の年はまた薬剤が変わるので散布時期というよりも薬剤が切れた後の7月から8月の間にずっと伸びてくる雑草が問題です。特別栽培米では薬剤を何度も散布できないので今まで手作業で除草していたのですが，それでは追い付きません。

面積が増えても特栽でやるために「けん引式除

事例に見る全国16の先進経営

草機」を買いました。田植機8条の後ろを外して，8条の車輪を付けて引きずるものです。昔やっていたゴロと同じです。そうしたら他の効果が出まして，圃場の頭と後ろの回るところは確かに数％つぶすのですが，直線のところの稲は元気が出てきて非常に良い米になるのです。ですから，今後は，それを2台から3台にしようと思っています。直播でも移植でもそれを走らせているのですが，走らせたところの方が稲の出来が良くなっています。ですから昔の人たちがゴロを使って除草したのは間違いではなかったと思っています。

JAカントリーエレベータの利活用　米の乾燥調製と貯蔵は，生産者12社が集まって越路コシヒカリ栽培研究会という任意団体を作っており，農協のカントリーエレベータを利用して，サイロを1本借り受けています。カントリーには搬入するのですが，売り渡しはせず，乾燥調製をして，毎月その時期に必要な量の籾を擦って全量引き上げて，12社で販売する形を取っています。これは当然，今後継続どころか拡大の方向で交渉していくつもりです。

　土地がどんどん増えていくのであれば，サイロ1本は，わが社単独でやりたいという交渉をこれからする予定です。そうでなかったら，乾燥調製設備を自前で建ててカントリーエレベータに入れない方向にいかざるを得ません。でも，それはお互いがマイナスです。どうせ面積は変わらなくて収量は変わらないわけですから，やめた方の分がそこに入ると思ってもらえば，それが2本になろうが3本になろうが何の問題もないので，農協の販売努力が要らなくなるし，その方が健全だと思います。

　では，われわれも今後，受けた分全量をそっくり自前で売っていけるかというと，そうでない状況になるかもしれないので，そのときはJAと仲良く，「この分は出荷します」という割合を決めておくことができると思います。

　魚沼の米との仕分けについては，農協も実は越路地区のところは魚沼用のサイロを持っています。われわれの仲間の生産組織も魚沼地を持っている会社が3～4社ぐらいあります。それはカントリーエレベータに入っているのもあるので，サイロの枠を独自にしてもらえば問題ないです。基本的には，設備等あるものをお互い融通し合ってやるのが経済的には一番いいのではないかと思います。既に，わが地区以外でも，大潟ナショナルカントリー（農事組合法人）などは，ずっと以前からやっていますので，当然，そうなるべきではないかと思います。

機械と管理ソフトで経営効率化

収量コンバインと高精度高速施肥機の開発に協力　大宮にある国立研究開発法人農業・食品産業技術総合研究機構生物系特定産業技術研究支援センター（生研センター）と共同でいろいろな機械の開発に携わらせていただきました。収量コンバインは，最初の開発段階から，わが社と宮城の三本木ファームさんでやらせてもらい，3年目で販売になったときには真っ先に購入しました。うちの自走型の自脱コンバインは3台とも収量コンバインです。もう2台は汎用型で，ほとんど大豆にしか使っていません。当初は稲に使っていたのですが，どうしても廃わらが切れないので，他の農家にやめてくれと言われて，今は大豆にしか使わないのでもったいないと思っています。

　刈取りと同時に重量と水分が測れるコンバインですので，それを見ながら刈取り時期を変えて

新潟県長岡市・神谷生産組合株式会社

います。最初に5mか10m入って，水分が高いと思ったらやめて出てきます。水分が約26％のとき刈入れをするとカントリーエレベータの乾燥調製料が安いのです。30％を超えると刈るなということです。それ以外のメリットはなかなか見えづらいのですが，それだけでも経費節減につながっていると思います。

米の収量は1筆ごとにデータが残るので，翌年の肥料設計の参考にしています。本来は施肥機も開発して連動させようとしていたので，速度が変わっても一定量で撒けるような，ササキのブロードキャスターの開発のときにも一緒にうちのメンバーが携わりました。それも発売になってすぐ購入して，今は平らに肥料が撒けるようになっています。GPSを使ってきちんと撒けるので，運転手の労力は随分減って助かっています。

生産管理ソフトの開発に関わり，将来は生産履歴の公表も　それと生産履歴のソフトも，担当の生研センターと随分長い間一緒にやらせてもらっています。履歴はものすごく細かく出てきます。何月何日に誰がどこの田んぼに何時に行った，機械は何，と全て入っています。あまりにも細か過ぎて，公開ができないというデメリットもあります。ホームページに載せたいと思ったのですが，これは公開できないと言われたので，そこまでする必要があったのかなと思っています。

生産履歴を見せることができると安心感がありますが，それを公開ができないのが難点だと思って，これを他のソフト開発会社と一緒に開発しようとしたのですが，細か過ぎて厳しいと言われました。でも，農協と共有できるソフトになっているので，生産履歴を入れると，農協の営農センターでも見られて，同時にデータが大宮の生研センターに行きますので，早く公開できるように

なってもらいたいと思っています。そうするとペーパーレスも実現され，非常に効率がよくなると思います。

土地基盤について

一層の規模拡大には圃場の大区画化が必要　昭和51年に耕地整理で，ほぼ全水田が1枚30aになりました。中山間地は別として，私どもの会社のある場所はほぼそのサイズで，大型機械を入れやすく，集積するのも楽になりました。私がこの会社に入った22〜23年前は30haぐらいだったのが，10年ぐらい前に50ha，60haになり，今70haですが，今度は増え始めたら止められないのではないかと心配です。

来年の春からの作付けですが，今年の秋はもう栽培をやめるという農家が非常に多くなって，地域に委託の依頼がきているもので13haあります。それは補助金が減ったことに加えて，米価が極端に下がったのが主な原因だと思いますが，これをうちが来年からすぐ一度に受けるのは厳しいので，明日，他の農家と役場，農協で，今後どうするのか相談会を行います。来年にも10ha出るのではないかという話も聞いていますし，このままでいくと耕作できない平場の土地が出てくる危険性もはらんでいます。新潟県内でも，うちの地域はそれが進んできています。

余談ですが，うちの地区の集落はほとんどが単独で立ち上がったものが法人になって農業経営しているので，彼らは，私もそうですが，収益が合わないとなれば受けません。ですから今後われわれがやるとすれば，水田の畦を抜くという形で来年あたりから今30aが1枚のものを2haから3haで1枚にしようと考えています。でも高低差があ

るところがありますので，それがそう簡単にはできません。1枚の田んぼをならすのに50万〜70万円かかると言われていますので，経済的にも非常に悩みになっていて，できれば国に100％補助で，もう一度大きな面積に圃場整備してもらえないかと思っています（表5）。

農地所有者の理解により畦抜き施工　農地集積について，今まで目標は100haと言っていたのですが，今年の秋から150haぐらいを目指そうかと思っています。できれば今のメンバーでやりたいのですが，それはちょっと無理なので，1人か2人入れてやれないかと思っています。

目標150haの中には，大区画の圃場も入っています。うちの集落では一番良い場所が砂利取りされていて毎年移動しているのですが，今まで段差が付いていたところを戻すときに一定の高さにしてもらっていますので，1枚が大体2〜3haの平面になっています。畦は元通り付けてもらえますが，いずれ抜こうかと考えています。

所有者の違う田んぼについても，畦抜きができます。うちは割合と畦を抜いても怒られないのです。なぜかというと既に自分の田んぼがどこにあるのか分からない方が多いので，一言声をかけて

表5　圃場の区画状況など

圃場の区画の割合	不整形	5%
	〜30a 区画	95%
	〜100a 区画	—
	100a 超区画	—
圃場への配水路の割合	開水路	
	パイプライン	99%
自宅からの距離の割合	〜1km	—
	〜3km	100%
	〜5km	—
	〜10km	—

「畦を抜くけれどいいか」と聞くと「どうぞ」と言われるのです。親御さんが元気だったころは絶対許されなかったのですが，代が代わったら，「うちの田んぼ，どこ？」と言われます。30年近く会社で受けているところは，自分の田んぼを見たことがないです。だから可能になってくると思っています。ただ，自前で整地するのは金がかかりすぎるので，砂利取りのときに，やろうと思っています。

3haの大区画もありますが，そこを直播にしようかと思っています。そうすると苗継ぎがなくてすみます。今でも30a1枚だと，種を継がないで何枚も播けます。長辺が大体200mぐらいになると，行って来る分には全然問題ありません。足りなくなったら途中で足せば，どんな大きな田んぼでも直播であれば大丈夫です。

トラクターダンプと手作業による水田の均平化　水田の均平は，大区画圃場だと大型機械でするのですが，トラクターダンプをトラックの後ろに付けて，平らな台に土を載せながら走ります。それを低いところに持っていって上げるというのを手作業で均します。畦を抜いて大きな圃場になれば，それをしなくてもよくなると思いますが，30aぐらいだと小さすぎて，大型機械を入れてももったいないので，今のところはまだ手作業でやっています。

パイプラインに残る中越地震の影響　水田の灌漑施設はパイプラインです。もちろん排水は開水路です。本暗渠が入っていて，排水管が深い排水路なので，平場であるにもかかわらず畦面積が長く雑草にも苦慮していますが，それ以前に，パイプラインの灌漑施設の問題があります。

私どものところは中越地震の震度が6強で，地面がゴルフ場のようになりました。それで激甚災

新潟県長岡市・神谷生産組合株式会社

害法が適用されて，元に戻してもらいましたが，地下のパイプは直していないので，地中がどうなっているか分からないというので非常に心配しています。毎年2～3ヵ所地面から水が噴き出ます。そのつど，土建業者さんにそのパイプを直しに入っていただいていますが，その負担金が年々増えてきています。神谷地区は，ものすごく狭い地域ですが，今年は既に予算の倍以上の修理費がかかっているので，補正予算を2回組んでいます。

　ですから，もし今後圃場整備ができるのなら上の方を開水路にして，最初のポンプは必要ですが，水を高いところから低いところへ流す。そこに生き物が育つような用水計画にできないかと考えています。そういう形であれば，もしもう一度地震があっても自分たちで補修ができます。破裂しないので，道路に穴を開けることもないだろうと思います。地震がなければ，われわれはそんなことは考えなかったのですが，2年余りで中越沖地震が来て，柏崎地区でもわれわれと同じようなところが出て，そこも今心配しているところです。

　開水路は修理しやすく費用面でも有利　中越地震のときは，山古志村は震度6強でうちも震度6強でした。われわれのところから川口町や山古志方面へ行く道路は，マンホールが1mぐらい飛び上がりました。それも，あっという間に直していただきましたが，地震のときには，ああいう形のものが弱いというのは実感しました。

　地中に埋めるのは，地下鉄のような大きなものは別として，小さなサイズのものを地中の1～3mぐらいのところに置いてしまうと直せないことがあります。中越沖も震度6弱あって，そのような状況が2年ほど続けてあったので，地中は駄目だと判断をせざるを得ませんでした。特に新潟は，結構地震が多い場所ですので，そのつど，液状化で田んぼの真ん中でも砂が噴出します。それで時代に逆行するかもしれないですが，地上にあれば自分たちで直せますので開水路の方が良いです。確かに水路がパイプラインであると管理しやすくて楽なのですが，今後のことを考えるとどうかと思います。

　もう1つ，パイプラインだと水を圧送するので，ものすごく圧をかけてポンプを回さなければいけないのですが，その電気料金がものすごく負担になっています。信濃川左岸土地改良区では，昨年より5%ぐらいの電気料アップと覚悟していたのですが，今年は秋，天気が悪くてポンプを回さなくてすみました。来年また暑くなると当然，農家負担が上がります。ポンプも30～40年たって古くなると，改修というよりは交換になり，1施設当たり数億円かかります。それも農家負担になります。100haぐらいしかないところでそんなものを負担していたのでは成り立たないので，開水路にしてくれないかということです。

　農道は舗装しないでほしい　道路（農道）に関しては，アスファルト舗装にしてしまうと，地域の人でない方も含めて，車と散歩の道になってしまいます。機械が上がるたびに泥を落とすと，すぐ掃除しろと苦情が来ます。われわれは夕方にまとめて掃除しようとしているのですが，すぐにしろと言われます。そのつど掃除をしていると農作業の進捗に問題が起きるので，もしアスファルトにするのであれば両側の側道に機械1台分が通れる砂利道を付けていただきたい。その関係で，アスファルトにしてほしくない。やっていただいたところは剥いでいただきたいと思っています。

　草刈りや泥上げには非農家も出役　草刈りに関

しては，農家組合長と地区の区長が，農地・水・環境（多面的機能支払い交付金）の関係で水田の草刈りと泥上げをすることを回覧板で回すと，農家でない方たちも出てきてくださいます。農家でなくても軽い補修の程度までなら出役していただけます。神谷地区では，それがずっと前から続いていて，今のところ崩れていません。他の地区はなくなっていて，隣の集落でも出てくる人はいなくなっています。

農産物の販売状況と販売方法

販売額についてですが，全体の売上げが約1億5,000万円で，そのうちの9,800万円近くが米です。餅は2,600万〜2,800万円。味噌は，ほとんどないに等しいですが200万円弱です。それで経費は，とんとんぐらいです。

育苗は販売金額が700万円ぐらいで，1箱の価格は780円くらいです。米の一般顧客に対する販売額は，5kgで2,469円です。基本的には消費税が5％の当時，1kgが480円計算で袋の大小関係なしです。玄米は一般の方へ30kg袋が1万1,000円ちょっとです。これは今年も下げませんでした。お客さんに米価は下がったのでしょうと言われても「うちは下がっていません」と言って，それで購入されなくなっても仕方がないと判断をしました。他は，餅が1kgで1,188円，味噌が1kgで597円という価格設定です。

価格はこの数年変えていないです。ただ業者価格は大幅に変更されています。

米に関しては，酒米は全部JAを通っていますが，「コシヒカリ」に関しては業者販売が半分以上になるので，相対取引価格が昨年より下がる見込みです（表6）。

表6　平成25年の生産物の出荷先割合（％）

	米	大豆
農協系統	40	95
系統外集荷業者	40	—
自社販売	20	—
自社加工	—	5

従業員の雇用と社員教育

採用時の意思確認を重視し，社会保険・退職金も整備　生産組合のメンバーは，出資者が6人。当初は7人だったのですが，最初からのメンバーが亡くなり，それはその子どもが引き継ぎ6人になりました。2人が65歳を過ぎて退職で，残りの4人が役員で出資者，この他の4人は出資していませんので雇用している従業員です。勤務は8時〜5時，基本的には週休2日です。

私が入ってからは，途中で退職した者は1人もいません。会社になる前は，出たり入ったりはありましたが，法人になった後では1人も辞めた者はいません。同じ集落の人間なので，辞めると村から出なければならなくて，辞めづらいのです。ですから，うちに入ってくるときは，必ず辞められなくなるから来るなと言うのですが，それでも入りたいという気概の人が入ってきます。

うちの会社は地区内の6軒の人間で構成されていて，親子で入っているのは1軒だけです。地区外からの従業員は，うちの神谷と全然関係ない旧長岡市街地から1人来ています。親御さんがJR職員の子どもさんで，10kmぐらい離れたところから通っています。あとは全部神谷の出身ですが，この会社に前からいた2世は2人です。1人は婿さんです。ですから親子の関係で会社をつない

171

でいくということは，今のところ考えていないで
す。新しく入ってきたのも，今までの会社と関係
ない27歳の若いものです。

待遇は，会社にしたおかげで各種の厚生年金や
社会保障，その他労災に入っていて，その他に，
退職者協会の毎月の積立金が30〜40年たてば退
職金代わりになると思います。実績としても白井
前代表が辞めるときは掛け金の期間が短くて少
ない退職金だったのですが，今の若い人たちは数
百万円になると思います。後継者の問題をあまり
考えていないのは，そういうことからです。

新規就農者に農業経験は問わない 農業がやり
たい人はたくさんいるが，飯が食えないのでやら
ないだけの話です。きちんとした体制が取れてい
れば，農業をやります。今回も27歳ぐらいのも
のを入れてくれないかと言って来ていますが，う
ちは，もっと若い22〜23歳の人を入れたいので
断っています。同年代が一緒にいると，いずれこ
こで競争したときに問題が起きます。5歳ぐらい
ずつ離れていると上下関係がきちんとしていくの
で，問題が起きないで，仕事の指令を出すのにも
楽なのです。

雇用する社員の農業経験は問いません。実際に
非農家の若い人は農業大学校を出てきましたが，
うちの会社に入ったときは何もできなくて普通の
職員と全く同じです。だから今大学校を出て来た
人たちも大体似たような形だと思います。ゼロか
らのスタートです。

農業系の大学卒業者は，知識を持っていますが技
術的なものを持ってこないので，かえって変な癖
をつけて持ってこられるのだったら，大学出では
ない方がいいです。講釈だけがよくて実技が伴わ
ないのは，外から見て一番ばかにされます。

社員教育は実経験が重要 若い人たちをトレー

ニングで育てると言いますが，うちは入った年か
らすぐ作業に出ていかせます。1〜2回教えたら，
あとは自分でやらせています。経験を積ませる
しかないので，要点だけを教えて自分であとは勉
強してもらっています。若い人たちは，初めて田
んぼに入って，2年目からは任せるぐらいの気持
ちでやらせています。あまり甘やかしません。甘
えられても，われわれは最後まで面倒見きれませ
ん。先ほど言ったように，定年退職した人以外は
退職した人はいません。私が辞めるまでは，そう
いうものは出ないのではないかと思います。

今後の経営継承と経営戦略

社員の「のれん分け」は難しい 社員について，
のれん分けは，できればいつでもしたいと思って
いるのですが，ご存じのとおり，農地は簡単には
手に入りません。だから遠いところでやりたいと
言っても，地元の人たちが許さないのでできない
のと，われわれと同じ地区内で分かれて出ても，
マイナスの方が大きくて，定年まで一緒にやって
いた方が安定するので，のれん分け自体は起こり
づらいのです。それこそ遠くで土地が空いて作っ
てくれる人がいないかと言われたら手を挙げます
が，今のところは，そういうことは起こりません。

受け入れ能力のある大規模経営に農地は集まる
農地をどうやって守るかに関しては，集落にそれ
ぞれ農業生産法人があるので，そんなに心配は要
らないです。

うちは今，一番遠いところまで直線で3kmで
す。ですから，機械に関しては移動も自走でして
いますので，設備としては目一杯フル稼働させる
だけの台数以外は買わないということで，融通の
し合いはないです。この機械がないと全部賄えな

いという限界の台数でやっています。ですから田植えは8条植えが2台ありますが，70haはほとんど1台でこなしています。必要な台数の最低限しかそろえませんので，機械の融通は無理です。

隣の組織も同じような形で，うちより少し少ないのは大体60haが1社と50haが1社で，40〜30haというのは3〜4社で，それは集落ごとにあります。そういう組織は地元が当然受けるので。隣の集落にはあまり入れなかったのが，今年，地元が受け入れないようなことが出始めています。

30haぐらいの人が，さらに50ha，60haと増やすノウハウができないと，農地を受け入れられませんが，もっと大きくなっている人は，受けることができ，農地が集まるということです。そういう形で農地の流動化が進むと，手を挙げている大規模農家のところに農地が一層集まるようになるので，今回の農地中間管理機構ができたときは，すごく集積するのかと思ったら，途中で腰砕けになっているみたいで稼働していません。

当面の目標は150ha，機械等を装備しさらに規模拡大を目ざす　機械は，われわれのところよりも大面積を持っていらっしゃるところと同じような体制でいきたいと思っています。本来，私たちのところも，もっと人数が必要ですが，人を増やすと1人当たりの給料が下がってしまうので，頑張ってやろうということで，うちには事務員はいません。私ともう1人で事務も作業も全部していますが，ただ限界が来ていて，売上げを上げるのであれば，事務員がいないと今後仕事ができないかと思っていますが，事務員を入れても，あまりもうけにはつながらないのでどうしようかと思案しています。

面積は順次少しずつ増やして150haまでは普通にやれるという計画を立てています。それができ

て200〜300haになってもいいような体制が取れたら，よその生産組織を吸収してしまえばよいのではないかと考えています。しかしそこまでの経営感覚を持っているかと言われると，われわれは商売したことがない人間の集まりですので厳しいかもしれません。

国は輸出戦略・食料自給戦略の一体的取組みを　全国的には米の輸出が徐々に増えてはいますが，海外に向けての販売は，われわれ単独でやるのは無理です。できれば国のバックアップの下，それこそ全農がやるべきだと私は思っています。人口爆発しているようなところへ高価格のものは持っていけないのであれば，そんなに大量でなくても，買ってくれる世界中のお客さんのところへ一元出荷するような体制をなぜ農協は取らないのか不思議に思っています。そうすれば農協も商売になるのではないかと思います。輸出米を作れと言われれば作ります。また持っていくのは簡単です。しかし自分で売ってこいというのは，厳しいと思います。

米の需要が減り，価格が低迷する中で，所得を確保するには，米価が下がるときには規模拡大しかない。詰まるところ，倍仕事して今の収入を確保する形にしかならない。そうではなくて，高価格帯のものだけで販売ができ，今のままで十分商売できるのであれば，拡大する必要はないのですが，そうでない時代になってきました。それから食料に関して，日本政府の戦略がないのではないかと思います。アメリカに負けた当時のことを考えれば，彼らは給食でパンを食べさせて，一般の人たちは普通にパンを食べるようになりました。

それと同じ戦略を他の国に対して日本はなぜやれないのか。日本の米を食べて育つと，日本の米を食べたい人種が増えるはずですが，そこに投資

はされていない。海外輸出が難しいのは，日本の米を食べる人が海外に少ないからだというのが分かっているのに何も手を打っていないからではないか。そこらへんの食料の戦略がないのが，今後の日本をもたせられるのか，独立国としてちゃんとやっていけるのかという心配があります。外国から入ってこなくても，自国である程度の期間，飯が食える状態をつくっておくべきなのに，それをやっていないような気がします。

ですから，国内だけで競争しろと言われても，本心を言うと，どこかがやめてくれないかというところにしか行かなくなります。それを言わなくても，他の農家がやめて自然と荒地が増えてくることもあり得ます。わが地区でさえ受けられない土地が出てきているので，これが全国的に起きたら，ものすごいことになるのではないか。そういう土地をつくらないためにも海外戦略を，個人農家が頑張れと言うのは，ちょっと違う気がします。何とか国全体で考えていただければ，輸出はやれるように思います。

どちらにしても人口が減るのは決まっていることですから，国内の需要が増えるはずがありません。

価格は自分で決められないので，われわれがやるとすればコストを下げるぐらいです。

米の高付加価値化戦略の難しさ　米の付加価値を高めることについては，もちろんうちでもやっていて，うちは5kgで2,469円と言っていますが，同じコシヒカリで2,900円余りのものも持っています。これは処理が違って選別の網が大きいのと，乾燥機は遠赤外線によるゆっくり乾燥で，翌々日に仕上がるような乾燥ラインです。どこの生産組織も，付加価値を付けたお米は，みんな同じお客さまを狙っているので，そう簡単に入り込めません。ただ，今年は，その高い価格でもいいと言うお客さんが増えています。

魚沼の「コシヒカリ」と味は変わらないので，客観的な食味値をもっとアピールして，それで価格差をつける売り方ができないかと思うのですが，食味値というのは非常に難しいところがあります。機械によって全然違う数値が出るのです。東洋もサタケもみんな違うのと，炊飯米で測る食味計と米粒で測る食味計では全然数値が違いますので，一定の数値が出ないことに問題があるのです。それと数値が良い米を炊いて食べて，おいしくないことは結構あります。だから昔から食味メーターよりベロメーターと言われることがあるのと，われわれはみんな一人一人好みの味が違うので，これが最高という米はないのです。

付加価値を高める方法の一つとして，佐渡がトキ米をやっています。今は佐渡と新潟の一部にしかいませんのでやっているのですが高価格にはなっていません。通常の米よりも少し高いけれども，普通と変わらない価格です。そういう形での付加価値は付けにくいと思います。

栽培以上に販路拡大が課題　消費者や実需者ニーズに沿って，多様な品種を作っても，販路をどうやって押さえるかが課題です。農家はそれこそ作るのは得意ですが，売ることができない。農家が駄目なのは，そこです。今まで作ることは一生懸命やってきたので，どんな品種でも作れますが，売ることができないので作っても意味がないと判断してしまうのです。われわれも今のところそうです。どうしても今の品種でいいだろう，売り先があれば作ってもいいという判断をしてしまいます。

それからカントリーエレベータを利用していると，同じ品種で大量にないと受けられないので

す。うちは乾燥機3台を持っていますが，自分で使うもち米とコシヒカリの処理だけで精いっぱいです。他の品種を作るとなると，ものすごく台数を増やさなければ対応できません。

　今の機械は掃除がとても簡単なので，半日あれば品種を変えても対応できます。もち米を先に始めるので，もちが終わるまでうるちはやりません。コンバイン1台がもち専用で，もちが終わるまで他のものはやらないで，もちが終わったら掃除して他の品種に替える。乾燥調製設備も全部そうです。

　うちのもち米は「こがねもち」1種類だけで，他のもちは作らないです。他のもち米が欲しかったら，隣の生産組織に作ってもらったものを譲ってもらいます。その隣の生産組織は酒米を自分のところでやるのが面倒だというので，うちのもちの部分をやって，酒米の「五百万石」の割当てをうちが受けることで交換しました。品種は増やさないで，お互いにやりとりする形ができているので，あまり手がかかりません。地域にそういう組織がたくさんあるのでやれるのです。

（平成26年10月 研究会）

新潟県長岡市・神谷生産組合株式会社

農事組合法人
頼成営農組合代表理事
高畠尚志

富山県砺波市
農事組合法人頼成営農組合

高畠尚志

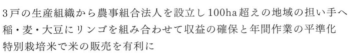

3戸の生産組織から農事組合法人を設立し100ha超えの地域の担い手へ
稲・麦・大豆にリンゴを組み合わせて収益の確保と年間作業の平準化
特別栽培米で米の販売を有利に
機械の台数を揃えて短期間に作業を実施

地域の概要と組合設立の経緯

頼成（らんじょう）営農組合がある般若地区は，砺波市（図1）の東部，砺波平野の中でも山麓に近い，庄川右岸沿いに広がる303haの水田地帯です。頼成集落は，般若地区にある5つの集落の一つで農地面積112ha，農家戸数133戸で，現在の利用権設定率は48.2％の集落です。

昭和62年に国の新農業構造改善事業が入った

図1　砺波市の位置

時に大字般若地区の中にあった5つの集落それぞれに営農組合をつくりなさいということで，できたのが頼成，安川，徳万の3つの生産組織です。これには少しわけがありまして，営農組合をつくると，各地区になかった公民館をつくってもらえるという話があり，村の重鎮の方々がどうしても公民館が欲しいということで，頼成では，田んぼを多く耕作している3軒の農家で作ったのが始まりです。

この3軒の持ち分の圃場が大体7haほどでしたが，村からの勧めだったものですから世話役の方々の田んぼをみんな集めて，29haからのスタートでした。その後，任意組合だと，生産物の出荷を3名の個人の名前で出して，最後にプールで計算することが難しいため，平成元年度に農事組合法人で登記して，生産物を一本で出荷するようになりました。

経営の概要

代表理事含め理事3名が経営担当　一応，集落

で推していただいてできた営農組合ですが，経営者が3人いると思ってもらえればいいです。

私は代表4代目で，親父が初代の代表でした。このとき一緒に始めた2名も引退して，それぞれ2代目に代わっています。

実は始めた当初は，代表理事が2年任期なので，4年ずつで交代だという話で始めたのですが，私は父親と代わって平成3年に入ったときは私より年上の理事が2人いたので，順番に2期ずつして，その次に私に回ってきて，4年たったから交代だというときに，「次の代表が，もう4年やったら60歳を超えるから嫌だ」と言われて，それからずっと引き継ぎ14年になります。

表1　組合の体制

役職	人数	業務分担
代表理事	高畠尚志	業務総括 オペレーター
理事	2名	渉外担当 機械担当 2名ともオペレーターを兼務
従業員	9名	オペレーター 会計事務 補助業務

写真1　組合のメンバー

私が一番年上で57歳ですが，他の理事はまだ38歳です。現在理事が3名と従業員が9名おりますが，平均年齢が36.5歳です（表1，写真1）。大変若い組合だと思っています。後継者は，私が65歳ぐらいで交代していきたいと考えています。

今までうちの息子は入っていなかったのですが，交代の絡みで，今年の春に営農組合に入れました。理事には定年制はないのですが，相談役くらいで残らせていただければいいのかなと考えています。

作目の変遷：稲・大豆で開始しリンゴ，大麦を導入　設立当初は水稲，大豆の栽培だけでしたが平成9年に，経営の安定化，労働力を周年的に活用するため，リンゴを導入し，平成14年からは大麦の栽培も始めました。何か特色を持った米づくりをしていかなければならないと，平成4年から市内の酪農家からいただいた堆厩肥を利用して準有機米（特別栽培米）を始めました。

経営面積は年々順調に伸びてきて，平成25年で111.5haになりました（表2）。今年は米価の下落，経営所得安定対策の「米の直接支払い交付金」（農業者戸別所得補償）の半減で，離農する方が大変増えて，現在，7.5haほど契約が増えています。地域で育てていただいた営農組合ですので，依頼されるものは，なるべく全部受けていくことにしています。

水稲は，「てんたかく」，「コシヒカリ」，「新大正糯」を栽培しています。今年の水稲76haの収穫は10月の頭くらいで全て終了しました。生産調整の大麦が35haですが（写真2），そのうち5haぐらい播く分がまだ残っています。ただ，昨日から北陸の方では大雨が降っていて，なかなか進まない状況です。

大豆は4haありますが，まだなかなか収穫に至

表2　品目別作付面積の推移

年次	水稲 (ha)	転作		リンゴ (ha)	経営面積 (ha)
		大豆 (ha)	大麦 (ha)		
昭和62年	21.0	8.1			29.1
平成 3年	39.0	7.2			46.2
9年	46.2	10.4		0.9	57.5
14年	55.1	25.1	20.3	1.5	81.7
17年	62.3	21.8	18.7	1.5	85.6
18年	69.0	10.0	21.0	1.5	93.7
19年	67.3	13.1	19.8	1.5	94.6
20年	65.8	12.0	25.6	1.5	96.3
21年	72.1	14.5	27.1	1.5	103.3
23年	75.0	10.5	32.0	1.7	105.0
24年	75.7	5.0	30.0	1.7	110.0
25年	76.5	4.3	32.0	1.7	111.5

写真2　大麦の播種

写真3　リンゴの摘果

らない状況です。今年は青立ちの大豆がたくさんあり，どうも肥培管理が悪かったのかなと思っているところです。その他リンゴは1.7haほどあります（写真3）。

水稲の作期に対応して複数の農業機械を使い短期間に作業　機械装備については，過剰投資といえるほど機械をたくさん持っていますが，北陸地方は水稲単作地帯で，作期もさほど長くなく，短期間に全ての仕事をこなしていかなければならないので，トラクターも全部で9台とかなり多く，コンバインも現在6条刈りを4台所有しています（表3）。

　年々，受託面積が増えていくので，目標としては，水稲で100haは今の人数でできるのではないかと考えています。米価が大変下がってきている

表3　機械の装備状況

種類	仕様・能力	台数
トラクター	〜50HP	3
	〜100HP	6
田植機	8条植え〜	3
播種機	ロータリシーダ・ドライブハローシーダ	2
	湛水直播機	1
収穫機	自脱コンバイン（6条刈り）	4

写真4　鉄コーティング種子の湛水直播

ので，何とかコストも下げていきたいと思っていますが，人件費を下げるわけにもいかないので，少しでも機械を長く使ってコストを下げていきたいと思っています。

　機械は，それぞれにオペレータを決めていて，冬の農作業のない時期に，自分の機械は自分で修理することにしています。それとJAから下請けでコンバインの点検整備，修理もさせていただいています。稲・麦・大豆のほかリンゴも少し栽培しているので，冬は大体4人で3月いっぱいくらいの剪定作業があります。

　また，乾燥機の清掃については，昔は，早い「もち」を作って，「うるち」を作って，最後にまた遅い「新大正糯」を作って，2回掃除したことがありますが，えらく大変でした。今は，1回だけなのですが，機械とライン全て掃除しなければならないので2日ぐらいかかり，かなりきついです。

　売上げのメインは米，リンゴと作業受託，助成金によるカバーも　総売上げは，助成金を突っ込んで1億5,000万円くらいです。米の売上げが9,500万円ぐらいで，リンゴが500万円ぐらい。有機ハウスのトマトが150万円くらい。苗はほとんど売っていません。あとは作業受託で年間400万円です。

麦と大豆は出しても金額にならないので，助成金でほとんどカバーしています。麦は20t余り出して200万円ほどで，かなり低いです。大豆にしても量的に取れていないのでほとんど金にはなりません。

栽培技術の特徴

　特別栽培米と加工用米の取組み　稲は特別栽培をしているのですが，収量が少し落ちます。しかし，今のところ特栽米ということで，通常の「コシヒカリ」から見ると高く買っていただいています。

　特栽米は出荷する袋にも，特栽と書いてあります。特栽以外に実は加工用米として酒屋さんと契約栽培を今年から少しずつ始めさせていただいたので，そちらの方で少しいこうと思っています。特栽している品種は「コシヒカリ」と「新大正糯」で，「てんたかく」という早生の品種は特栽にしていないので，それを加工用米にしています。「てんたかく」は高温にも強いと言われていますが，うちは条件の悪いところに「てんたかく」を植えますので，量的にはあまりよくないです。

　稲の規模拡大は湛水直播栽培で対応　稲の直播栽培は，平成26年度は「コシヒカリ」を9.5haほど鉄コーティングで行いました。面積が増えた分を鉄コーティングの直播にシフトしていくという考えでやっています（写真4）。カルパーコーティングの方が安全だと言われますが，鉄コーティングの方が種籾が落ちているか，いないか見えるので，やりやすいと思っています。カルパーコーティングですと土の中に埋めていくものですから，間違いなく落ちているか落ちていないかよくわからないところがあります。

50cm掘ったら，青いグライ層が出てきます。結構圃場の水持ちもいいので除草剤は結構効いていると思います。

生産調整は大麦主体，大豆は減少傾向 麦・大豆の作付体系ですが，大豆は，大麦の後も少しありますが，単作もあります。過去には大麦後は全て裏作で大豆をやっていたのですが，大豆の収量も下がってきましたし，うちの圃場は，結構地面が深くてホイールトラクターで入れない圃場がたくさんあって，そんなところは畑作物を作っても，あまりよく出来ないということです。それから初めは発芽がよくても，後半，大豆が草に負けてしまうこともあって，大豆を減らして今5haくらいしかありません。大麦は35haぐらいあります。すべて般若地区の受託です。全量JA引き取りです（写真5）。

パソコン利用の圃場管理 圃場管理については，独自のソフトを作成してもらって管理しています。従業員の作業日報は全て，仕事が終わった時点でパソコンに入力して日報を作っています。若い子はスマートフォンを持っていますので，インターネットでうちのホームページを開いて圃場の地図を出して，面積と地番を確認して肥料をま

写真5 大麦の収穫

いたり，他の作業をしたりしています。ただ，私はアナログ人間ですからこれに追い付いていけません。

粘土～強粘土土壌のため
田畑輪換よりも加工用米・酒米重視

田畑輪換ですが，うちでは田んぼにしたらタイヤのトラクターでは沈んでしまうような圃場がたくさんあります。そういうところは2年連続して転作するとその次の年から2～3年またトラクターが入れるような圃場になります。それと麦だけで終わった圃場についてはヘアリーベッチやクロタリアをまいて緑肥の代わりにすき込むようなことをしています。でも，1年目は畑にしようとしておこしても，土が細かくならずに大きい塊で乾いたら石のようになって，足で踏んだらけがをするくらい硬くなってしまいます。最低2年間畑にすれば割と細かい土になります。

水田で何を作るかについては，うちでも悩んでいます。何回か畑作物，ダイコンなどを作ってみたのですが，2年ほど作っても，なかなか収支が悪くて断念しました。

飼料用米については，富山県は畜産県ではないので，かなり遠くの県の方と契約しなければなりません。それで，助成金の上限の10万5,000円に該当しても，それを削って保管料と運賃を出さなければならないので，なかなか取り組めないです。少しは養鶏や養豚の方がおられますが絶対量は少ないです。できれば転作作物よりも，加工用米や酒米で伸びていければと思っています。

農地の集積と水管理・畦畔管理

地域から出てくる農地は全部受ける　農地については，地域から出てくるものは全部受けざるを得ない状況です。うちの地区の3つの営農組合は，1つは吸収合併してなくなっており，もう1つも，後継者がいないため，今は中国人を入れてやっていますが，時間の問題です。

出てくる農地のうちどうしても作りづらいところは永年転作にもなりますし，水稲を作付けしない場所もあります。それと，かなり深い圃場がたくさんあるので，今一番困っているのが防除です。うちは今もトラクターでけん引する防除機でやっていますが，5〜6年前からメーカーが作らなくなって，全部乗用管理機に替わってしまい，それで入ると田んぼから上がれなくなるので大変難儀しています。そうかと言って，ラジコンヘリによる農薬散布にもなかなかできないです。

水管理・畦畔の草刈りは組合で実施　水管理については，現在500枚ほどの圃場がありますが，3人の理事で基本的に見ています。従業員は一応8時〜5時までの仕事にしていますので，その時

表4　圃場の区画の状況など

圃場の区画の割合	不整形	—
	〜30a区画	90%
	〜100a区画	10%
	100a超区画	—
圃場への配水路の割合	開水路	—
	パイプライン	100%
自宅からの距離の割合	〜1km	—
	〜3km	—
	〜5km	100%
	〜10km	—

間外は私たち3人で見ています。どうしても遠くて見られないところは地権者の方に見ていただいています。

草刈りについても，受けたところに草だけ刈ってもらっている箇所もあります。ただ中山間に近い箇所は，畦の法面が5mぐらいのところもあるので，うちは人数が多くてもエンドレスの草刈りに一生懸命です。近年，イノシシも出て少し困っています。

土地基盤について

江浚い（農業用水の側溝を清掃する作業）の話ですが，多面的機能支払い交付金事業（農地・水・環境）でやっていて，農家をやめて田んぼを預けている方も皆，毎年参加していただいています。

農道の舗装も多面的機能支払い交付金事業（農地・水・環境）の絡みの向上活動というもので，だんだん砂利道がアスファルトに変わっています。私のところは，まだ苦情は来ませんが，泥の付いた機械を上に上げますので，なるべく早く泥を除去するようにはしています。

基盤整備をして，かなりたつものですから，草刈りだけでは追いつかないので，春先に1回除草剤をやります。そうすると，どうしても畦がこけてしまって，だんだん低くなるのです。トラクターに付ける畦塗り機などですと，石が多くて全然畦が塗れない場所ですので，もし再構築するための補助事業があれば，ありがたいと思っています。圃場の区画の状況は表4のとおりです。

農産物の販売

米についてはほとんど契約出荷　米の販売につ

いては370tほとんどを米屋さんと契約で出荷しています。JA系統は，砺波市でコシヒカリオーナーという制度を作っていて，そこに出している米が18tで全量の5％に当たります。あと1割ほどはネット販売です。販売先の業者は3社で今年JAの仮渡し金が大幅に下がったので，少し価格を下げて販売しています（表5）。

表5　米の出荷先割合（％）

農協系統	5
自社販売	95

　もち米は「新大正糯」で，ほとんどが餅屋さんとの契約栽培です。うちが加工して商売敵になるわけにはいかないので，近所の餅屋さんにお願いしています。

　米の販売方法の工夫　米の販売は，普通の方に売るのが「コシヒカリ」30kgで1万2,000円，田んぼを預からせていただいているうちは7,500円です。餅は30kgで9,500円です。

　ネット販売もやっていますが，これは一般より1,000円増しぐらいで，「コシヒカリ」で30kgが1万3,000円です。今年は1袋で500円下げました。うちの方のJAの仮渡し金が「コシヒカリ」で30kgが1万500円になったことを皆さん知っているので，なかなかきつい面もあります。

　ネット販売の割合は現在1割ほどですが，結構口コミで少しずつ増えていています。今後増やしていきたいと思うのですが，現状で1割出すことによって，精米のところに1人を張り付ける格好ですから，もう少し増えても1人でやっていけると思います。

従業員の雇用と経営継承

　営農組合として昭和62年から始めて，私が入ったのは平成3年で，それから従業員は何人か雇ってはいますが，辞めたのは，北海道から来てどうしても有機農業をやりたいということで6年たってから静岡へ行った子が1人いるだけで，あとは辞めた子はいません。地区内ばかりではなく，隣の南砺市，高岡市からも来ているし，遠くは舞鶴からも1人，富山の大学へ来ていてそのまま就農した子がいます。

　代表は，なるべく若い人に代わりたいと思っています。ただ，若い理事も入って7年目になりますが，父親から，まださせるなとストップがかかっているので，私がまだやっている状況です。

　ただ，あとの2人の理事が同い年なので，代替わりについては，どちらを先にしてもいいと思っています。あとの年齢層はだんだん下がってきて，去年高卒で入った子が一番若いです。

　組織形態は，当面，今の農事組合法人のままで良いと思っています。社会保険，年金などは皆加入していますし，それでいいのではないかと思います。

（平成26年10月　研究会）

岐阜県海津市
有限会社福江営農

後藤昌宏

有限会社福江営農代表取締役
後藤昌宏

地域の担い手として集落単位で農地を引き受け300ha規模の
大規模営農を実現
稲・麦・大豆2年3作輪作体系を実践
心土破砕，プラウ耕での麦わら・稲わら全量すき込みによる土づくり
「岐阜クリーン農業」に取り組み環境配慮

地域の概要

低海抜地帯での営農　岐阜県海津市海津町は，県の最南端に位置し，東は木曽川と長良川，西は揖斐川の三大河川が合流する地域で，通称「高須輪中」と呼ばれる地域にあります（図1）。この地域は海抜−0.6mから3mと大変低く，海抜0m以下の耕地面積が1,800haにも及んでいます。

図1　海津市の位置

海津地域では，恵まれた土地条件や温暖な気象条件を生かして，水稲，小麦，大豆などの土地利用型農業やトマト，キュウリ，イチゴなどの施設園芸が盛んに行われています。以前は当社もキュウリ栽培をしていました。

当社は現在，海津市の土地利用型農業の担い手の1つとして，市の南部の福江地区に事務所を置き（写真1），活動しています。

長良川の砂による「堀田」の埋め立て　海津地域では，昭和30年代ごろまでは，土を盛り上げて作った独特の「堀田」と呼ばれる田で，田舟を利用した米づくりが一般的に行われていました。私が子どものころはまだ，舟に乗って田んぼへ行った記憶があります。

堀田での米づくりは大変重労働で，特に，柄の長い鋤簾で，水路の土をすくって田んぼに上げる作業が大変きつかったと聞いています。今では平成5年に再現した資料館の堀田でそれをやっています。その後，昭和30年代後半から40年代はじめごろまで，サンドポンプで運ばれる長良川の砂で「堀田」を埋め立てて水田が整備され，地域の

写真1　福江営農のある海津地域

農業は大きく変貌しました。

　大規模汎用化水田の整備が進む　その後，時代
の要請で，大型機械による大規模営農の展開や，
米の生産調整に対応した排水条件の良い基盤整備
を行うため，昭和55年度から，「国営長良川用水
事業」や「県営ほ場整備事業等」により1〜2ha区
画の大規模な汎用化水田が再整備されました。

　基盤整備で，第1期の工事をしたところの水路
はコンクリートです。大体それが全面積の4割ぐ
らいで，6割は普通の泥の水路になっています。
その代わり，側溝は柵板でやっています。

　この圃場基盤整備をきっかけに，海津町の各地
域で，営農組合の設立に向けた動きが出てきまし
た。海津町の南部の大江地区は，最も早く圃場整
備が完了し，営農組合についての話し合いが幾度

となく持たれたようです。

経営の概要と発展経過

　地域営農組合から有限会社へ　当社の前身で
ある「福江営農組合」は，このような大規模な農
地で，水田作業の全面受託を行う地域営農組合と
して昭和58年に設立され，農林水産省の「先導的
稲作技術改善特別事業」の認定を受けて，福江の
中無垢里地区で10haの水田営農を開始しました。
当時は私の父が中無垢里地区の農事改良組合長を
していた関係で，「海津興農社」で働いていたオペ
レーターと私の父が中心に活動していました。そ
の当時，10a当たりの地代が，地区内で3俵程度，
地区外で2俵程度と大変高額でした。米はその当

時は1俵約2万円でした。地権者の方々の信頼を得て，集落内外で経営受託や作業受託を増やし，順調に経営規模を拡大してきました。6期目の平成元年には，既に100haを超える農地を管理していました（表1，2）。

地区内外からの受託がかなり増えたので，平成4年には，さらなる規模拡大と，オペレーターの就労条件の安定化を図るため，有限会社にしました。同時に，海津町の認定農業者の認定を受け，さらなる農地集積に対応できる体制の基礎を築きました。

当時は社長，オペレーター5人，補助員2人，事務員1人の体制で，水稲を36ha栽培し，部分作業受託（田打ち，代掻き，田植え，稲刈り）を延べ191haしていました。それと小麦44ha，大豆35haを生産して，1億5,000万円ほどの売上げでした。

当初は麦・大豆，その後水稲も含めて規模拡大し，大型機械化体系を実践　私は会社発足の翌年に入社し，機械作業や乾燥調製作業を担当していました。当時は田植えが4月中旬から6月上旬

まで休みなく続き，稲刈りはお盆から10月下旬まで続くので，農繁期は大変な忙しさで，トラクターなども今のようなキャビン付きではなかったので作業はかなり大変でした。ちなみに現在では残業はありません。田植えは長期間続きますが，稲刈りは品種間の合い間に少し時間の余裕があります。

転作の助成金が一番高かった平成13年〜15年ごろは，転作の希望もかなり多く，小麦175ha，大豆200haもの作付けを行った時期もありました。この当時の水田には，暗渠排水は，小麦，大豆を植え付けた面積の50％しか入っていませんでしたが，当社が作業へ行くところは自社の負担で暗渠を入れました。

こうした経営規模の拡大に応じて，大型機械の導入などを進め，作業の効率化や生産安定に向けた努力を続けてきたことで，現在の当社の姿が形づくられてきたものと考えています。

現在の当社の主要メンバーは，役員4名，正社員13名です。農業機械作業を行うオペレーターは9名で，年齢構成は50代が4人，40代が3人，30代が2人で，発足当初からのメンバーや経験を積んだ中堅どころと若手がそれぞれの役割を果たしてくれています。女性はトラクターなどに乗ることはありませんが，育苗や乾燥調製の仕事，作

表1　圃場の区画の割合（%）

不整形	—
〜30a 区画	20
〜100a 区画	50
100a 超区画	30

表2　経営規模の変遷

品目	昭和60年（2期）	平成元年（6期）	平成5年（法人設立1期目）	平成19年16期	平成24年21期
水稲（ha）	13.0	22.6	35.8	167.0	192.0
小麦（ha）	8.5	38.0	44.1	141.0	122.0
大豆（ha）	0.9	36.0	35.0	155.0	126.0
水稲作業受託（ha）	44.1	149.2	191.7	45.0	30.0
水稲育苗（枚）	2,600	20,000	23,800	50,000	50,000
ソバ（ha）			9.0		
ダイコン（ha）	0.2	2.5	0.6		

岐阜県海津市・有限会社福江営農

業補助，事務などの分野で活躍しています。農繁期には，正社員の他にアルバイトのオペレーターや作業補助者を1～3名雇用し，水管理の人も頼んでいます。

　水稲の管理は地区ごとに担当を決めて，年間の作業は計画的に進め，状況に応じて必要なことは，そのつど調整をしています。

　地域営農の担い手として，条件不利圃場，集落単位の引き受けも　農地集積は，主にJA等の関係機関と連携して進めてきましたが，区画が小さいなど，条件が悪い圃場も積極的に引き受けさせていただくことで，耕作放棄地の発生を未然に防いできました。また，担い手がいない地域の転作を集落単位で引き受け，小麦・大豆の面積を増やしました。ちなみに平成24年に大麦・大豆の面積が減ったのは，一部の地域で小麦・大豆の転作をしていたところで，地域営農組合が立ち上がり，自分のところで作業をするようになったからです。

　海津市海津町の南部を中心に作付けを行っていますが，海津町の北部では集落単位で水稲・小麦・大豆を作付けています（図2）。当社の現在の作付けは19集落にわたっています（表3参照）。

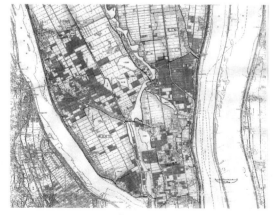

図2　集落単位の作付状況

表3　自宅から耕作水田までの距離の割合（%）

～1km	10
～3km	15
～5km	60
～10km	15

　現在では水田畑作経営対策事業に対応するため，平成18年から，水稲の部分作業受託を行っていた農地も，地権者の方々のご理解を頂いて，利用権設定を進め，集落単位で農地を預けていただける地域も4地区で合計11集落と増えました。こうした地域では，住宅の周りはできるだけ農薬散布を減らして水稲を作付けて，区画の大きい圃場では，水稲・小麦・大豆の作付けのブロックローテーションをしています。作付けは自由度が高まり，作業がやりやすくなっています。地代は，現在10a当たり2万円払っています。

水稲―小麦―大豆の 2年3作輪作体系

　大区画圃場等で作目・品種構成と大型機械により作業分散を徹底　海津地域では，従来の水稲単作の体系から，水稲―小麦―大豆の2年3作体系を早くから確立し，大区画圃場で品種構成と大型機械による作業分散を徹底的に進めて，収量・品質も高い水準を維持して安定した経営を実現しています。

　土地利用型作物の生産では，適期に作業を行うことが大変重要ですので，水稲・小麦・大豆のそれぞれについて品種を組み合わせています（図3）。大豆の品種「つやほまれ」は，今作付けしていません。小麦は，来年度から「さとのそら」を作付けすることになりましたので，約10.5ha分の

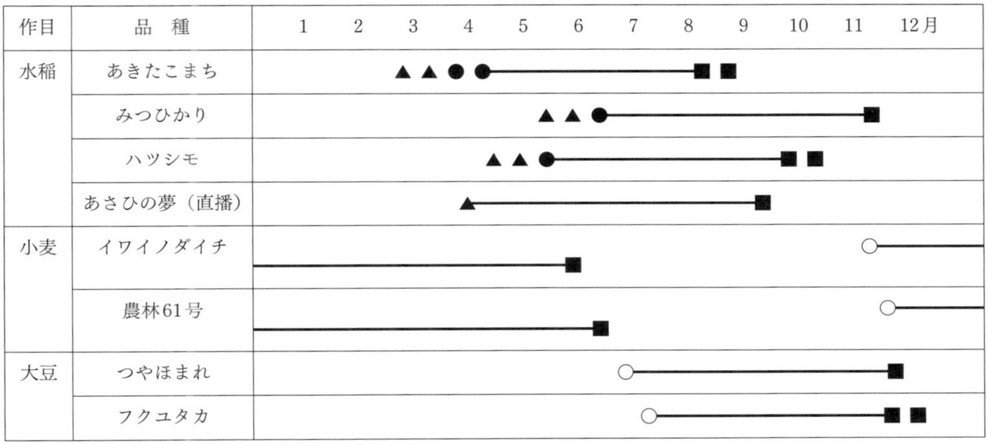

作目	品　種	1	2	3	4	5	6	7	8	9	10	11	12月
水稲	あきたこまち			▲▲●● ―――――――――――					■ ■				
	みつひかり				▲▲● ―――――――――――――――――							■	
	ハツシモ			▲▲● ――――――――――――							■ ■		
	あさひの夢（直播）				●――――――――――――――――				■				
小麦	イワイノダイチ	―――――――――――――――――							■			○――	――
	農林61号	―――――――――――――――――――――						■				○――	――
大豆	つやほまれ							○―――――――――――――――			■		
	フクユタカ							○――――――――――――――――			■	■	

注）▲水稲播種，●水稲移植，○小麦・大豆播種，■水稲・小麦・大豆収穫

図3　年間の主な作付体系

種子と「農林61号」の種子30.5ha分を生産しています。

　3月には水稲の育苗が始まり，4月から5月下旬までは代掻きや田植え，6月上旬から下旬までは小麦の刈取り，その後7月いっぱいは大豆の圃場準備と播種作業，8月中旬から10月下旬までは稲刈り，その後11月上旬から下旬までは小麦の圃場準備と播種作業，11月下旬から12月いっぱいまでは大豆の収穫作業と，途切れることなく作業があります。1～3月はいくらか余裕がありますが，冬起こしや，大豆後は全てレーザーレベラーをかけ整地をしています。それと機械の整備などの仕事がかなりあります。

水稲の栽培体系

多品種の組合わせによる作期分散　水稲の作業体系の概略は図3のとおりです。品種は，「あきたこまち」，「ハツシモ」を中心に，「あさひの夢」，「みつひかり」，「コシヒカリ」，モチ等の組合わせにより作期分散を図っています。これによって育苗から収穫，乾燥調製の機械や労力をより効率よく活用することができます。例えば田植機では，8条植え3台で行い，1台で年間60ha以上の田植えを行います。

高度機械利用による作業の省力化・高精度化
当社では，育苗から乾燥調製までを主に自前の施設で行います。「あきたこまち」などの早生品種が中心になりますので，斑点米等を取り除く色彩選別機等も備え，高品質生産への対応を行っています。機械作業は，大型トラクター，レーザーレベラー，除草剤同時散布の側条施肥田植機，乗用管理機等を活用しています（表4）。省力的でかつ精度の高い作業を行い，安定した収量を得られるように努めています。

　大豆後の圃場の均平化は，プラウで反転した後，レーザーレベラーで行い，荒起こし，代掻きをして，施肥，田植え，除草剤散布を同時に行っています（図4）。冬の1月，2月にレーザーレベラーをかけた圃場が4月に乾田直播をするのに一番良い圃場状態になっています。肥料は田植同時の一発肥料がほとんどです。

表4　主な機械装備

種類	仕様・能力	台数
トラクター	〜50HP	4
	〜100HP	6
	100HP超	7
田植機	8条植え〜	3
播種機	小麦用ドリル播種機	2
	畝立て播種機	2
収穫機	普通型（汎用）コンバイン	4
	自脱コンバイン（5条刈り〜）	3
レベラー	レーザーレベラー	4
	バーチカルハロー	6

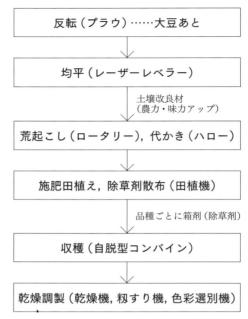

図4　水稲の主な作業体系

収穫は自脱型コンバインで行い，当社の乾燥施設とJAのカントリーエレベータで乾燥調製を行っています。出荷は，JAおよび卸売業者への販売が中心です。「ハツシモ」は，当社の保有米と小売用に販売して，ほとんど業者には販売していません。

環境に配慮した施肥と防除により「ぎふクリーン農業」に生産登録　肥料は，全部の圃場で緩効性肥料を利用して環境保全に努め，穂肥の散布作業を省略し，同時期に行う大豆の播種作業に専念できます。

水稲は海津市の営農協議会で岐阜県の「ぎふクリーン農業」に生産登録し，地域で統一した栽培暦に沿った，化学合成農薬・化学肥料を削減した施肥・防除体系による栽培を行っています。また，ポジティブリスト制度に対応した防除体系を組み，農薬の飛散防止に努めています。

防除は無人ヘリによる共同防除を行い，住宅や他の作物に隣接した圃場では，粒剤を散布します。「あきたこまち」に限っては箱剤のよく効く農薬のデジタルメガフレア箱粒剤を使っています。

作業は記録を踏まえて集落単位に実施し，品種選択にも配慮　大区画の圃場が約450筆あり，1人で40〜50枚ほどを栽培管理しています。

その手順は，圃場ごとの記録を踏まえて集落ごとに作業をしていきます。作業の基準としては，桜前線のように，はじめは，「あきたこまち」をずっと植えて，次に「コシヒカリ」を植えて，その次に「あさひの夢」を植えて，地域ごとの適した圃場に「ハツシモ」を植えています。一部の地域で，いつまでたっても水はけの悪いところは，「みつひかり」を植えています。

灌漑はパイプラインで水が出るのが大体9月30日までですので，「みつひかり」は，ある程度水はけの悪い，地下水も水位が高めのところに作ります。去年の場合ですと，大体7ha枠の圃場で，いつまでたっても水がついている田んぼで，「みつひかり」を作ったら，10a当たり14俵とれました。

値段は，大体2,000俵以上まとめて，「あさひの夢」並に売ります。

「ハツシモ」は，大豆の跡地にぴったりの品種です。大豆後の肥料は大体1割減らすぐらいで作っています。

ちなみに，私どもでは，特別栽培米にできない品種もあります。やはり「コシヒカリ」と「ハツシモ」などしか特別栽培はできません。「あきたこまち」を特別栽培しようと思っても，窒素をだいぶ入れなければできないので，とても無理です。

乾田直播は水稲面積の1割程度 乾田直播は地域のまとまった面積のある圃場で行いますので限られ，水稲面積の10％（20ha）くらいと思っています。

乾田直播を今やっている圃場の土質は，砂壌土ですが，何とか水を保てる圃場ですので，乾田直播栽培ができます。ちなみに，2ha枠のところでもやっていましたが，そこは，奥まで水がたまりませんので，今年から移植栽培に変えました。1haぐらいでしたら大丈夫です。

灌漑期間と非灌漑期間での地下水面の上昇はあまり変わりません。また，漏水するところは，水路側は，畦塗りを行っています。それでも漏水を抑えられない場合は，別の場所を考えます。

播種は，ドリルシーダーで行い，その後，ケンブリッジローターで鎮圧します。愛知式と違い，この方法のほうがスピードが速いのです。

除草剤処理が2回処理で終わればもっと増やしたいのですが，砂地では3回処理しなければいけません。「ハツシモ」を栽培しているある営農組合では，5月に草の生えている中に種をまいて，ラウンドアップをかけて，そのあとのクリンチャーバスは省いて粒剤の除草剤をまいているところもあります。

小麦の栽培体系

心土破砕・明渠等の設置など排水対策を徹底 小麦の品種は，「イワイノダイチ」，「農林61号」，今年から，「さとのそら」の種子を生産しています。

最も重要なのは排水対策で，暗渠を設置しているので，これを生かすためにサブソイラーによる心土破砕，プラウ耕，明渠の設置等を行い，排水を徹底しています。明渠は額縁と縦方向だけに入れて，圃場の利用率を高くしています。また，大豆の収穫のときに，溝が邪魔にならないように工夫しています。横溝を付けると水が出て生育が悪いので，横溝は入れていません。機械作業は大型クローラートラクター，大型パワクロトラクター，大型汎用コンバイン等を利用して効率よく行います。

緩効性肥料を使い高タンパク化のための施肥法を実施 高タンパクな小麦生産をするために，小麦も稲と同じように基肥で緩効性肥料を利用し，分げつ肥をやらないようにしています。ちなみに，2月上旬に小麦の葉色が抜けますので，去年，ハイグリーンに硫安を約40kg/10a散布して，調子が良かったので，今年もまた「農林61号」で試験を行いたいと思っています。また，「イワイノダイチ」，「さとのそら」では，ニートリバントを2回葉面散布します。

土づくりから収穫乾燥調製まで機械利用による一貫作業体系 まず，チョッパーで稲わら処理を行い，サブソイラーで心土を破砕して，暗渠からスムーズに排水されるようにします。続いて，土壌診断に基づき，ブロードキャスターで土壌改良剤の苦土石灰を反当たり80〜100kg入れ，プラ

岐阜県海津市・有限会社福江営農

ウで反転します。そうすることにより，圃場の乾
きが良くなり，雨の後も早く圃場に入ることがで
きます。次にバーチカルハローで整地を行い，溝
掘機で額縁排水溝を掘り，再びブロードキャス
ターで基肥を散布し，播種と同時に，除草剤を散
布しています。除草剤が飛散しにくいようにカ
バーを付け（写真2），ハットノズルを使用してい
ます。播種には，160馬力のクローラトラクター
を使って条間を狭くした20条と19条まきの播種
機を使います。

　穂肥はブロードキャスターで散布し，2回の防
除は当社でやりたいと思いますが，田植えが忙し
いので，JAに委託しています。収穫は大型汎用
コンバインを5台使います。天候さえよければ，
120haぐらいは1週間で刈り取る能力を備えてい
ます。乾燥調製は全量JAのカントリーで行いま
す。

写真2　播種と同時にハットノズルで
除草剤散布（カバー付き）

写真3　大型汎用コンバインに
よる大豆の収穫

大豆の栽培体系

**麦あとの全面積にフクユタカを栽培：排水対策
を徹底，地力維持のため麦わら全量すき込み**　大
豆は小麦後の全面積に，「フクユタカ」を作付け
し，小麦と同様に排水対策を徹底して行っていま
す。また，小麦収穫の後，天候を見ながら短期間
に，プラウによる反転，整地を行います。作業工
程が多くなりますが，地力の維持と，雑草の発生
防止にも効果的なので，麦わらを焼却せずにすき
込んでいます。

　ブロックローテーションは，これまで20年以上
やっている地域がありますが，収量は下がってお
りません。やはりプラウで起こすのがいいと思い
ます。地力を維持するため，小麦わらは全量すき
込み，稲わらも基本的には全部すき込んでいます。

湿害に強い耕うん同時畝立て播種等を実施　播
種と除草剤散布を一工程で行います。梅雨時期
は，湿害に強い「耕うん同時畝立て播種」を行い，
播種時期が遅れた場合は「狭畦密植栽培」を行っ
ています。条間は75cmです。大豆作業には小麦
と同様に播種と同時にハットノズルで除草剤を散
布しています。今年は播種を7月上旬から行いま
したが生育が少し遅れたので，摘心栽培は一部の
地域でしか行いませんでした。摘心作業は葉っぱ
が10枚前後で8枚くらいにカットします。作業
時期は大豆の開花時期までです。

土寄せはバレイショ用の培土機を利用　大豆
の土寄せ作業は，これによって根をしっかり出さ

せ，倒伏を防止し，雑草を抑えます。当社ではバレイショ用の5連のものを使い，草が多いところは能率がちょっと下がるのですが，通常のロータリーカルチに比べて3倍以上能率が上がります。

コンバイン収穫作業は汚粒を防止するため，ゆっくり丁寧に　写真3は「フクユタカ」の収穫の様子です。「フクユタカ」は豆腐用の大変品質の良い品種です。汎用コンバインは刈り幅が2.6mで大変効率よく収穫することができます。汚粒を出さないためにゆっくり丁寧に刈るのが基本です。

機械作業の中で一番技術を要するのは，水稲の代掻き作業，2番目が大豆の収穫作業だと思っています。

ハスモンヨトウのフェロモントラップの利用など環境保全型農業の取組み　平成18年度からは海津市で全面積について「ぎふクリーン農業」に取り組み，有機配合肥料やハスモンヨトウのフェロモントラップを使い，発生予察に基づいた防除を無人ヘリで実施するなど，消費者，実需者にも安心して使っていただける大豆生産に努めています。今年はハウスモンヨトウの発生が少なめでしたので，種子生産を行っている約70haの圃場は2回防除を行いましたが，普通の食用のところは1回の防除で済みました。

今問題になっているのは，帰化アサガオで，帰化アサガオの効率の良い除草剤のノズルの台を自社で作りました。

稲・麦・大豆の作業効率

1ha当たり労働時間を水稲108hr，小麦22hr，大豆28hrに効率化　図5のグラフは，当社の品目ごとの作業時間を表したものです。1ha当たりの

作業時間は，水稲では育苗から乾燥調製，畦畔の草刈りや水管理などを含めて，108時間ほどです。畦畔の草刈りは，主に，道路側は機械で刈り，水路側の草刈りは，集落との話し合いによっては，集落に再委託している場合もあります。水管理は，社員で地区を割り振って行っています。

小麦の乾燥調製はJAのカントリーエレベータで行いますので，収穫，搬入までで1ha当たり22時間です。プラウなども使いますので作業工程は多くなりますが，播種精度も高くなりますので，欠かせないものとなっています。

大豆については収穫，搬入までで1ha当たり26時間です。いずれの品目も，全国の作業時間と比べても，大規模化，機械化によって，大変効率的に作業を行うことができるようになりました。

大型機械装備を充実し社員が整備メンテナンス　保有している主な機械は，トラクターでは190馬力を筆頭に，160馬力のクローラートラクター2台，100馬力以上が4台，100馬力以下が10台で，合計17台を所有しています。

コンバインは，水稲用の自脱型コンバインを3台，小麦・大豆用の汎用コンバインを5台，水稲の側状施肥田植機を3台，レーザーレベラーを4台，無人ヘリを1台使っています。水稲の乾燥

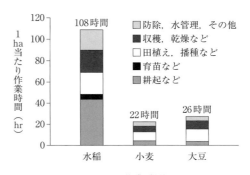

図5　品目ごとの作業時間（1ha当たり）

岐阜県海津市・有限会社福江営農

機は80石（8t）用を9台，色彩選別機は40チャンネルを6台所有しています。それに，籾摺り機は80インチ2台があります。この他に水稲の播種用の機械を今年導入しましたが，1時間当たり1,300枚播種ができます。

大型機械作業を行う上で重要なのが機械の整備です。当社で保有する機械の整備のほとんどは社員が行っています。使用年数に応じて必要な部品交換等をあらかじめ行い，シーズン中に故障しないようにしています。

例えば水稲のコンバインでは，刈取り部分と脱穀部分は毎年ベアリングを交換し，足回りは1年おきに換えています。キャタピラは3年で交換しています。このように整備や点検を徹底することで，6年間使用して，1,200時間程度まで使うことにしています。その他にも，部品を共有するために同一メーカーの同じ機種をそろえるなどの工夫をして，修理費用が通常の半分程度で収まっています。

汎用コンバインについても，1台当たり小麦・大豆で年間60haほど使っていますので，機械の費用もかなり抑えることができます。

収支の状況

水稲・小麦・大豆の3品目プラス助成金で売上げはほぼ一定の範囲に　売上げ収入は，天候による収量の変動や助成金の変動がありますが，水稲・小麦・大豆の3品目があるため，助成金を含めるとほぼ一定の範囲で収まっています。平成15〜24年の状況は図6のとおりですが，平成25〜26年になりますと，水稲の売上げが一気に減ります。平成26年は，24年比で，3割以上下がっています。価格の低下が大きいですが，収量も1割は下がっています

一方，6次産業化の一環として籾殻を利用した「モミガライト」とそれを炭化させた「モミから生まれたモミ炭郎」の製造販売も手がけています。モミ炭郎について販売がある程度伸びています。アウトドアの会社に卸して，そこがいろいろなところに売っていますので，徐々に数量が増えています。

地代，草刈り賃，水利費　私の方の地代は10aで2万円です。集落で草刈りをしてもらった場合は，プラス草刈り代金の6,500円です。個人で草刈る場合は3,500円です。多面的機能支払い交付

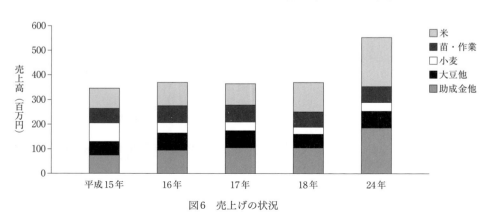

図6　売上げの状況

表5　平成25年の生産物の出荷先割合（％）

農協系統	13.9
系統外集荷業者	64.8
自社販売	21.1
自社加工	0.2

金事業の方は，私たちには関係ありません。

水利費は，10a当たり3,500円ですが，今度上がった場合は，私たちが持たなければならない可能性があります。私たちのところは，高須輪中土地改良区1本ですので，金額は一律です。

積立準備金制度の利用　天候が相手の仕事ですので，当社でも米の不作に見舞われた年には，会社運営に大変苦労したことを教訓として，利益の繰り越しや積立準備金制度を利用し，ある程度の備えをするようにしています。

ちなみに，積立準備金を利用して，平成24年の秋から平成25年の夏までに，社屋と乾燥機，育苗ハウス等を一新しました。

以前は，機械整備はほとんど圧縮償還で，予算に応じて購入していましたが，今はほとんど積立準備金でやっています。それを去年使い過ぎましたので，今年は少し大変です。

米価下落の影響　米価がここまで下がる予定ではなかったので，資金繰りは大変厳しいところもあります。私らでコストを下げているのは，作業効率の向上と光熱費，減価償却費を少し抑えるぐらいです。いもち病の薬などでも，一般農家では発病してから考えればいいですが，当社の場合は予防しているため，生産コストはむしろ上がっているかもしれませんので，自前だけでは難しいということです。

農業体験学習への協力

稲作が大規模化し，子どもたちが家の田んぼを手伝うことはほとんどなくなってしまいましたが，市の歴史民俗資料館に「堀田」が再現されたのをきっかけに，開設当初から，「堀田」での農業体験学習の協力を行っています。毎年田植えと稲刈りの時期に多くの子どもたちが集まり，昔ながらの田舟を使った田植えや稲刈りを体験させています（写真4）。

地元の小学校での田植えや稲刈りの体験の協力も行っています。また，もち米を作っていますので，そのもち米を使って3世代が集まって餅つきをするのが恒例行事となり，毎年，子どもたちの生き生きとした姿が見られるのを楽しみにしています。

今後の経営方向

400haを目標に規模拡大　現在は水田全部が300haで，稲の作付けは200haです。

今後の経営は，土地利用型作物を中心に，地域の方々に頼りにされ，地権者の方々に満足いただけるような圃場管理に努め，引き続き農地の利用集積を進めて400haを目標に，より効率的な経営に努めていきたいと思っています。

今年の米価を見ていると，稲を栽培するのを辞める人がだいぶ増えるのではないかと思います。辞める人からは依頼が来ていて，多分，そこが増えるのではないかと思っています。

受託農地の拡大に当たって土地の競合は，営農組合間は少しありますが，営農組合と法人間はほとんどないです。各営農組合は，自分のテリト

写真4 「堀田」の体験学習

リーがありますので，私たちは営農組合のないところへ入り込んでいきます。自宅からの距離は5km以内になります。

また，安心・安全の確保の取組みとして，種子の温湯消毒は平成21年ころから行っていますが，さらに農薬や化学肥料の削減，畜産農家との耕畜連携を深め，堆肥の利用等も進めていきたいと思っています。

省力化，低コスト化の取組みとしては，平成22年から実施している水稲の乾田直播等に引き続き取り組むことと，さらなる生産コストの削減と品質向上に努めていきたいと思っています。

6次産業化の取組みを強化　6次産業化の取組みは，モミガライトの販売と，それを炭化した「モミ炭郎」を生産しています。また平成25年6月から，おにぎり屋を開店しました。これからも，当

社は経営努力を積み重ね，将来にわたって安定した生産を継続していけるように努めていきたいと思っています。そのためには，消費者の方々のご理解と政策的な支援が今後とも大変重要であると考えています。

（平成26年11月 研究会）

愛知県弥富市
有限会社鍋八農産

八木輝治

有限会社鍋八農産代表取締役
八木輝治

水稲部分作業受託から全面作業受託に発展し4市町にまたがる
大規模経営を展開

エコファーマー認定，特別栽培米に取り組む

餅・米粉加工を導入して経営部門拡大

管理ツール「豊作計画」の導入と作業改善でコスト削減

地域の概要

伊勢湾台風以降すすんだ圃場整備　愛知県弥富市は，名古屋市の西方20km圏内に位置し，西側は木曽川を隔てて三重県に隣接している（図1），海抜0m地帯が大きく広がる平坦なところです。平成18年に弥富町と14町村が合併して，誕生しました。弥富市は干拓で作られた地域が多く，昭和34年の伊勢湾台風の折に甚大な被害をうけま

図1　弥富市の位置

した。伊勢湾台風以降は各地で圃場整備事業が順次行われ，用水路から農業用水が供給されるようになりました。

昭和42年に大干ばつがあり，その後深井戸を掘って水中ポンプで大量の地下水が汲み上げられました。工場による大量の地下水の汲み上げも行われた結果，海抜0m地帯の地盤沈下が進行しました。その後，地下水の汲み上げ規制が行政により施行されました。地元の土地改良区は昭和55年から本格的に用水の維持管理業務を開始して，各農家へは揚水機場からポンプで加圧した木曽川の水がパイプラインを通じて給水栓から潤沢に利用できるようになりました（パイプライン配水割合80％）。

農地面積に比して多い担い手　昭和40年代からは，名古屋市のベッドタウンのように住宅開発が進んでおり，都市部がある一方，北部，南東部には水田地帯が広がっています。耕地面積は1,920haで，そのうち水田面積が89％で，愛知県でも水田面積比率が高い地域です。総農家戸数1,337戸のうち主業農家は12％で兼業化が進んで

表1　圃場の区画の割合（%）

不整形	―
～30a 区画	40
～100a 区画	60
100a 超区画	―

表2　鍋八農産の経営概要

設立年月日	平成 10 年 1 月 5 日	
役員	4 名	
従業員	12 名	
パート	2 名	
経営面積	水稲作業受託	90ha
	水稲全面受託	127ha
	大豆	17ha
	小麦	29ha
	※経営面積は平成 25 年度	
米加工品の例	餅，おはぎ，赤飯，米粉パン等	

表3　鍋八農産の経営理念

- 地域と密着した経営
- 地域の人の評価・信用・反省を重視
- 努力・工夫・勝つ
- 安心・安全の米づくり

いきます。圃場面積ですが主に30a区画が多く，集積させて中畦を取り除いても約1haが最大面積です（表1）。弥富市には法人を含めJAあいち海部の受託部会の会員だけでも17名の担い手がいます。弥富市は農地面積の割に担い手がとても多い地域です。担い手が多いので，弥富市内だけでは経営ができません。他市町村にわたって作業受委託，全面受託を行っています。

平成10年代から転作作物の導入　平成11年から弥富市でも大豆栽培が始まりました。海抜0m地帯ということもあり，転作には不向きと思われ，取組みがされていませんでした。排水対策の徹底を最重視して栽培され，翌年から麦栽培も行われるようになりました。現在では弥富市全体で500haぐらいの麦・大豆が栽培されています。

経営の概要と発展経過

水稲の全面作業受託・直販と転作麦・大豆による大規模経営　以前は水稲作の部分作業受託が中心でしたが，最近は全作業受託が多くなり，また大豆・小麦栽培も行っています。役職員は，役員が父，母，私と妻の4人で，現場の従業員は12名です。パートは母を中心として行っている加工部門に2名です（表2）。

総経営面積は，平成25年度で作業受託面積90ha，全面受託面積127haです。昔は全面受託がほとんどなく，大半が作業受託でしたが，この数年で一気に変化して，全面受託が増えてきました。

全面受託面積のほとんどの米は直接販売しています。水稲以外には大豆17ha，小麦29haを旧弥富町の水田作オペレーターで構成される「弥富地域農業機械銀行受託部会」の部会員として栽培しています。作物の栽培の他に米や米粉を中心とした加工販売も行っています。

地域に密着した経営，安心・安全な米づくりの重視　経営理念（表3）は，先代からの考えで，「地域に密着した経営」ということで，そのまま私が引き継いでいます。それから，「地域の人の評価・信用・反省を重視」ということで，地主さんと会話をして納得のいく作業ができるようにいろいろ評価等を聞き，対応することです。あとは「努力・工夫・勝つ」です。これは，日々同じ状態では駄目で，常に経営が良くなるようなことを提案し

て努力するということです。最後に「安心・安全の米づくり」ということで県の認証のエコファーマーとして取り組んでいます。

父が水稲の作業受託を開始，4市町の認定農業者・法人化しつつ全面作業受託面積を拡大　私の父が昭和37年に現在の所在地である鍋田干拓地に入植しました。昭和45年から作業受託を始め，昭和50年に弥富町機械銀行（現・弥富地域農業機械銀行）が発足しオペレーターとして加入し，約10名のメンバーでJAの仕事をしていました。初めは弥富市で認定農業者の認定を受けましたが，他市町村での作業受託があるため順に愛西市，三重県木曽岬町，名古屋市と認定を申請していきました。平成10年に鍋八農産の屋号で会社を立ち上げ，父が代表で経営が始まりました。平成17年に私が引き継いで代表をしています。昭和45年ごろは作業受託が中心で，今は全面作業（利用権）の方が増えています。

平成10年以降，大豆・麦栽培，餅加工を開始　大豆は平成10年に30aから試作してみましたが，今は二毛作として麦・大豆を作っています。愛知県では小麦から始める方が多いと聞きましたが，JAの指導の下，大豆から栽培し，平成14年から小麦を試験的に栽培しました。100％JAに出荷し，無人ヘリ防除もJAにほとんど委託しています。今は全面での水稲栽培が増えているので，麦・大豆栽培は作業分散にもなっています。平成10年から，母親が餅を作りはじめ，徐々に品目が増え，米粉パンや赤飯も作って売っています。

水稲栽培の特徴

栽培3品種のうち「コシヒカリ」，「あいちのかおり」は特別栽培米に取り組む　水稲は，弥富地域では主に「あきたこまち」，「コシヒカリ」，「あいちのかおり」の3品種を栽培しています。その3品種の中でも，「コシヒカリ」と「あいちのかおり」は，愛知県知事からエコファーマーの認定を受けて平成18年から堆肥や米ぬかの有機物や微生物農薬を活用した特別栽培米に取り組んでいます。地元JAの管内も愛知県の慣行レベルに比べて減農薬で栽培しているので取り組みやすかったと思っています。肥料は自家製堆肥を製造，利用して化学肥料の低減に取り組んでいます。

時代の趨勢に伴い色彩選別機を導入　時代の流れで，JAが色彩選別機を入れ，等級のほとんどが2等から1等になりました。私たちのようにミニライスセンターを所有している農家は高額なため導入をためらいましたが，平成19年から色彩選別機を入れる決意をしました。残念なことに，本来なら色彩選別機を導入したときに色彩選別機の利用料をいただければ良かったのですが，JAが無償で始めたので，私たちもそれに準ずるしかありませんでした。当初は，利用料も頂けなくてどうなるのかと思いましたが，今は個人農家まで導入して当たり前のレベルになったので仕方がないと割り切っています。

V溝直播栽培は海抜0m地帯の圃場条件などにより14ha実施　稲の直播栽培は，愛知県方式の不耕起V溝直播（写真1）を平成10年頃から始め，当初はかなりの農家が直播を取り入れていましたが，年々減少しました。現在は弥富市内では私が14ha（平成23年）と，あと2軒しかやっていません。

私どもの直播面積の割合は1割ほどに留っています。これは，大体の圃場が30a区画で，どんなに頑張っても，集積してまとまるのが1haぐらいです。そうすると，海抜0m地帯ですので，田植

写真1　稲のV溝直播の様子

は砂土や砂壌土もあるし，土壌の種類によって，どれぐらい入れていいかという指針がほしかったのですが，愛知県はV溝直播栽培の研究はもうされないようでした。播種量についても，正直なところ，種代もばかにならないので，うちは10a当たり4kgでまいているのですが，それでしっかり取れているのです。でも県の指針では，鳥害などがあるので8kgということですが，もう少し詰めてもらえれば，農薬の手間もありますし，もう少し直播も発展していく可能性が出てくると思います。

小麦栽培の特徴

収穫適期に配慮し品種は2本立て　小麦については，「イワイノダイチ」と「きぬあかり」を栽培しています。もともと「農林61号」と「イワイノダイチ」でしたが，今は愛知県が強く推している，「きぬあかり」を昨年から栽培しています。「きぬあかり」は，少なくても10a当たり9俵余り収穫できる品種で，愛知県を挙げて製粉業者にも推していただいています。目標は愛知県をこの品種1本にしたいということになっていますが，私たちは，麦は全量JAの共乾施設を使って乾燥していますので，品種が1本化してしまうと，どうしても収穫適期を逃してしまい，平均単収が激減してしまうおそれがあるので，JAさんに1本化は再検討してほしいとお願いしていて，私たち弥富市の管内では，当面，「イワイノダイチ」と「きぬあかり」の2本立てで進めていきたいと思っています。

海抜0m地帯のため深めの明渠　海抜0mの地域ですので，下手すれば道路の下を潜って水が入ってくるような田んぼも多くあるので，深めの

え時期に水が入ってきてしまいますので，やれる場所が限られてしまいます。また，昔と違って，今は麦・大豆が始まって，ブロックローテーションをしている地区もあるので，なかなかいい場所を選べないためです。

　それに，委託農家が広く分散しているので，思ったほどにはエリアを増やせないです。

V溝直播のリン酸・カリ施肥量，播種量が課題　技術的な問題もいろいろあります。肥料の話ですが，V溝直播栽培のときに，肥料は愛知県の推奨していた専用肥料40-0-0を使っていたのですが，固定した良い圃場が決まっていたので，そこばかりで作っていたら，リン酸欠乏や，カリ欠乏を起こしてしまいました。水で補えるという話もありましたが，そんな簡単なものではありません。

　現在は，愛知県の基準が変わり，土壌診断してきちんとPK（リン酸，カリ）を補うようになっています。しかし，たとえ補うにしても，うちの方

事例に見る全国16の先進経営

明渠等を設置して，小麦の生育に適した圃場づくりをしています。また，肥効調節型肥料を基肥に使用するなどして品質向上に日々努力しているのが現状です。

大豆栽培の特徴

フクユタカを耕うん同時畝立て播種　大豆の品種は，「フクユタカ」を栽培しています。最初のころは，排水対策を確実に行い，平播をしていました。ただ，国から300Aという技術が出てきて，アップカットロータリーなどの小畝を立てられる機械が発売され，当管内の方々も，何台も播種機を持っていて，どれが良いかを模索している状態ですが，今は耕うん同時畝立て播種を行っています。表4に主な機械装備を示します。

転作圃場の固定とブロックローテーションの検討　弥富地域は，地主さんの要求が圧倒的に強く，転作圃場を指定されるので，十何年来固定でやっている圃場もあります。半分以上が固定で，連作をしています。

ですから少しでも手を抜いてしまうと収量が下がります。当地域では大豆が倒伏しやすいので，摘心，中耕なども手を抜くことができません。土壌中に雑菌が繁殖して根腐病などが起きて，私たちの努力だけでは良い収量が望めない状態の圃場もでてきたので，JAや行政とも相談しながら，また農地中間管理機構も利用しながら，何とかしてブロックローテーションですべて行えるように検討している状態です。

その他，燃料の高騰などありますので，なるべく低コストになるように，燃料をあまり使わないプラウ耕やバーチカルハローやレーザーレベラーなどを使ってコスト低減につなげています。

米の販売と加工の取組み

米は自社精米し，直接販売　米は自社で精米し直接販売していますが（表5），自分で値段をきっちりと決められないところがあり，世間相場があるので，平成27年の米価は去年に比べて1割ぐらいは下げています。

平成24年産に比べるとものすごく下がりました。米価が下がったのも痛いのですが，今年は収量の低下が一番の痛手です。

また，販売先のスーパーは1社で，その店舗20何ヵ所全部に卸していますし，飲食店にも卸しています。

表4　主な機械装備

種類	仕様・能力	台数
トラクター	〜50HP	2
	〜100HP	11
	100HP超	1
田植機	8条植え〜	3
播種機	ロータリーシーダ・ドライブハローシーダ	2
	V溝直播機	1
	畝立て施肥播種機	1
収穫機	自脱コンバイン（5条刈り〜）	5
	大豆専用コンバイン	2
レベラー	レーザーレベラー	1
	バーチカルハロー	1

表5　平成25年の生産物の出荷先割合（%）

	米	麦	大豆
農協系統	7	100	100
自社販売	93	—	—
自社加工	—	—	—

愛知県弥富市・有限会社鍋八農産

写真2　加工施設での作業の様子

写真3　「やぎさんちの台所」の加工品の数々

加工部門は餅加工から始め，割れ米を利用した米粉製品にも拡充　加工部門のはじめは平成10年に母が趣味で餅を作ったのがきっかけです。そのころは，うちの近所では誰も餅を作っていませんでした。農家が作った餅だということで，かなり繁盛しました。しかし，母1人では，どうしても労力が足りないので，今はパートさんを含め3名とうちの嫁と4名で作っている状況です。

収入は安定しています。現在も餅を中心としてやっていますが，平成20年に精米施設の増設に併せて加工施設を増設し，多くの商品が出せるようになりました（写真2）。今でこそ米粉は家庭でもできるようになりましたが，当時は米粉を個人でひく機械が売っていなくて委託していました。しかし，本当に自分の米の米粉なのかという不安がありましたので思い切って平成18年に製粉機

を買いました。

米を自社で精米した時に出た割れ米を製粉しています。また色彩選別機も玄米用色彩選別機は当然通していますが，また更に白米の色彩選別機を通しているのでそこで出た米も製粉しています。ですから，ほとんど精米ロスなく，米粉は米粉のままでも販売します。米粉パンや粉を使ったピザなども作って，保育園などのおやつや給食に使っていただいています。また地元JAの産直の場所やお米を卸しているスーパーの店頭にも若干置かせてもらっています。今後，流行に左右されずに安定して売れるように，新しい販路の開拓に向けて努力しています。

母が始めたので，「やぎさんちの台所」という名前を用いて，産直や直売で売っています（写真3）。

栽培方法の改善と 経営面積拡大の取組み

複数市町からの受託により機械の有効利用と作業期間の拡大　私たちの地区は作業受託を中心で始めた地区なので，機械の有効利用で年間作業受託で経営していこうと思うと，弥富市だけでなくて，他市町にわたるしかありません。田植えは4月上旬から6月中旬ぐらいまで行い，稲刈りは8月上旬から11月上旬まで行っています。その工程に重ねて麦・大豆を組み込んでいる状況です。

堆肥の生産と2～3年に1回投入による地力増強　地形上北の地域に行くほど土壌は良いのですが，田んぼは小さくなります。また，私たちの地域の田んぼは，大きい方ですが，砂地でとても苦労します。会社がある弥富市は，最南端は砂壌土・砂土なので，肥料の吸着率が悪く，すぐに肥料が抜けてしまいます。そのため，まずは田んぼ

の地力を上げるため，堆肥等の有機質資材を多く投入し地力を高めて収量を上げていくことが必要です。

昨年から育苗ハウスを活用して，堆肥を作っています。買っているものもありますので，買っているものプラス作った堆肥を田んぼに還元して，増収を目指せないかと思っています。堆肥は，連作している麦・大豆にも入れています。うちの田んぼ全部にはできないですが，2年に1回か3年に1回は入れるようにしています。

やる気にもつながるので，米の単収を最低1割ほど増収させたいと思っていますが，結果はまだはっきりは出ていません。

土壌診断や食味分析による施肥改善　水田の地力を測る取組みもしており，今年も愛知県と共同して200筆ぐらいの地力のデータを取りました。今から20年ぐらい前の土壌条件の分布図があったのですが，少し古いということで，よりリアルなものを作ろうと思って，実は11月に出したばかりです。当然肥料のデータもありますので，土壌によって肥料の量を変えます。それは土壌診断をした結果でやっています。

収量を上げると品質がどうかという話もありますので，毎年同じ肥料ではなくて，いろいろな肥料を使っています。別にJAに縛られることがないので，価格の安い肥料はどんな感じか，高い肥料はどんな感じか，真ん中はどんな感じかいろいろ試して，収穫した米全てを肥料別に分けて食味計にかけて食味値を調査しています。

特別栽培米の生産量の拡大　特別栽培米は有機肥料等を使用するので収量が落ち気味ですが，栽培技術を高めながら総面積100％を目指していきたいと思っています。近年は国からの補助金があり，どのようにうまく利用するか会社の中で相談

しています。今は土づくりに活かしていこうということで，まず田んぼの土づくりに取り組んでいます。また，社員個別で栽培方法を考え，それぞれの圃場を持ち費用や収量等を調査して，一番収量が多く出来て，どの栽培方法が低コストかということをスタッフ12名でプロジェクトとして取り組んでいます。しかし，なかなか簡単に良い結果はでません。

残念なことに，私たち弥富市の「コシヒカリ」の平均単収は8.5俵ぐらいあるのですが，今年は日照不足等もあり6俵，まあまあでも7俵でした。ですから収量が少なくて，さらに米価が下がったということで，かなりの打撃を受けています。今後は，いろいろなデータを用いて，良い栽培方法を見いだしていこうと検討しています。なお特別栽培米としては売っていませんが，聞かれたときには，特別栽培でやっていると言います。

受託農地の拡大と分散圃場解消の取組み　農地を貸してくれる依頼は今年も来ていて，年々増えているのは事実です。ただ，仕事ばかりもらっても，米価が下がって，もうかるかというと，そこは難しいので受託するかどうか考えています。量より質です。

私が契約している農地は，全部で2,000筆ありますが，一番遠いところは30kmぐらいあります（表6）。数珠つなぎでつながっているところもあるのですが，ただ，大きくても1haぐらいしかありません。うちの中心のエリアには16軒も農家

表6　自宅から耕作水田までの距離の割合（％）

～ 1km	0.5
～ 3km	25
～ 5km	25
～ 10km	15
10km 超	34.5

があるので，今はやっとこの時期にきてまとめなくてはいけないということを，おのおのが認識しています。今までは農地面積を広く持っていればいいという感覚の方ばかりですので，今でも取り合いになっているのですが，徐々にそれがなくなってきて，とりあえず契約はするけれど，農地の作業の貸し借りの場所を交換しようというようなことがやっと進んではきました。

平坦な濃尾平野の農地の分散によるコストとしては，機械や資材などをトラックに積んで，トラックで移動するのが当たり前の世界なので，余分な経費がかかっています。ただ，まとまった地区もあるので，トラックで20分走ったところでも，田んぼは1枚が小さいですが，そこでまとまっていたりします。

作業受託料金，水利費などの扱い

作業受託料金は横ばい，地代は当年度のJA米仮渡金相当額に変更　作業受託料金は，燃料も高騰するし，いろいろな意味で物価も上がっているので，本来は上げたいのですが，農家が強いので，今は平成10年から横ばいになっています。賃借料は毎年変動していて，今年までは，一昨年のJAの仮渡し金額相当になっています。来年度からは当年のJAの仮渡し金額が地代となります。いまだに10aで米1俵です。

草刈り・水利費は会社負担，課題は土地改良区と相談　また，多面的機能支払い交付金事業は，私どもも地元住民としてのメンバーであって，会社自体はメンバーではないので，景観の保全も，排水のどぶさらいも，地元住民としてやっていて，会社がお金をもらえることはありません。

一方，受託した水田の農道の草刈りは，会社で行っています。今問題になっているのは，水利費をどうしようかということで，水利費は本来地主に持っていただきたいのですが，なかなかそうなりません。うちは市町村をまたいで田んぼを耕作しており，0円の集落もありますし，3,000円もあります，1万円のところもあります。それは土地改良区によって値段が違うので，統一することはできません。とりあえず，その問題を土地改良区とも相談しています。

企業と連携した生産・経営改善の新しい取組み

私達の一番新しい取組みは，トヨタ自動車と連携して行っているIT管理ツール「豊作計画」の活用と米の生産管理，経営管理の改善活動です。

管理ツール「豊作計画」の開発・導入の経過　トヨタとの連携のきっかけは，中部経済同友会の方から，愛知県の稲作経営者会議の当時の会長に話がきました。水田農業経営者の地域の代表とトヨタと話合いが持たれ，たまたま，自分も呼ばれて，農業経営の問題点を話したのが管理ツール「豊作計画」の開発のきっかけです。

平成23年から開発を始めています。従業員が，毎日日報を記入しているのですが，仕事で疲れた後に書くのが面倒だということで，ここを簡素化してほしいということを，まずトヨタにお願いしました。研究費はトヨタさんが持っているのですが，使用料は当社が払っています。その値段は，1法人が月1万円で年間12万円と従業員1人当たり月5,000円です。最初高いのではないかと言ったのですが，私の計算ですと，残業で30分煩わしい日報を書いて，誤ったデータを提出してもらって残業代を払うより，月5,000円ならとんでもな

く安いものです。今は，パソコンに全てデータが入っているので，従業員はタイムカードを打って，そのまま帰っていきます。

平成23年はトヨタに1年張り付いていただいて会社の作業全体のビデオ撮りをして分析していただきました。何か利用できるツールがないかいろいろ調べましたが，水田に関するものはなくて，独自に作るしかないということになりました。効率的な管理ができるような管理ツール「豊作計画」の開発に着手して，平成24年に導入しました。入力にはスマートフォンを使い，25年から本格的に稼働することになりました。

26年からは農林水産省の「経済界と農業界の連携による先端モデル農業確立事業」に採択されて，トヨタ，米の農業生産法人8社と石川県の共同で進めています。

「豊作計画」で圃場管理作業が効率化　現在，「豊作計画」という管理ツールは，ITクラウドを利用して，データをスマートフォンから簡単に入力できるようになりました。

計画のある作業は画面を見て毎朝打ち合わせをして，誰がどこの圃場を行うのかを決めます。今までは紙ベースで，どこの圃場を行うかを指示していましたが，それでは複数の人で同じ作業を行うと紙の図面では誰がどこまで作業が終了しているのかわかりませんでした。そのため作業を忘れる圃場もありました。ツールでは朝指示した圃場位置は各作業員のスマートフォンに転送されます。

またどこまで作業が終了しているか各自スマートフォンで確認できるため忘れもなくなりました。

ライスセンターの乾燥作業を看板ボードで見える化し，作業を円滑化　稲刈りの例ですが，ライスセンター入口付近に看板ボードを作成して設置し，乾燥機の張り込み状況や空き情報をわかりやすくしました。

朝の打合わせ時にツールを使って刈取りを行う圃場を地主と決めます。次に地主別に乾燥機の割振りを行います。そして，その圃場で刈取りを行う作業者を決定します。看板ボードではその情報を記入して見えるようにします。刈取りを行う作業者は割り振られた画面上の圃場のピンを作業開始前にタップします。すると情報として「集落」「地主名」「面積」「割振られた乾燥機番号」が表示されます。乾燥機番号が表示されるので，刈り取った籾が入った袋に「集落」「品種」「名前」「乾燥機番号」を袋用の看板（大型の荷札）に記入して取り付けます。その籾を実際に乾燥機に投入する時は，取り付けてある看板の情報を基に決められた乾燥機に投入します。

今まではライスセンターにいる作業者が乾燥機の割振りを考えていました。一度に多くの籾が搬入されると名前の確認や投入する乾燥機がどこなのか混乱していましたが，袋に取り付けてある看板を見るだけで乾燥機番号がわかるのでスムーズに作業が進むようになりました。

また，現場から作業者がライスセンターに戻ってきた時は入口付近に設置してある看板ボードを見て投入の確認ができるので，籾入れ作業の協力がスムーズにできるようになりました。計画の全体が看板等でわかりやすくなったことで，誰もが作業内容を把握できるようになり，作業内容を確認する時間の無駄が削減できました。ツールのデジタル化ばかりではなく，わかりやすい看板等のアナログも大事だということに気づきました。

農地・労務管理の精度が向上　IT管理ツール「豊作計画」の導入により農地管理や労務管理の

精度が向上しました。作業契約している圃場は全てツールで管理しています。GPSで現在位置が地図上でわかるので，現場での圃場間違いがなくなりました。作業の着工順も示すことができます。土地勘もなく経験が少ない作業者には特に有効で，無駄なく作業を進めることができる効率のよい順番を知らせることができます。

労務管理は作業する圃場で「開始」「終了」をタップすることで作業時間がわかります。同じ作業で作業時間を作業者別で比較すると，時間の差がわかります。その時間を平均して平準化しました。平準化した時間を基準として作業を行い，個別の差を無くして取り組んだ結果，作業進捗による問題が減りました。

スマホの入力を簡単にしデータ入力を徹底　「豊作計画」のシステムを使った活動で大変なことは，スマホで入力ということは思ってもいなかったので，現場に行って入力することを忘れることがありました。しかし，入力が大事だということを徹底して，飛び込みの仕事などは，その他の項目を用いてメモ欄に書いてもらいます。とにかく一番高齢の55歳から一番下の23歳までの12名が，簡単に入力できるようにして，今は100％入力しています。

現場の改善活動で無駄を削減　管理ツールの開発とともに，いろいろな助言をいただき，トヨタ流の現場の改善も進めてきました。さまざまな道具や機械，資材がバラバラな場所に置いてありましたので，探す時間の無駄をなくすために，要らないものは破棄して，要るものは決まった場所に置くように教えていただきました。

例えば草刈り機ですが，過剰投資になりますが，1人1台準備しています。故障時はすぐに直して，常に正常な状態で保管し整頓しました。そ

の結果，朝の打合わせ後にはスムーズに仕事に取りかかれるようになりました。

噴霧器等の機械も同じで，適当にまとめて置くのではなく，置き場をしっかり決めて整頓しました。草刈り機と同様で常に正常な状態を保つようにしています。

空パレットも今までは整理整頓ができずに無駄に場所を使っていました。アスファルトに区画線を引いて看板をつけました。すると指示することなく自然に区画線内に空パレットを収めるようになり，空き場所が多く確保されました。

また，従業員は，先代から種まきは，箱を並べて，土を入れて，水を打って，種をまいて，そのできたものを棚に載せる作業をしているのです。今でも機械をメーカーさんから買うと，種を入れる人の高さに合わせていて低いのです。トヨタの担当者が来て，何で一番腰が大変なところが低いのですかと指摘され，プラント全体の高さを，うち独自に30cm上げました。そうすると種を入れる人は若干大変なのですが，育苗箱を積む人の腰の負担がとても楽になりました。圧倒的に育苗箱を積む人間の方が大変なので，そこが大事だと思いました。私たちが当たり前だと見過ごしていることに気付きました。

こうしたさまざまな「改善」によって無駄が削減されていきましたが，まだまだ多くの改善箇所があるので常に続けていける体制を作って「現場改善」に取り組んでいきます。こういった改善活動で無駄等が省けることにより経営全体の低コストにも繋がっていくと考えています。

小集団活動により自分たちの力で改善　小集団活動も始めました。1グループ4人の3グループの小集団を作り，週1回，1時間という時間を決めてそれぞれのグループごとに社内の改善テーマ

を検討して書類にまとめ，実践するようにしました。

改善テーマの検討はグループ内全員が意見を出し合い，いろいろ話し合いながら考えて書類を作成していきます。1グループが4人という少数なので個人の意見が反映しやすくなりました。小さなことから改善のテーマとして進めていきますが，行動に移すまでにはかなりの時間がかかります。しかし，かなり充実した時間です。全員で力を合わせて個人一人一人が責任をもって進めていけるこの活動は個人の育成にもつながります。社内も改善され良くなり個人も意欲が出るとても良い結果を生み出しています。小集団活動で自分達の力で現場の改善活動を行っていきます。

一つ終わればまた次の改善テーマを決め，終わりなく「改善」を続けていける形となりました。しかし，一番重要なことは改善したことの継続です。改善したら終わりではなくそれを継続することが重要で，常に意識を持って行動するようにしています。

非農家出身が多いため 打合わせや社内研修を重視

将来の担い手育成というよりも，従業員の育成です。年齢でいうと上の方は50代が2名いますが，ほとんどが20代で，半分以上が非農家です。ですから，私たち経営者というか農業者と同じ目線になれるように，朝の打合わせでいつも話し合っています。圃場の間違いは今まで散々ありました。水がないところに除草剤をまくなどの失敗も多々ありました。なぜかというと，農業のノウハウがなく，ただ農業をやりたいという意欲だけで来ているのです。担い手を育成するためには，

勉強会などを開催したり，さまざまな情報を提供できる場をつくらなければなりません。

現在，愛知県の普及課の方々に年間数回来ていただいて生育調査等の栽培指導にも取り組んでいます。また農薬メーカーともタイアップして，除草剤や肥料を，どのタイミングで，どのようにやったらよく効くのかについての研修会を会社の中で，農閑期に開催しています。また経営者一人が考え指示するより，みんなで考え経営者と同じ気持ちで取り組めるようにするため，個々のプロジェクトの結果報告会等を行い全員に意欲が出るように考えています。

今後の経営の方針

IT技術活用の次のステップ　IT関連ツールは今後もステップアップして，より効率よく使いやすくなるように開発されると思います。また，現在は，お米に特化していますが，麦・大豆にも使える，畑の露地野菜にも使えるという話をしています。

米については計画・実績や収量などのデータも見えるようになりましたので，平成26年度は収量のデータも出ています。うちは個別乾燥していますので，お客さまの一人一人の収量データも出ていて，ずば抜けて良い人は，一体どんなことをしたのかを，こちらからお客様に聞いて，情報をつかんで，栽培に反映させるようにしています。

また，入力は大分できるようになったので，要望に応えてもらえるなら，もっとやってみたいと思っています。次の段階としては，トヨタは，トヨタの方式でビッグデータを解析していろいろ調べています。私のところでは，もっと農作業を効率よくしたいと思っています。

稲の生理現象に絡む施肥と収量の関係をみるために必要な土壌のデータも，生育調査したことも，クラウドにまだ入れていないです。まだ紙の情報で持っています。できた米の成分のタンパク質やアミロースのデータも紙の情報で持っているので，それも最終的には入力していきたいと思っています。水田の分布図で，このエリアはこんな感じだというのを見て，窒素量や栽培方法を考えるというところまで行くべきではないかということで，それができるように今提案しています。

　生産コストの低減の取組みと目標　今後はさらにITの活用や物置場・作業場の改善に取り組み，資材や労働時間の無駄を減らしていきたいと思います。また，さまざまな機械に投資していますが，制度資金をいろいろ借りて，うまく利用していきたいと思っています。

　「豊作計画」のシステムを使っているので，今は全員で苗の管理を徹底して，稲の育苗で3,000枚ぐらいが削減できて，春作業にかかる経費の25％を削減できました。それが全てに連動していると考えられますので，コストを削減できるところを詰めていきたいと思います。米の生産コストの目標は100円/kgを狙っています。ここまで米が下がったら，そこまで行かないと駄目なので，当然，資材費等の削減もしますし，増収も併せて考えながらやっています。

　地域の農業を守る　地域の農業を守るために，弥富市で遊休農地を出さないようにして，良いお米づくりをしていきたいと思っています。また，地域の消費者と触れあいを持ち，農業の理解者を増やしていきたいと思います。

（平成26年11月 研究会）

滋賀県彦根市
有限会社フクハラファーム

福原昭一

直販米，業務用米，加工用米など多様な米生産販売と野菜・果樹を導入し，
170haの大規模経営を展開
利用権交換による農地集積と大区画圃場で低コスト生産と多収の両立
ICTを活用した経営管理・人材育成
民間企業と連携したICTなど新技術導入

有限会社フクハラファーム
代表取締役
福原昭一

地域の概要

彦根市（図1）には大体2,800ha弱の優良農地が
あります。私の圃場は琵琶湖の東側ですが，平坦
で非常に水田農業に向いた湖東平野の西端に，お
よそ170haあります。私が属している主な改良区

図1　彦根市の位置

は愛西土地改良区で，1,400ha余りの優良農地が
あります。昭和40年代後半から区画整理に着手
して，排水改良から始まり，だんだんと面的な区
画整理に広がっていき，昭和56年以降に暗渠排
水と用水のパイプライン化が実施されました。は
じめは全てオープン水路でしたが，琵琶湖総合開
発事業により，80％程度はパイプライン化して，
琵琶湖からのポンプアップで毎秒6tの水を吸い
上げています。

非常にインフラ整備の整ったところと言えます
が，今は更新の時期にきていて，どのように対応
していけば良いのか大きな問題を抱えています。
また，彦根市の認定農業者は80名余りですが，私
のいる稲枝地域は約30集落で50名の認定農業者
がいます。

稲枝地域の中でも新海地区は，農地中間管理機
構の話がでる以前から，地区内面積110ha余りの
農地を面的集積して，土地改良事業を担い手育成
事業に絡め，6人の担い手にまとめた，農地中間
管理機構のモデルのような地域です。また，1集
落1農場から発展して，100ha余りの農地を十数

名のスタッフで管理している農事組合法人も出現
しています。

経営の概要と発展経過

経営の概要　写真1は，今年の春に田植えが終
わった直後の生産現場で頑張ってくれているうち
の12名のスタッフです。他に事務をやっている
2名と経理をやっている私の家内の合計で15名で
す。生産部門は水稲部門に管理者と作業別責任者
を置き，野菜部門，果樹部門にもそれぞれ責任者
を置いています。

フクハラファームの管理している農地は，3つ
の土地改良区の管内にわたっています。愛西土地
改良区に入っているのは100haぐらいで，荒神山
の周りの11集落に散らばり（写真2），他に70ha
ぐらいあります。登記簿上では1,000筆ぐらいで
すが，十数年前から区画の拡大を自力で進めて，
現場の圃場の枚数にすると350筆ぐらいまでにま
とめ上げてきました。ですから，平均すると1圃
場は50〜60aぐらいで，1haを超える水田も20

写真1　フクハラファームのメンバー

〜30枚ぐらいあります（表1）。

**経営スタートから25年間で170ha超の農業経
営を実現**　私は農学とは全然関係ない理工系の大
学を出ています。その後12年間土地改良事務所
に勤めて，そこを退職後就農しました。農水省が
担い手育成に取り組み，同時に，1ha区画の圃場
が全国でいろいろなところで出来た時期であった
と思います。そういった先進地を視察してみて，
私の地域は，水田さえ集めてレーザーやGPSを使
えば，簡単に区画を大きくしていけるのではない
かと思いました。

写真2　フクハラファームの農地の分散状況

表1　圃場の区画の割合（％）

不整形	10
～30a 区画	20
～100a 区画	60
100a 超区画	10

当時の滋賀県のトップランナーは40haをやっていましたので，それを超えた50haを目標（夢）に，平成2年の春から専業農家として，本格的に経営をスタートして平成6年（1994年）に今の有限会社フクハラファームを設立しました。規模拡大が進むにつれ，自分の力で販売するために，平成10年（1998年）からアイガモ農法を導入して，無農薬の米づくりも始めました。現在10ha余りで有機JASの米づくりを継続しています。平成14年（2002年）には農地が100haを超え，その後，圃場の大型化，果樹・野菜部門の導入，水稲の湛水直播などに取り組み，農地は現在170haを超えています。

「地域農業の発展とともに」が経営理念　経営理念を「地域農業の発展こそわが社の繁栄と心得，『和・誠実性・積極性・責任感』をもって世に感動を与える仕事を実践します」として，一番に「地域との協調・共生」をはかり，それから「地域の手本となる仕事の実践」をし，「お客様の動向をしっかり見る」こと，「明るく生き生きとした職場」にすることです。

会社を設立したときから，先代が作られた美田をどう守っていけばいいのかということがずっと頭の中にあり，地域農業が発展することが自分の会社の発展につながるのだという思いがあります。

「低コスト」，「こだわり」，「総合化」が3つの経営方針　経営方針は大きく3つ掲げています。まずは「徹底して低コスト農業と多収を追求してい

こう」というのが私の基本的な経営方針です。一般的に15haを超えると収益性が頭打ちになるとよく言われますが，決してそうではなく，平場で圃場を拡大していけばいくほど，規模の優位性が十分享受できます。主食用米，非主食用米に関係なく，需要のあるところに見合ったコストできちっと生産，販売をしていくことが重要で，マーケットインの形を早くから取り入れ，ほぼ100％に近い数量を契約販売しています。

今は160haの水稲ですけれども，収量は，平均すると600kg/10aを大きく切ったことがここ近年ありません。彦根市の平均標準単収が535kgですから，恐らく平均単収はかなり高いはずです。早くから11俵，12俵が取れる品種にも取り組み，農地面積や従業員が増えても，この収量をキープしていくにはICTが必要になってくるだろうということで，7年前から，富士通と協力して農業生産管理システムの開発に携わっています。

第2は，「モノづくりへのこだわり」で有機農業にも早くから取り組んできました。できるだけ農薬にたよるコメづくりは離れようと，そのための栽培技術を考えてきました。

それから，第3に，従業員が増えてくると，当然年間の雇用を考えていかなければなりませんので，5年ぐらい前からキャベツを中心に野菜も栽培して，「農業生産の総合化」を目指しています。

稲の生産・販売の概況

米の生産のウェートは業務用にシフト　米の目玉は有機JASの無農薬米だったのですが，ウエートはむしろ業務用に大きくシフトしてきています（表2）。業務用といっても，当然生産コストに見合った販売単価で契約をしているつもりです。

表2　フクハラファームの作付概況

水稲：約158ha	
①一般主食用米（58%）	
コシヒカリ（10%）	直販（うち無農薬栽培，有機JAS栽培→約5ha）
ミルキークイーン（15%）	直販（うち無農薬栽培，有機JAS栽培→約5ha）
ゆめおうみ（30%）	業務用契約栽培
キヌヒカリ（15%）	直販　消費者・スーパー等
にこまる（15%）	業務用契約栽培
滋賀羽二重もち（7%）	加工業者契約栽培
玉栄（3%）	酒造メーカー契約栽培
その他（新品種試験栽培等）	
②加工用米（42%）	
ヒメノモチ（37%）	食品加工メーカー契約栽培
日本晴（40%）	酒造メーカー契約栽培
中生新千本（17%）	酒造メーカー契約栽培
滋賀羽二重モチ（6%）	もち粉メーカー契約栽培
麦：約7.0ha	JA（出荷）
大豆：約1.0ha	契約栽培
野菜：約13.0ha	キャベツ，ブロッコリー，カブ等
果樹：約1ha	露地：ナシ（60a），ハウス：ブドウ，イチジク，カキ

農水省が言っている生産費4割削減の9,600円というのは，その生産費だけを言えば，はるか昔から到達しています。ただ，自分で売るということは，生産に関わる以外に，販売，営業等々事務的なことも含めて，また精米も一部自分のところでやっていますので，生産費以外にもかなり経費がかかってきます。生産原価だけの話をしても話になりませんので，コストに見合った販売をしているつもりです。

業務用品種は「ゆめおうみ」，「にこまる」，精米販売は「コシヒカリ」等　米の品種は「ゆめおうみ」，「にこまる」といった品種に比重を置いて，「コシヒカリ」，「ミルキークイーン」，「キヌヒカリ」は直接精米して販売をしています。「ゆめおうみ」と「にこまる」は玄米出荷です。

滋賀県の「羽二重もち」という有名なもち米も契約栽培をしていて，白米で出荷している分と玄米出荷をしている分とがあります。一般主食米が大体60%弱です。それから，加工用米が40%強あり，もちと大手の酒造メーカーの掛け米が主になります。

地域を大事にしていると，ブロックローテーションの生産調整は当然自分の好き勝手にはできませんので，水稲の極早生品種の後に野菜等も栽培して，農地の高度利用を目指しています。

水田転作は加工用米を拡大　麦，大豆で非常に天候のリスクが大きくなり，忌地も出て，以前に比べると生産量が落ちてきているので，加工用米に2万円が乗るようになった平成22年から，麦，大豆をやめて，加工用米に切り替えています。それを見ていた周りの生産者が麦，大豆をやめて，うちに加工用米を取ってくれないかという話が出てきて，だんだんとロットも大きくなり，業務用の方がかなり大きくなってきたという経過があり

ます。

無農薬栽培や特別栽培米の位置づけ　十数年無農薬のアイガモ農法を独自の方法でやってきました。最初は一晩に100羽ぐらいキツネに捕られ，トンビやカラスに持っていかれたときもありましたが，今はもうほとんどやられなくなりました。無農薬のアイガモ農法は，普通の米づくりに比べれば3倍，4倍の労力を要するので，なかなか思ったようには広げていくことはできません。ただ，需要があることは間違いありません。

業務用においても特別栽培米でやっていた時期もありました。県の化学農薬，化学肥料が半分というのは別に難しい話ではなくて，十分クリアできるのですが，さらに規模が増えてくると，そこでかける手間と投資する費用と売価と比較したときに，もう少し手を省いて，少々売価が安くなっても，同じ利益が出せるのであれば，別に特別栽培米にこだわる必要はないし，需要先がそれにこだわっていないのであればいいので，現在は特別栽培米の割合を減らして，業務用が増えています。

また，特別栽培米に比べ業務用の一般栽培は作業性が非常に楽になります。有機50％にこだわる必要がありません。いわゆる有機50％の肥料だと，窒素成分が12〜13％なので，非常にたくさんの量を入れないといけなくなって，作業性が悪くなります。それだったら25％ぐらいの窒素成分のものを少量やったほうが作業性は非常に良いです。

品質・収量の安定を追求するうえで，平場であればやはり土づくり，それから，苗づくり，水管理だと思います。

水管理は，われわれのところはパイプライン化していて，水を入れたいときに入れられます。そして，昔から言われているようにしっかりと手溝を切ることによって干したいときに干せます。そうした間断灌漑をしっかりとやることが品質の安定，収量増につながっていると確信しています。

湛水直播，乾田直播を一部導入　低コストでやるうえで直播は取り入れていく必要があるので，ずっと以前から湛水直播を実験的に数haはやってきていました。今年は10haほどやりましたけれども，乾田直播であっても，湛水直播であっても，減農薬で十分いけると思っています。

今年も現実に乾田直播をやって，除草剤を1回投入しただけで，全く雑草が生えていませんので，技術として十分普及できると確信をしました。

湛水直播は，鉄コーティングでは駄目です。鉄コーティングの場合，芽が出てくるまでタイムラグがあるので，そこでどうしても初期のヒエを抑えておかないと，後でヒエにやられてしまいます。カルパーの場合は逆にある程度芽が動く状態まで持ってきておけば，ヒエと同時くらいに芽が出てきますので，ほとんど雑草に負けることはありません。確かに経費は若干カルパーの方がかかりますけれども，そういった農薬の環境への配慮等も考えると，カルパーの方が良いといまだに思っています。

乾田直播も，作業分散を図るために取り組んでいるのですが，グループに分けて，移植でいくグループと乾田直播でいくグループとそのときに分けることができますから，これは競合したっていいのです。ある程度規模が大きくなって，外部雇用が増えてくれば，そういった形がとれるので，気候が安定したときに乾田直播はできるし，そこへ技術をちょっと味付けすれば，ラウンドアップやクリンチャーバスを使わずに，全く普通の移植

211

と同じ除草剤でできます。

乾田直播の作業の工夫　乾田直播の播種作業は春作業の最後に持ってきています。そして，レベラーをかけた直後にドリルシーダーで播いていき，その籾種子も当然加温して，芽出しをして，すぐに出芽するような状態にしておけば，十分その時期だったら大丈夫です。

そこまで持ってきても，収量に遜色のない品種を選べばいいわけです。今回は全て「にこまる」でやりました。他にももっと適当な品種があると思いますが，そのあたりはまた調べながら取り組んでいきたいと思っています。

収穫時期は最後に来るので9月の上旬が水利権の決められている時期ですが，私の土地改良区管内は9月いっぱいまで水を揚げています。これをさらに10月まで揚げてくれと言うと，また周りから，大規模農家のためだけに水を揚げるのかという批判が出ないとも限りませんけれども，9月の末ぐらいになると，一般的な気候から言えば，大体適当なときに雨が降ってくれますので，毎日水を入れる必要もありません。去年の6月10日過ぎに植えた「にこまる」で，うちのところで10月10日過ぎに刈取りができていますから，5月末ぐらいに乾田直播をやれば，多分10月10日前後に刈取りになるのではないかと思っています。

圃場の大区画化による低コスト化と水田の高度利用を目指す　区画の拡大（写真3）は，主に稲の刈取りが終わったあとに進めていますが，特に湿田に近いような，夏場でないとなかなか水田が乾かない地域は麦を捨てづくり的に作って，その麦を刈り取った後，夏場の水田が乾くときにレーザーレベラーで区画の拡大を行っています。区画を拡大すると，生産効率が向上してくることはいうまでもありませんし，全ての農作物において収

写真3　圃場の区画拡大の様子

穫量がアップしてきます。

水田を大区画にすることで，低コスト，さらに高度利用を目指していく。これが今の平場での水田農業を中心としたわれわれが目指す1つの方向です。とはいえ，地域によって全く条件が違いますから，そこの地域に合った農業のスタイルを早く見つけて，それを周りに普及させて，地域を活性化させていくことが重要ではないかと思います。

土地基盤の現状と農地管理

パイプラインの課題　われわれの地域は，昭和56年以降に用水のパイプライン化を実施しています。パイプラインの口径決定のためのピーク流量は代掻き用水量で，耕区では1日で，圃区では5日ぐらいで灌水する能力があります。しかし，年間の総取水量の規制や，ポンプの運転制限など

があります。一方，今は，地域の1,400haのうちの7割近くが，大規模農家に集積をされてきています。一気に水を使おうとすると，総量規制などの問題が大きくクローズアップされてきます。

例えば，現在でも琵琶湖に近いところは低揚程，離れているところは高揚程という形で2つのエリアに分かれていますが，一部の地域では水利用が集中すると，いくらパイプラインでも，水が出にくくなっています。さらに加工用米は生産調整が何割という前提で水の利用も考えられていますから，もしみんなが飼料稲や加工用米をやると，需要期は，ほんの一時期だと思うのですが，パンクします。

でも，大規模農家が多くなると，その中で水利用の調整ができると思うのです。兼業農家がいろいろなところにばらついていると，「なぜ，大規模農家のために調子を合せないといけないのか」という話も出てくるのです。

バルブ方式ですから，「水道と同じように水田1枚1枚の利用料を決めたらどうだ。それが一番節水する大きなポイントだ」とパイプライン化するときに何度も言いました。本当に節水しようとすれば，それぐらいやった方がいいのですが，そんなことをしたら，土地改良区はまとまりがつかなくなると言われてしまいました。

大規模農家ほど水管理が疎かになって，水を入れ放しで，排水の方からちょろちょろ出ているというのが往々にしてありますので，そこの管理は十分するのが大前提としてあると思いますが，大きな農家ばかりになってくれば，土地改良区と大規模農家との水利用調整もうまくやることが可能になってくると思います。しかし，現状から言えば，水の配分の仕方には難しい部分があることも事実です。

FOEASは直播，水田の畑作利用に有効　FOEAS（地下水位制御システム）は，直播をやるときの利便性，水田を転換して畑作に使う場合に有効利用できると考えております。

特に乾田直播をこれからわれわれのような平場のところで大々的にやっていこうとすれば，400m，100mに囲まれた1つの圃区を全体で水管理していくことが非常に重要になってきます。それから，大豆，野菜でこれから農地を高度利用するために，地下灌漑ができるようなシステムがきっと必要になってくると思います。

理想的な土地改良への期待　土地改良として全くこれは理想なのですけれども，十数名のエリアをきっちりと決めて，その利用権の伴う土地改良が絶対に必要だと思っています。それから，パイプライン化されたことによって用水の利便性が数段上がりましたが，集中的な豪雨になると全体が湛水してしまうことがあって，去年も，一昨年もキャベツが半分ぐらいやられてしまいました。

ですから，湛水を引かせたいときにそこの地域の水を少なくとも1日ぐらいで引かせることができる排水ポンプが必要だという気がしています。そのような計画は入ることはないだろうと思いますが。用排水が分離できているようで，実はできていない地域がまだありますので，これだけ気象がおかしくなっていると，もう少しきちっと再整備できることが，特に切実な問題だと思っています。

米価が下がり，それを何かで補っていかないといけない。それは米以外のもので補うしかないわけで，畑作物ということになります。そうすると，排水性は切っても切れない重要なポイントで，そういったことを本当に考慮した土地改良を今後してもらえるのが理想だと思っています。

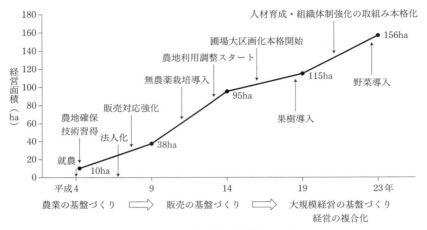

図2 経営面積の推移と経営課題の変遷

しかしながら，国にそれだけの事業に対応できる100％の補助は今の段階で夢みたいな話です。本当に生産者が集約されて，ゾーニングされて，そこにしっかりと国の100％の事業が仮にできたとすれば理想ですが，それは不可能だろうし，もし地元負担が伴うとすれば，農業からリタイアしていった人の意見をまとめることも恐らく不可能になってくるのではないかと思います。

地権者の農地管理の責任 地権者は耕作者に農地を預けたら，自分の責任がなくなったような感覚でみんないます。ここは大きな間違いです。われわれはアパートに住んでいるだけであって，アパートが傷んできたときに誰が直すのか。これはアパートを管理している人でしょう。それは地権者です。農地の管理を仮に耕作者に預けたとしても，農地を持っている者の責任から絶対に逃げられないよと言っているのですが，これをなかなか理解してもらえないです。こういったところの理解を何とかしてもらわない限り，これから土地改良事業を起こすときに恐らく大きな問題が出てきます。

人材育成が大規模経営の 大きな課題

経営課題の変遷 最初の課題は基盤づくり，規模拡大でしたが，規模がだんだんと増えてくると，次は，有利に販売することが求められ，無農薬栽培にも取り組んできました。

スケールメリットを得るために，さらに仲間を集めて，大きく面的集積をする。さらに規模が増えてくると，今度は，従業員が増え，現在は人材育成が大きな課題となっています（図2）。

課題解決に向けた対応策 課題の対応策は3つで，1つは，しっかりと組織を明確にして，誰が責任を持って，何の作業をやるのか，どういった形で情報共有をしていくのかということが一番のポイントです。

もう1つが作業の効率化で，機械，施設の装備を充実させて，作業者のスキルアップをすることです。

3つ目に，収量・品質の向上・安定は言うまで

もなく，適期作業をやり，作業の精度をアップして，そこの地域に合ったフクハラファーム独自の営農体系を樹立すること。それには，作業状況を写真やビデオで撮って，いろいろな作業の個人差を把握し，これをマニュアル化して，生産工程を計画していくために，過去のデータを蓄積することが重要です。これにはICTの活用が間違いなく必要になってくると感じています。

従業員は多様なチャンネルで採用　従業員の雇用は，十数年前からホームページの案内を見て，また，日本農業法人協会や全国農業会議所が事務局の就農支援センターの「農業人フェア」，県の農業会議からの紹介で，問い合わせがたくさんありました。どうしても現場を見たいと言う人には遠慮なく来ていただいて，そこで話をして，やれそうな人，どうしてもやりたいという人は前向きに研修の受け入れをしています。

やってみて，駄目だと仮に諦めたとしても，農業を体験したことが決してマイナスではないという思いもありましたので，比較的若い人には積極的に，できるだけ半年以上の研修をしてもらっていました。そして，1年間たった段階でフクハラファームに就農するか，別のところへ行くか，あるいは実家に戻るか，その選択肢も含めて相談をして決めていた時期がありました。

ただ，最近は農水省の農の雇用事業に，雇用関係もきちんと結ばないといけないという条件がありますから，研修期間を設けずに，正規の従業員として採用しています。

従業員の半分は県外出身，平均年齢30歳未満　県外からの就農希望者がほとんどで，地元はほとんどいませんでしたが，今の社員は県外の者が半分で，平均年齢は，私と専務を除いた社員だけの平均年齢は多分30歳前後だと思います。平均勤務年数も5〜6年です。たまたま去年2名を採用しましたが，長い人で10年近く，一番若い人でもほとんど3年以上になっています。そのうちの3名が私の息子です。

家族の経営での位置づけ　水田農業で米が9割前後の売上げがある経営にはなかなか難しい問題がいろいろあって，最終的に身内が一番信用できるという思いを最近しています。つまり，本気で会社のことを思って勤めてくれる人間でないと，私が理想としているような経営はなかなかできないように思います。

格好いい言い方をすれば，会社を本当に愛して，そのことが自分の将来につながるのだという思いで働いてもらおうとすると，身内が良いのかなと思うのです。

ただ，身内は身内でまた難しい問題が実はあります。しかし50ha前後の規模までだと，労働の中心になる人が1人いれば，あとは別に毎年変わっていてもいいのですが，100ha，あるいは150haを超えてくると，重要なポジションに何人か置かないといけないです。これが自分の都合で辞められると経営に支障を来してしまいます。そういった肝心のポジションに本当に信頼のおける者をきちっと据えていきたいと思うと，やはり身内が良いと思っています。

実は専務は私の妹婿が，常務は私の長男がやっています。次男と三男をそれなりのポジションに置いています。今のところそういったポジションに何とか割り振りができている状態で，そのうちの半分以上が身内という状況になっています。

人材の育成は経営者の責任も　毎年のように従業員を雇用してくれという話があります。確かに農業がいろいろな形で取りあげられることによってブームになっているところもあって，そうした

中で農業に携わりたいという若い人がたくさんいます。ところが、それが3年、5年と続いていくかというところは非常に疑問です。

それは若い人だけに問題を被せるのではなくて、大きな問題が経営者にもあるだろうと思っていますが、もっと農業に興味・関心を持ってもらうためには、ICT等を活用して数値で、やっていることを分かりやすく説明してやることが非常に重要だと感じてきたことが、いろいろなデータの蓄積に取り組んだ1つのポイントです。そういった数値が出てくると、実際にどうだったのかという反省をして、毎年個人が目標を持って改善をしていくと、興味のなかった人もだんだんと農業に興味を持ってくる。そういう機会を設けてやることが上に立っている者の重要な仕事だろうと考えています。

規模拡大が課題

今後の経営には面的集積と区画拡大が重要　農地の流動化については1つのピークは過ぎた感があります。しかし、ピークのときは60代、70代の人もこぞって認定農業者になる政策だったのですが、今度はその認定農業者に後継者がいない場合、かなりまとまった面積で出てきても流動化がうまく機能していない集落が随所に出てきています。米価が下落していく中で、また近いうちに、そうしたまとまった農地が動いてくるだろうと思

表3　自宅から耕作水田までの距離の割合（％）

～1km	20
～3km	40
～5km	40
～10km	―

います（表3）。

私はそういったことにも十分対処できるように面的集積をやって、これから規模拡大していこうと思っています。もっとうまく利用権を交換してまとめていけば、25haでも、30haでも、そんなに無理なく増やせると思います。うちの場合は初期の段階のように、がむしゃらに点々と面積を増やすつもりは毛頭ありません。もし出てくれば、区画の拡大をやりながら、圃場の数をなるべく増やさないで、今のメンバーでやれる範囲は200haを超えても十分可能だろうと思っています。ただ、500ha、1,000haということは全然考えていません。うちの地域で残るべくして残ってくる生産者でうまくすみ分けをして、きちっと自分の地域の農地を守っていこうとする形がいいと思っています。

規模拡大の成功要因は高品質・高収量農業への執着心と地域の信頼　規模拡大が成功したのは経営者の執着しかないと思います。どういう思いで米を作っているのかというと、私の場合は土地利用型、米が中心ですから、とにかく品質のいいものをたくさん採ろうという執着しかないと思います。その中からどうしたらいいのかという部分で、自分なりにできることに取り組んできたのではないかなと思うのです。

規模を拡大したいと思ったときは周りからの信頼を得ることが一番だろうと考えています。信頼のない人間に土地を預けるような人達はいませんから、そういう意味ではそれをなるべく裏切ることなく今までやってきたつもりです。田舎ですので、ひとつ間違ってしまうとなかなか取り返しがつかない反面、いいこともそれなりにうわさで流れていくものですから、助けられた部分もあります。

写真4　籾黄化率調査による水稲の刈取り適期判断
生育予測に基づき，刈取り7日頃から調査。
黄化率80％（品種により異なる）で刈取り開始，刈遅れは厳禁

ICTの農業活用への取組み

ICT活用共同研究への参画とその利用　5年ぐらい前から，農水省の「農匠ナビ」プロジェクトで，実証圃場として取り組みました。また，現在農業法人4社が中心になって他企業とコンソーシアムを形成して，新しい技術を普及させていく取り組みをしています。

この中で経験させてもらったことを生かして，スマートフォンでデータを取り，それを写真や数字で記録をしています。1年目，2年目の人にも分かりやすく説明するには，写真が一番なので，写真や数字を見ながら説明することが非常に大事です。水稲の営農計画を立てる上で一番大事にしているのが刈取り適期で，そこから逆算して，田植え時期を決め，その田植えに基づいて播種日を決めています。ですから，刈取りする適期を逃さないためにそれぞれの品種に基づいた黄化率を決めて，それを若い人に現場で見せて，知識として身に付けさせていくことも1つの例として取り組んでいます（写真4）。

今回の共同研究で，うちの全ての圃場に水位センサー，水温センサーを付けて，水管理がしっか

りとされているか。また，水温の変化によって生育にむらが出ないような管理がしっかりとできている水田とできていない水田で本当に差があるのかどうかなど，全ての水田の調査を実験的に行っているところです。これは秋が終わったら，どこかで発表がされるのではないかと思います。

今回は実験事業ですからやれていますけれども，実際に普及するかどうかと考えてみると，なかなか現実的に難しいと思います。費用対効果の問題で，全ての圃場に付けなくても，何ヵ所かの代表の圃場にそういうものを使っていけば，投資も大きくなくても済むのではないか。そんなことも思いながら取り組みをさせてもらっています。

それから，収量，品質，経営にICTがどういうふうに寄与してくるかということはよく聞かれます。結局，外部雇用が増えてくると，人材を育成することが一番収量・品質を安定させるための大きなポイントですので，人材育成するためには，そこの地域に合った，そこの経営体に合った営農体系を早く樹立して，全ての従業員が的確に管理をしていくことが非常に重要ですので，そのための活用に役立つと思います。

その上でさらに最近の気象変化に対応するための活用です。気象変化も熟練者だったら対応でき

ることが，経験の浅い者だと対応できないのは過去のそういったデータが分かっていないからだと思うのです。ですから，規模の大きいところは，自分の経営が必要とする年間のデータを早く蓄積をして，それを増やしていくと振り返りができ，いろいろなアクシデントあるいはイレギュラーなことに対応できるような知識を付けて，こうやったから，ここで品質が良くなった，収量がぐっと上がったというような積み重ねが重要ではないかと思っています。

農業の見える化ツールの活用　もう1つ富士通と7年前から農業の見える化（富士通：食・農クラウドAkisai）に取り組んでいます。富士通は2〜3年前にこれを商品化していますが，まだ不十分なので，富士通の方と改良について相談してさらに発展させたいと思っています。現在データベース化できる主なものは，圃場情報です。

数年前までは，圃場全体の分散状況，その年の計画図を手描きで色塗りしていたのですが，全てパソコンでデータベース化して，圃場の状況を全て地図情報にして，水田1枚1枚の癖も情報として入れて，いつでも取り出せるようにしています

ので，圃場の状況を把握するのが非常に楽になりました。

今までは紙ベースが中心でした。また，一時GPS携帯を使って記録させてきたこともありましたが，それがストレスになってしまいますので，今は，現場から戻ったらパソコンにその日の作業時間，投下した肥料，あるいは農薬の数量などを全て記録させています（図3）。ですから，瞬時にそのときの作業の進捗率も分かります。数年前のデータも振り返ることができるようになり，当然コスト計算もそれなりの数値を入れれば出てくるようになっています。収穫適期から予測する作付け計画のシミュレーションも簡単にできて適期を逃さず収穫することができます。また，若い者に計画を立てさせて，私と相談しながら，もう一度田植えの計画を考えられるシミュレーションをしています。

日々記録しているデータはエクセルのピボットテーブルから，それぞれの従業員が必要とする形で取り出せます。品目ごとの作業時間の集計も当然見ることができます。それから，一体どこに作業ピークが来ているのかを棒グラフで見ることが

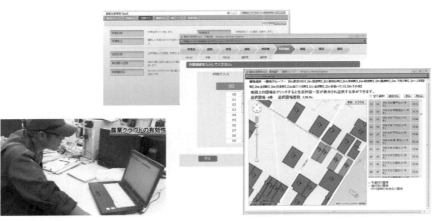

図3　作業実績の入力
その日行った作業は毎日夕方PCに入力する

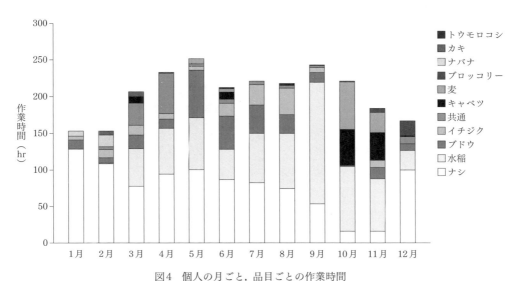

図4　個人の月ごと，品目ごとの作業時間
毎月どの品目にどのくらい時間をかけているか把握できるようになっている。個人の年間目標設定に応用

できるので，1年目，2年目の従業員でも非常に理解がしやすくなっています。熟練者にはこんなものは要りませんが，熟練者ばかりではないので，こうしたものをうまく使っています。年ごとの比較もできます。水稲の作業ごとの時間も改善項目を見つけていくために使っています。

　個人ごと，品目ごと，月ごとの作業時間も見ることができ（図4），これは個人の年間目標の設定に使っています。毎年，年初めに個人目標を立てさせるときに良く使っています。水稲で月ごとにどんな作業をしているのか，どこに余裕があって，どこにピークが来ているのかを見て，どういった作業を他にどこで組み込んでいけるのか。野菜を複合的にやっていく場合に利用して，個人の目標設定に使わせています。

圃場単位の生産管理データの取り方とその利用方法　登記簿上の筆数1,000筆を利用交換して，370筆弱までにまとめ上げてきましたので，現場の大きさでいうと，1haを超える圃場も二十数枚あり，平均の面積が50aぐらいになると思います

が，その単位で生産管理データを収集しています。

　生産管理データを作業の平準化とコストダウンにどういった形で有効に結びつけるかは，教育効果とも絡みますが，毎週月曜日の朝，20〜30分のミニミーティングで，1週間の反省と今週1週間やる作業の中で課題があるかどうかの打ち合わせをします。

　それから，月に1回月例ミーティングを半日，長い場合は1日しています。そのときに，今までたまってきたデータを見て，共有しておかなければならない情報などをその場で話をしています。また，去年のデータと比較して，例えば田植えが終わって1つの区切りがついたような場合に，今年の田植えのトータル時間を昨年と比較してどうだったのかというような議論をしています。従業員にそれについての感想を聞くことによって，その効果を感じるような程度です。

秋以降にコストダウンに関して反省・改善　コストダウンに関しては，個人ごとあるいは作業項

滋賀県彦根市・有限会社フクハラファーム

目ごとにデータのまとまりがついた段階で提示して、去年との比較をし、反省をし、改善につなげていくということです。基本的にうちの場合、10月の中ごろに刈取りが終わって、1つの区切りができます。今は11月から3月ぐらいまでキャベツの収穫をやっていて、冬場といえども、そんなに余裕の時間がしょっちゅうあるわけではないのですが、天気が荒れたりしたときに急遽田植えなら田植えのグループが寄って、代掻きなら代掻きのグループが寄って意見の出し合いをするなり、あるいは全体のミーティングの回数をその時期だけは増やして、年間を振り返り、数値でいろいろな議論をできるだけすることによって意識を高めてもらうようにしています。

直接どれだけコストダウンになったかどうかは、全体を決算した段階で年間を通したものが出ないと、部分では見にくい場合もありますので、分かるものについては担当している者から数字を出させて、それについて議論をするようにはしているのですけれども、必ずしもそれが私の期待しているような形でできているとは限らないところもまだまだあります。

地域農業や経営体の将来像

地域農業，経営の将来は経営者の考え方・手腕による　私たちの稲枝地域の農業や農家経営の将来は、全く経営者の考え方・手腕によると思います。26年産の大暴落した米価で地域の50名余りの認定農業者の中に非常に経営が危なくなったものが2～3名います。この生産者は恐らく雑な作り方をしているのが大きな原因だろうと思っています。

また、条件がいいがために、60代前半で一般の

企業をリタイアして農業を始めようと思う人も時々いますが、これがどこまで持つかというと、先は見えているわけです。われわれの地域は、特に平成19年の経営安定対策で、経営規模が4ha以上の認定農業者が有利な助成を受けられるという話が出たときに、認定農業者になって、1つにまとまったというような感じがしています。

ただ、この平成27年はともかくも、この先はTPPも絡んで米価の上がる要素はないわけですので、これで仮に概算金だけを戻して値段を付けたとしても、実際にそれで取引ができるのかどうかというのは全く別問題です。そういう中で本当に残っていこうとすると、外部雇用がある経営はICTを導入していく必要性をきっと感じてくるだろうと思います。

しかし、われわれの地域の中でも大半が家族経営です。家族経営の場合、50haまでだったら、何もICTを使う必要はなく、エクセルで十分だと思います。規模がもっと大きくなって、雇用数も増えてくると、そういったシステムへの投資が必要だと思っています。

ですから、そのあたりは経営者が本当に低コストで利益を出していこうとするかどうかです。実は面白い話があって、うちの近くで30haぐらいやっている者で、非常に粗雑な管理で、うちの場合は春先に水を入れて荒代をやるまでに3回、多いところだったら4回起こしていますが、彼はこれから田植えだという1週間ぐらい前に普通のロータリーをかけて、畦塗りをして、水を入れて、荒代をやって、すぐに仕上げをして、3日ぐらい後に田植えをしているのです。彼が本当に低コストを意識して、それで利益をきちっと出しているのであれば、それも1つの方法ではないかと思っています。そこは経営者がこれからどういった形

で利益を出していこうとするのかによって，同じ地域であっても，大きく変わってくるという気がしています。

昭和40年代の後半にわれわれの地域は区画整理が始まったことをきっかけに10名余りの専業農家ができて，今3代目になっています。パイプラインもできていて，水管理もしやすく，暗渠排水もほとんどができている非常にインフラの条件のいいところですから，3代目が20代後半ぐらいでやり出している人もいます。しかし，1代目，2代目がうまいこといったからといって，3代目もうまくいくという保証は何もありません。やはり，やり方次第ではないかと感じています。

地域全体で利用権交換による面的集積　地域の取組みとして，十数年前に面的集積をやり仲間内で利用権の交換をやろうと私が言い出しました。それがある程度定着をしてきていて，全国から見れば比較的まとまりがよくなってきています。大潟村のように，最初から大区画を前提に入植しているようなところではなくて，昭和40年代後半にできた30a区画は移動畦畔です。更に所有権が関係して，その中に畔が付けられたことで，今でも5a，10aの水田がたくさんあります。圃場が入り込んでいたのでは，お互いに何のプラスにもなりません。ですから，今までそのことが分かり合える仲間同士で利用権の交換をやり，面的集積までこぎ着けてきました。

今は，彦根市に働きかけて，彦根市の農業を考える会を，若い者を中心に，もう一度行政，JAを交えて真剣に考えていく会を始めたところです。

大規模経営における経営理念の共有とICT活用の重要性　水田の大規模経営では，まず，しっかりとした会社の理念を持ち，会社がそこの地域で存在する意義を社員全体で共有することが必要だと考えています。そして，社員に，中期的な，あるいは毎年の仕事の明確な目標を持たせ，その責任もしっかりと持たせていくこと，それができたのかどうかという振り返り，改善項目を見つけて，さらに翌年度にそれをまた実行していくことが大切です。そういった繰り返しが農業にはまだ遅れていると感じています。

社員には，今までできなかった機械のオペレーティングも含めて色々なことを体験させ，教えてやることによって技術が身に付いてくると，前向きな姿勢に変わってきます。会社を何とか良くしようという意識を持ってくるようになり，一人一人がものづくりへのこだわりを持ってくるのだと確信しています。ですから，基本はデータの蓄積にあり，それを分析していくことが重要だと考えています。

ICTはやはり外部雇用が増えれば増えるほど重要な技術になってきます。だからといって，決して家族経営を悲観的に見ているわけではありません。むしろ今でも家族経営がベストだろうと思っています。なぜなら，父親から息子にいろいろな技術や知識を移行していく上で，朝，昼，夜，いつでも話をしようと思えばできるわけです。勉強する気があれば，いつでも知識，技術を身に付けていけるわけですから，家族経営は非常に理想的だと考えています。ただ，今は，農地が流動化して，大規模化が必要になり，家族経営だけでは到底やっていけない状況が随所に起こっています。そんな中で平場のわれわれのようなところでは，うまくICTを活用して低コストにつなげていくことがやはり重要だと考えています。

（平成27年6月 研究会）

兵庫県姫路市
有限会社夢前夢工房

衣笠愛之

稲・麦・大豆，野菜の複合経営からレストラン，観光農園など
6次産業化へ展開
多様な経歴の社員が活躍，社員の独立・分社化に積極的
県内の仲間農家と共同購買・販売会社設立
地域活性化プロジェクトを担う

有限会社夢前夢工房代表取締役
衣笠愛之

経営の発展経過

　私の地域は姫路市の中山間地で，平場がほとんどないところで農業が行われています（図1）。この地域は本当に中山間地なので，ほとんど認定農業者になろうとか，農地を集積しようという人がいなかったところです。ただ，うちも協力してい

図1　姫路市の位置

ただける地域でどんどん作らせていだたいているので，次に育ってくる人たちのために言うべきことはどんどん言っています。次の担い手がぜひここでまた農業をしたいというような地域を作っていけるようにと思っています。

平成11年に法人立ち上げ，多角的な経営展開
　私は平成7年から水田農業を始め，平成9年に，父親の養鶏場が火事で全部焼けて，大借金を抱えたので，親の農地を全て借金で買い取り，本格的にスタートして，平成11年に有限会社夢前夢工房を立ち上げました。地域の方々から，農地を耕してくれないかと言われ，そのときには地域を守るという使命感だけで，何とかそのときにできる農地を集積して，順調に45.5haまで増やしてきました。

　私の場合は社員を育てるというより農業者を育てたいという思いで，ある程度レベルが上がったところで農地を持たせて，どんどん独立させるという考え方でやっています。社員と情報，あるいは理念の共有ができてきて，経営者意識ができはじめた段階です。

事例に見る全国16の先進経営

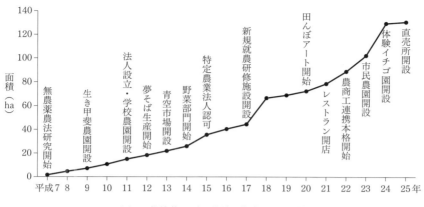

図2　夢前夢工房の栽培・作業受託面積推移

（縦軸）面積（ha）

（横軸）平成7 8 9 10 11 12 13 14 15 16 17 18 19 20 21 22 23 24 25年

無農薬農法研究開始
生き甲斐農園開設
法人設立・学校農園開設
夢そば生産開始
青空市場開設
野菜部門開始
特定農業法人認可
新規就農研修施設開設
田んぼアート開始
レストラン開店
農商工連携本格開始
市民農園開設
体験イチゴ園開設
直売所開設

新しい部門をどんどん立ち上げてきているのですが（図2），立ち上げは簡単でも，それをしっかり維持させることが難しく，日々苦慮しています。今はやりの6次化の事業もしていますが，部門ごとに社員たちが自分で考えて，自分で行動してくれるようになってきました。

顧客信頼度一番を目指す経営理念　理念については，これを社員みんなで考えようということで，毎週各部門のリーダーに集まってもらって，次のようにまとめ上げました。

「お客様に農のプロフェッショナルとして『新鮮・安心・感動』を提供し，健康と豊かな食文化に貢献します。農業の『楽しさ・大切さ』を伝え，農のプロフェッショナルとなる担い手を育て，本物の味にとことんこだわり作り手の思いが伝わる商品を提供することで顧客信頼度一番の企業を目指します。」

今は行動指針を話し合うために一生懸命に会議を重ねています。

作物生産と販売の概要

平成27年度の主な作付け予定面積は，水稲が32haで，小麦は16haです。そのほか大豆，そば，野菜，イチゴなどがあります（表1）。

米は10品種以上を生産し，直接販売　米は，ほとんどが直売ですが，最近は契約栽培で，加工米，酒米などを兵庫大地の会と契約しています。

兵庫県も無農薬とか低農薬での認証があり，環境創造型のコウノトリ米を中心に県の認証をいただいてやっています。ただ，都会へ行けば行くほど興味を持っていただけるのですが，田舎へ行けば，無農薬に重きをおくお客さまが少ないので，食べるだけではなくて，地域を守るという意識

表1　生産部の平成27年度作付予想面積

水稲：32ha
　無農薬米：7ha
　低農薬米：8ha
　委託加工用：17ha（米粉用）
※水稲品種：コシヒカリ，ミルキークイーン，朝日，
　夢の華，ミツヒカリ，山田錦，羽二重もち，たちは
　るか，紅ロマン，むらさきの舞
小麦：16ha
大豆（無農薬）：8ha
ソバ（無農薬）：45ha（作業受託）
野菜（無農薬）：3ha
イチゴ：35a

で，応援していただきたいと思っています。

また，栽培方法別の米の割合は，特別栽培米30％，特別栽培米相当で承認を受けている米30％，その他一般米40％です。

水稲の湛水直播に取り組む方向で検討　直播は失敗も多く，うちの地域では，10年前ぐらいに，湛水直播でやるほかは無理なことが見えていました。今はだいぶ技術的なものも確立されてきました。

何よりも，今は育苗場所がなくなってきていて，地元の農協と苗の価格の交渉をして，価格が合わなければ，直播をせざるを得ないと思います。

ただ，中山間地なので，地区で水がくる日が全然違うというような問題を抱えています。また地区ごとに土の状況が全く違います。それも地区の中で山際か，川際かで全く違うので，その土壌に合った作業をしようとすると，地域が分散しすぎてやりにくいところもあります。30m違うだけで，水がどんどん吸われるところと片方は重粘土という水田もあります。ですから，社員たちが時間的に無理なく作業していける方を重視しています。ただ，将来のためには直播も社員に覚えさせていこうと思っています。

表2　圃場の区画の割合（％）

不整形	10
〜30a 区画	90
〜100a 区画	—
100a 超区画	—

表3　自宅から耕作水田までの距離の割合（％）

〜1km	60
〜3km	20
〜5km	20
〜10km	—

小麦は縮小し，大豆を拡大　小麦の収穫と田植えが重なってしまい，作業的に厳しくなるので，小麦は再来年を目標に控えようかと思います。大豆は，今年も4種類ぐらいの大豆を生産部が計画して生産し，いろいろな加工品に使っていただくように営業に回っています。

野菜部門は拡大，20品目　野菜部門はどんどん増えて，地元のレストランから欲しいと言われますが，物流に問題があり，行政や農協と一緒になってその対策の検討を始めています。

野菜は，始めは研修生を育てるためにやっていたので，独立させたら，野菜部門は一気に生産量を減らす予定だったのです。しかし研修生がどんどん来てくれるので，今は20品目ぐらいの野菜に取り組んでいます。本人が将来何で生計を立てたいのかを決めさせて，その品目を2年目，3年目から伸ばすようにしています。

組織の概況

多様な経歴の社員とその活躍　平成27年度の組織は事業の拡大に伴い，生産以外の部門が増えて，4部門となり，社長の私と社員13名，研修生1名，パート7名，アルバイト4名，シルバー5名，季節労働者4名です（表4，写真1）。

私は家族経営が一番だと思うのですが，私の息子は全然違う仕事をしていますし，私の兄弟もいませんので，元研修生が社員になってくれています。一方で社員になると労働基準法で，仕事の成果よりも労働時間に，どうしてもしばられてしまうという問題があります。

生産部長をしている水稲の社員は31歳で，元日産の整備士でした。親が兼業農家で，幼いころから農業を手伝っていて，夢工房にあこがれて，

写真1　夢前夢工房のメンバーたち

休日には，アルバイトに来ていました。インキュベーター補助事業を使って雇用することになり，社員として6年が過ぎました。結婚して，今は子供も2人います。もう1人の社員は，県の新規就農離陸加速事業の補助金で入ってくれたのですが，信用金庫に5年間勤めていました。家が農家で，将来親の後を継ぎたいということで頑張っています。

　野菜部門の27歳の社員は，この8月に結婚するのですが，彼は取引先のホテルのレストランで給仕のバイトをしていた青年です。「昔から農業をやりたかった」ということで門戸をたたいてくれたので，県の新規就農離陸加速事業で研修に入ってもらい，今は農の雇用事業を使っています。そ

れまではホテルとの取引はソバだけでしたが，彼の営業で野菜を入れるようになりました。

　イチゴの社員は姫路市の緊急雇用事業を使わせていただいて，元アパレル（既製服業界）の店長経験のある青年で，パートを使いながら今期のイチゴを成功させてくれました。

　直売所も，立ち上がったときに一般求人で店長を採用しましたが，最初はパートで，2ヵ月後にいきなり店長に任命したので，まだまだ教育途中です。レストラン経営は初めてだったので，1年間は育成で苦労しました。今のレストランの料理長とは年齢も近く経営面でもいろいろと相談しながら運営してもらっています。

　7年経って独立した子は，現在，アルバイトという位置づけで，水稲を手伝ってくれています。数年前までは生産部長だったのが急にアルバイトですから，大変だと思いますが，しっかりみんなをサポートしてくれています。

　最近は，農業を志す子の履歴書を見ると，多くの職種を転々とした青年が多いので，いざとなったら辞めればいいという考え方なのか，一生農業で頑張るという考え方なのか分かるように，面接に結構時間をかけています。どうしてもやりたいと言われたら受けるしかないですし，農の雇用事

表4　夢前夢工房の部門と人数

事業部	7名	部長，部長補佐，パート3名，シルバー2名
生産部	8名	部長，水稲・野菜担当各1名，イチゴ担当2名，研修生1名，アルバイト2名
夢やかた	10名	支配人・料理長1名，チーフ1名，ホール・販売1名，スイーツ担当1名，そば打ち担当1名，シルバー3名，アルバイト2名
直売所（夢街道 farm67）	7名	店長，パート2名，アルバイト2名，菓子製造パート2名
季節労働のイチゴ担当	4名	

業でいったん雇用した者をやめさせるわけにもいきませんので，最近は農作業よりも人のことで悩む方が多いです。

社員の独立・分社化への積極的取組み　独立した社員は，県外で農業についた人，地域内で独立している人，野菜で独立した人などいろいろです。米で3人（兵庫大地の会に所属），野菜で8人います。

社員も入るときは「将来独立したい」と言うのですが，会社の中にずっといるとあぐらをかくようになります。経営者になって，私の苦労が分かる仲間になってくれということで，いろいろ話をして独立させます。独立させた途端に，働き方が変わり，朝6時には水田に入り，夜中の真っ暗になるまで仕事をしている青年がいます。おかげさまで，その独立した子たちが今度は，うちの社員教育を結構やってくれています。

分社化については，たまたまうちの社員が，会社から車で10分ぐらいのところに，中古の家を買っていました。そこの地区の区長さんと「おたくの地域をどうするのだ」という話になった時に，夢工房社員として作業に行くよりも，そこで独立させた方が，地域の担い手として地域に育てていただけるのではないかということで独立させました。やっと今年，人・農地プランの中心的な担い手として位置付けていただいて，農地もだいぶ集まったようです。最終的には，会社を起こしてもいいのではないかという話もして，自分の地域という意識をしっかり持たせるためにも独立させたつもりです。

ICTへの期待と社員育成　生産管理を効率化するため，ICTは本当に必要だと思います。ただ，社員にこういうことをしてくれといっても，日々の作業に追われて今はなかなかできません。今考えているのは，ここの水田は，この時期だったらどんな作業をするのかをコンピュータに判断させることができないかということです。作業すれば，どんどん自動で作業データが蓄積され，それを後でチェックできるようにして，次の作業が分かるシステムができるのではないかということです。農業は情報があまりにもまだ集まってきていないので，多くの情報が集まってくれば，少し飛躍しすぎているかもしれますが，そういうことが見えてくるのではないかと思っています。

社員を育てていく，農家を育てていくためにどうしていくのか。私の場合は普及センターや技術センターにしょっちゅう電話を入れて教えてもらっていたのです。今の若者は，普及センターなどに教えてもらいたいと考える人がたぶん少なくなると思います。そういう青年たちに自動で情報とか，ヒントが与えられるようなアプリ的なものもあってもいいのではないかということで，その研究を始めています。

6次産業化への挑戦

農家レストランの経営　姫路市の指定管理事業「姫路市の夢さき夢のさと」に応募して，通称「夢やかた」という農業体験施設を平成21年に開設したのですが，その中のレストランでは，運営に大分苦労しました。今は，夢工房の農産物，加工品の売上げを伸ばすために，お客様に料理の素材の説明をきちっとするようになりました。また，レストランは待ち時間が長いと，お客様に迷惑がかかるので，最近は社員が「お米ができるまで」とか「野菜教室」のビデオや写真を，待ち時間の間見ていただいています。今は，社員それぞれが問題点を見つけて，それを話し合って，解決してい

事例に見る全国16の先進経営

くという動きが見えてきたのがありがたいと思っています。

そば，きな粉の商品化　6次産業化ということで，平成22年から農商工連携で地元企業に委託して，そばや，きな粉などの商品を作りました。この2つだけは利益が出ていますが，あとはぎりぎりのところで行っています。少しずつですが，地域の特産として位置付けていただけるようになりました。

そばは夢工房で生産を始めたのですが，地域の営農組合や認定農業者からそばを作りたいという声が上がり，うちが作ると余剰が出てくるので，今は，自分のところでは作らず委託栽培したそばを引き取り，これを商品化しています。その代わりに，今は大豆の加工に比重を置いています。

**体験型農業をイチゴ園から始め品目を拡充　**地域では体験型の農業を，イチゴやブルーベリー，ブドウ，レモンなどでやっていますが，夢工房では体験イチゴ園（直売所の隣にある）を平成24年に2棟開設して，25年には4棟を増設しました（写真2）。品種の食べ比べなどもやっています。イチゴ栽培は，社員がだいぶ慣れてきてくれて，新たな生産方法の検討もしています。

うちから独立した青年たちが1つ1つ得意な品目を持って，ブルーベリーをやりながら水稲をやる。あるいはブドウをやりながら野菜をやるというような事業展開をして，みんなでこの地域に来ていただこうという計画もしています。

冬の時期は観光業が結構厳しいのですが，イチゴ狩りにどんどん来てくださるようになり，おかげさまで他の地域にある企業の方々と，旅館も含め夢街道づくりが始まっていますので，体験だけではなくて，地元の企業の方々と採れたイチゴからお酒などの新商品も開発しています。

**直売所を開設，今後に期待　**直売施設は，平成25年に「夢街道farm67」と名付けて，県道67号線沿いに建てたばかりです（写真3）。特にうちから独立した青年や，地域の若い農業者を応援する直売所として建てたまでは良かったのですが，実際に野菜を出すときになったら，全然新鮮ではない，物が全然集まらないという状況で地域のお客さまから大批判を受けました。

立ち上げたときは20人余りが参加していたのですが，「このままだったら，つぶれてしまうぞ」ということで，その中の6人ほどが中心になって，やっと野菜がしっかりと集まるようになってきました。ただ，野菜だけでは集客できないので，今年からパティシエさんも入っていただいてケーキを作って販売し，パフェやソフトクリームの新商品も販売しています。将来果物も増やす予定です。

写真2　体験型農業を高設栽培のイチゴ園で実践

写真3　直売所（夢街道farm67）の建物

土地改良への期待

優良農地を抱えていない田舎では農区長が今は持ち回りなので，土地改良への意識は低いです（表5）。うちは畦畔の管理は覚え書きまで作って，全部地主さんに持っていきました。本来誰が管理すべきなのかということをきちっと説明して，説得しました。将来的にはFOEAS（地下水位制御システム）の設置やパイプライン化しようという動きが始まっています。

表5　圃場への配水路の割合（%）

開水路	100
パイプライン	―

そのパイプライン化は普通のパイプライン化ではなくて，全自動にして，田植えの2～3日前には代掻きの状態の水管理ができていて，中干し，排水も自動化することです。

畦畔の草刈りも地主さんが大変なので，多面的機能支払い交付金で畦畔の草刈りを一切なくすような方法も考えています。農地が集まったときに畦畔の管理と水の管理が将来一番困るので，その理想を極めたいと思っています。

攻める農業へ

企業，試験場，普及センター，農協との新たな連携　技術や法人経営，6次産業化など新しいことをやるときには，相談相手が必要ですが，最近，商工会議所や商工会に入らせていただいて，ありがたいことに地方銀行からの情報が入ります。また，地方銀行が間に入って，私たちが到底ご一緒できなかったような有名な企業とお付き合いさせていただけます。今までにない周りの環境ができてきてくれたので，面白い新しいタイプのつながりができると思っています。

一方，試験場や普及センター，農協が果たしている状況ですが，兵庫県の技術センターは，研究員は高齢化しています。第一線で研究しようという若い方が少ないのです。京都府も結構高齢化が進んでいるようですので，京都府と一緒に合同の研究所を丹波あたりに作れれば，お互いの県がまた予算を付け合い，ライバルでありかつ協力者ということで面白い形になるのではないかと知事に提案しています。関西広域連合で1つの大きな技術センターを作ることも考えられます。

普及センターの職員の方々もほとんど高齢です。私がお願いしているのは，もっともっと専門家になってほしいということです。営農を立ち上げるときだけ来る人，継続させるために来る人がいて，辞めるときに来る人もいてもいいのではないか，ということをいつも県に提案しているのです。私ども専業農家もどんどん専門化しています。農業がこれだけ変わりつつある中では，農家が頼るところは技術センターとか，普及センターしかないのですからもう少し時代に合ったような組織になっていただけたらと思います。

ありがたいのは，農協改革で農協の職員の方々が結構危機感を持ち出して，いろいろなところで相談にのっていただけるようになっています。兵庫県では結構そのように動き始めたと思っています。

（株）兵庫大地の会を立ち上げ資材の共同購入　大地の会は，「ひょうごの"たんぼ"継承人」という位置づけで，肥料や資材などの共同購買，米の共同販売に取り組むため，平成24年（2012年）に

立ち上げました。今は，私が代表をしています。社員も平均年齢が36歳で，県内の若い米専業農家が25名まで増えて，27年度は面積も1,000haを超えたようです。

　組織の常務以上の8人で，ほとんど運営体制を決めています。これらの常務は，去年までは法人協会の会長だった人や，稲作経営者会議の会長，副会長，青年農業者の会長，副会長，県の農業関係団体の長の人達です。農協の青壮年部の近畿の代表も常務の1人ですので，結構情報発信や情報の収集ができる会社になったと思います。それぞれが農家の若い社長で，わがまま放題ですので，この会社を作るのに12年かかりましたが，1つの目標を共有できて，良い形になったと思っています。

　攻める農業ということで，農薬や肥料の共同購入を始めたのですが，全農やいろいろなメーカーの方々から，いろいろな裏話も聞かせていただき，やっと仕組みが理解できて，結構価格交渉がしやすくなってきました。酒造メーカーさんや菓子メーカーさんにもある程度名前を知っていただき，ミニ農協扱いでいろいろな契約をしてもらえるようになりました。

　海外へのお米のままの輸出はまだ考えていませんが，結構大手の企業の方々からいろいろなお話を頂いて，売れる米加工品の開発をして，来年ぐらいには商品化の目途が立ってくると思っています。

　行政，農機具メーカーと耐久試験や新機種開発も行っています。

　兵庫大地の会を通じた契約販売　兵庫大地の会は私が代表をしていますが，夢工房の社員はあまり関わっていません。兵庫大地の会は契約栽培をして販売するための会社です。兵庫大地の会であ

る程度契約の営業を行って，「この品種をこのぐらいの価格で契約したい」という情報があれば，兵庫大地の会の社員全員に流します。それを誰が作るかというのは手挙げ方式です。ですから，その中で加工用米の要望の話が来たときには夢工房として「この加工用米はこういう品種のこういう作り方でやろう」と生産部が言えば，手を挙げて，責任を持ってそれを作るという感じです。また，大地の会の研修会には，たまに夢工房の社員も参加しています。

地域も巻き込んだ
観光との連携

　水田アート「姫路城」で地域をアピール　ちょうど姫路城は改修が済んだところですが，姫路城を水田に描く水田アート（写真4）を発案して，農家，農協，企業，大学，市，県等と実行委員会を立ち上げ，平成21年から5年間いろいろなイベントを行いました。

　その波及効果・経済効果は，イベント経費が2,000万円ぐらいかかったのですが，農業体験参加者も6,000人もあり，ロープウエーの搭乗客もやる前よりも11万人増えて，この5年間で約8億円の経済効果がありました。これで農業は観光と

写真4　水田に描かれた姫路城

結び付けば，地域経済にいろいろな効果が出ることを実証できました。

夢街道プロジェクトの企画　みんなが使っている道路を基軸に地域を元気にしようということで，県道67号線を使っている人が集まれるような，食と農で結ぶ夢街道づくり（図3）を企画して農産物の直売所を建設しました。夢を形にした面白いロゴを作り，そういうロゴの形をイメージする商品をいろいろな企業の方々が作り，やっと少しずつ，企業間の連携が始まったと思います。ちょうどスマートインターチェンジがこの10月にオープンしますので，それに向けて，月に2回ぐらい部門同士の会議が始まっています。農業と連携して，いろいろな企業の方々がアイデアを出してくださっているので，そのうち目に見えて夢街道地域が活性化してくると思っています。

夢街道プロジェクトは総合プロジェクトですが，私の関わり方は，どちらかというと，場だけを用意して，その中にいろいろな企業の方々が来られて，イベントをどうするかなどについて話し合いをします。

例えば温泉があって，そこに団体客が来られ，

図3　夢街道のイメージ

「出発されるときに野菜を直売していただいたら」というような意見が出たら，農家を集めて，移動販売車を使って，その時間に売りに行きます。ただ，情報は常に何日か前にくれと言っています。商品化のワーキンググループができたら，うちのレストランの料理長が行ったりします。そこでは何がどう進んでいくか私はあまり関知しないように，逆に相談してくれば，応援を頼めるところを紹介する，そういう感じで関わっています。

　ただ，各担当者に対しては，班ができたら班長はしっかり決めて，タイムスケジュールは提出してもらって，それに対して県や市からある程度予算的な応援を結構していただいています。

　夢街道実行委員会として一生懸命来年度予算を取るために，いろいろな方々が市や県に行って折衝してくださっているみたいです。最終的には自主運営しようよということについて，今，入っている企業が検討しています。

　実行委員会の構成メンバーは30余りの組織で，兵庫県立大の環境人間学部の学部長が実行委員長で私は副委員長ということです。

　地域活性に向けた今後の取組み　人・農地プランをどんどん作り，地域の方々に，何のために農地を集めて，農業の担い手が中心にどういうことをやろうとしているのかを説明させていただいて，将来の方向をある程度共有しながら，次のパターンへ進もうと考えています。

（平成27年6月 研究会）

兵庫県姫路市・有限会社夢前夢工房

鳥取県八頭郡八頭町
有限会社田中農場

田中正保

有限会社田中農場代表取締役
田中正保

堆肥，深耕による土づくりを基本とした100ha規模の大規模水田農業の展開
養豚経営からスタート，転作大豆・麦経営から水稲経営に転換
酒米を中心に実需者，消費者への直接販売
3km以内の地元を中心に農地を集積
高知の農家と連携し農業機械，労働力の相互補完

経営の概況と発展経過

就農時は養豚経営，近隣農家の要請で転作大豆・麦に取組み開始　田中農場は鳥取県八頭町にあり，鳥取市の南，日本海から直線で15kmぐらいの場所です（図1）。圃場の標高は約30mから約100mの平地より少し高い山間地ではない地域です。化学肥料や農薬は極力使用しないで堆肥などの有機質肥料を用いた土づくりを行い，独自のルートで全国に販売しています。経営面積は108ha，主力の米は91haです。あとは白ネギ，トウモロコシなどがあります。

私は昭和26年生れです。倉吉農業高等学校に

図1　八頭町の位置

入った頃はまだ「米は作れ」という時代で，当時は2haぐらい水稲を作っていると大百姓で，米で食える時代でした。水田2.5haぐらいの3〜4名が中心に活動していた水田クラブに入りました。それが，高校卒業の昭和45年には減反政策が始まり，昭和46年には，水稲以外の作物にお金を出す転作という言葉が出てきました。

父が養豚の協同組合で豚を飼っていたので，高校では養豚を専攻して，卒業後は，埼玉種畜牧場（現サイボクハム）に1年間研修に行きました。19歳で地元に帰って，養豚でスタートを切り，親豚3〜4頭ぐらいから始めて規模拡大に取り組みました（表1）。その頃，当地でも構造改善事業による圃場整備が始まりました。昔ながらの小さい田を30a区画（30m×100m）にする整備事業でその後10年間ぐらいの間，どんどん整備されました。

転作で米以外に大豆，麦を作れといわれても，大豆など全く作ったことがない地域なので30aの水田全体に大豆を作付けすることはなかったのです。そんな中，昭和51年に村の真向いの集落の方から，「年を取ってくるし，転作といわれてもで

表 1　田中農場の経営の歩み

昭和 46 年	養豚経営を始める
51 年	転作作物（大豆，麦）を栽培し始める
55 年	大豆，麦を中心に田中農場（個人）設立
62 年	平成 2 年までに，主力を麦・大豆から水稲へ切替え
平成 8 年	有限会社田中農場（法人）を登記

きないから田んぼ 1 枚で転作作物を作ってくれないか」と依頼されたのが，田中農場が水田農業を始めたきっかけです。

水稲作はせずに転作作物を栽培，地域の転作割当達成に貢献　この 30a の水田を 1 枚借り受け，転作作物の大豆，麦を作ったところ，地域から転作の大豆，麦の作付けを依頼され，ナシ農家と 2 人で組んで水田を貸して貰い，米は一切作らずに，大豆，麦を作りました。

4 万 3,000 円の基本額にいろいろと品目や集団化で上乗せした転作奨励金（最高額 9 万 3,000 円にまでなった）は水田の持ち主である農家に入りました。農家が田中農場に水田 1ha を貸すと 93 万円になるという話なのです。

この話が噂になり，村のいろいろな集落の取り決めをする初寄合のような席に呼ばれ，転作や麦，大豆のこと，私の取組みなどを話したら，村の区長さんから「村全体でおまえさんに田んぼを貸すという話になるのだけど，本当に受けてくれるのか」，「20ha とか 30ha の面積を受けてくれるか」と言われ耕作規模が拡大しました。51 年度に 30a が 1 枚だったのが，5 年後の昭和 55 年度には 13ha，次が 20ha，次が 35ha と耕作面積が増加しました。

35 年前ですから，小作契約での農地の貸し借りは少なくなっていたものの，水田を人に貸すと返

してもらえないとか，小作を解約すると大変になるという時代です。

全国で，転作割当を 100％こなすのに四苦八苦していた時代でしたが，私は水稲を作らずに，麦，大豆の転作作物を作り，もう一つの酪農グループに水田を貸すとソルゴー，牧草が作付けされたので，水田 650ha ぐらいの旧郡家町（その後 2 町と合併して八頭町）の転作達成率が 140％とか，135％とかになりました。一方で 20a，30a の水田で水稲を作りたい農家は，転作せずに好きなように水稲を作ってもらえました。

次第に地元の信頼を得て近隣の農地を集積　こうして昭和 60 年には，半径 3km ぐらい，トラクターで 10 分，15 分ぐらいで行けるような範囲内で農地を集積し，50ha を超えました。普通は，このぐらいの規模の農地を集積しようとすると，10 ～ 20km の遠方，あるいは何町かにまたがる範囲になってしまいます（表 2）。私は旧郡家町以外からの話には応じず，地域の農地のみを受け入れていました。将来，高齢になった農家が水田を作らなくなると思っていたからです。

自分の村，真向いや隣の村で 30 ～ 40ha ぐらい

表 2　耕作水田（経営＋作業受託）の状況

圃場の区画の割合	不整形	2％
	～ 30a 区画	90％
	～ 100a 区画	8％
	100a 超区画	―
圃場への配水路の割合	開水路	100％
	パイプライン	―
自宅からの距離の割合	～ 1km	40％
	～ 3km	40％
	～ 5km	12％
	～ 10km	5％
	～ 10km 超	3％

の地続きの所や，5haぐらいまとまっているとか，そのような農地のまとめ方をして，米は一切作らないで，借りた農地では大豆，麦を転作でやっていくという姿でした。

天候に左右され大豆・麦作は不安定　大豆，麦だけを栽培していた頃のことですが，当時40haぐらいビール麦を作っていたところ，昭和58〜59年にかけて鳥取や山陰地方が大雪になり，雪解け後に麦は全滅でした。

冷夏だ，高温だと言っても，稲作なら鳥取では1割，2割の減収で，半作はまずありません。ところが，麦，大豆は本当に半作になったり，全滅したりと，大変な思いをして面積を増やしてきました。

米価下落を受け転作大豆・麦から水稲へ切替え　昭和62年に31年ぶりに米価が下がり，これをきっかけに，3年間で大豆，麦から米にシフトしました。主力作物を全く変える取組みです。

水田10aの地代は現在1万円を切って8,000円，9,000円ぐらいですが，当時の水田の地代は2万8,000円でした。3年ぐらい借りて，少しずつ米価の下落に合わせて地代は安くすることにしました。

前年までは，水田を田中農場に貸して転作作物を作ってもらうと10a当たり6万円の転作奨励金が全額地主農家の方に入っていたのが，米に変わると地代の2万8,000円だけとなったのです。本来，地代は2万8,000円で，転作絡みでの奨励金等があって6万円というお金になっていたのです。「田中農場は今後とも転作だけをやっていくわけにはいかないから，米に切り替える。このため2万8,000円で了解して欲しい」と言いました。そして転作作物，米のどちらでも水田の地代を支払うこととし，初めて転作奨励金が田中農場へ入る

ようになりました。全国では，8〜9万円も出るのなら，折半にするとか，作り手が5万円ぐらいもらって，貸し手の方は4万円にするとか，そのような取組みをしていたのです。

米づくりに切り替え，私は農地をまとめながら転作から入って，昭和62年度から3年間で今度は主力を麦・大豆から米へ切り替えていったのです。

特別栽培米制度を利用して販売を工夫　農作物が保護されていると，販売価格の幅がなく，1俵2万円の米なら少々悪いものを作っても1割減の1万8千円，少々いいものを作っても1割増の2万2千円なのですが，米価は下がっていく状況では，販売価格に幅が出てくるのです。そこで，自分で売っていくことを考えました。どういう米を作ると，買ってもらえ，売れるかが，セットと思っています。30年ぐらい前，自分で米を販売するのが難しい時代に，特別栽培米という制度を利用して米づくりを始めました。

水稲，麦・大豆栽培の特徴

米づくりの主体は酒米栽培　田中農場は基本的には米を中心にしており，米で91haあります。酒米が一番多く「山田錦」が増えています。「山田錦」は，草丈が長く，出穂が遅く，登熟期間が長く，作りづらい品種ですが，うちの農場にとっては非常に作りやすい品種なのです。なぜなら，ただ収量を求めるのではなく，土づくりなどの基本的な栽培条件，環境を作って，地力に任せる作り方に「山田錦」は合うのです。単に，収量で5俵取るか10俵を取るかではなく，1万円の米を10俵取るのか，それとも2万円の米を5俵取るのかと考えれば，収量だけではありません（表3）。

表3　近年の品目別作付面積の推移（ha）

		平成10年	15年	20年	25年
	水稲	45.7	53.7	73	80.9
	麦			2.3	0.4
	大豆	4.9	2.4	1.6	1.5
その他	黒大豆	1.7	2.5	2.0	2.0
	小豆	2.5	0	1.5	0.6
	白ネギ			2.6	2.4
	飼料米				2.0
	ソルゴー				3.3
	飼料用トウモロコシ			4.0	6.2
	その他環境保全作物				1.2

いかにして単収を上げてコストダウンを図るかということとは違った問題だと思います。収量が少なくても良いというのではなく，これからは米の品質は上げながら，きちんとした収量も取っていくという取組みは絶対に必要になります。今は，ある程度の面積を使いながら，付加価値のある米を作っていって，酒蔵，レストラン，消費者に米を直売しています。食用の「コシヒカリ」の今年の生産量は販売先への供給でいっぱいで，新たなレストラン等の取引先の話はあるものの，受けられない状況です。

醸造に適した酒米栽培のポイント　高く評価してもらっている酒米の作り方についてですが，地力を維持して，化学肥料，農薬もほとんど使わないと，熟れ具合を揃えて栽培できます。例えば5枚ぐらいつながった水田を見たときに，秋になって熟れ方が，きれいで，どこを見ても同じような色に見え，それが1枚の水田に見えるような作り方をしているということです。40haで酒米を作って，40haを均一にして全体を同じように作っています。

酒の醸造では，大吟醸では玄米を50％以下に精米して浸漬しますが，米を水に漬けて水を吸わせて，ある時間でぱっと上げる。その作業は，いい酒になればなるほど，例えば4分という最適な浸漬の時間を厳しくする必要がありますが，米自体にばらつきがあると，3分で水を十分吸う米粒や，5分かかる米粒もある中で，4分の基準で浸漬します。熟れ具合，品質をあわせ，均一にそろえるのは，全く私どもの米づくりのノウハウで，米粒をそろえることがポイントになります。いろいろな農家が作った米を集めると，そうはいかないわけです。

栽培の基盤づくりを重視　田中農場は，いい米を作っていたというか，いい米ができたのです。それは長年にわたり大豆，麦を作りながら，土づくりというか栽培の基盤づくりを手がけていたからです。

今はだいぶ丁寧になってきましたが，当時の圃場整備は，小さな田をブルドーザー等の重機で30m×100mに整形し，水路，農道を付けて，ほんのわずかな肥土を上にぱらぱらっとまいて，「はい，出来上がり」みたいな工事でした。実際に出来上がった田を返してもらうと，見た目は大きな

235

区画になり非常に近代的になっているものの，何百年とずっと手をかけて作り上げた農地が，整備後は5cm，10cm下に耕盤が出来ていたり，大きな石が入っていたり，排水が悪かったりで，根がきちんと張って，作物が健全に育つような状態ではないのです。そこで，80馬力，100馬力の大きなトラクターを導入して，プラウで土を20～30cmに深く起こして耕盤を壊し，出てきた石を拾い，畜産堆肥を入れるなどをしました。

畜産農家と連携して10a当たり1.5～2t/年の堆肥投入，20～30cmの深耕で土づくり 農業のスタートが養豚でしたので堆肥を入れることを当たり前と考えていて，鳥取は黒毛牛の産地ですから繁殖牛と肥育牛がいるので，こうした畜産農家から堆肥を入れています。牛1頭と10aぐらいの水田が対応しますので，耕地面積100haで1,000頭ぐらいの牛の畜産農家と連携しており，コンスタントに量を確保できています。畜産農家にとっては，田中農場は堆肥を引き受けてくれるありがたい存在で相身互いです。堆肥は，無償か，2tダンプで積んできて1台分が500円ぐらいで，1シーズンで1軒の畜産農家に堆肥代として10万～20万円を支払っています。

基本的に農地10a当たり毎年1.5～2tぐらいの堆肥を，長い所は20年，30年と必ず入れて，化学肥料は使わずに他のミネラル分を供給するために鶏糞の灰（リン酸，カリ，カルシウムが高い）を施用しています（写真1）。あと，米ぬかとおからを発酵肥料にして使っています。堆肥も生のような堆肥なのか，きちんと発酵したものなのかで全く使い方が違います。生の堆肥は4～6年入れると，どんどん害も出てきます。

私は，完熟堆肥を貰うのではなく，畜産農家が1回，2回熱を上げて，ある程度の状態になっ

写真1　自走式マニュアルスプレッダーによる堆肥散布

たものを，うちの農場でもう1回籾殻を入れ，切返しをして完熟させています。また，耕深10cmか，耕深30cmに対して堆肥を入れるのかで，全く効き方が違います。土壌が深く，肥沃土の深さが20cm，30cmあると，クッションというか，吸収の幅があります。そしてプラウ耕をすると，去年，一昨年入れたものが底から上がり，腐植が増えていきます。

大豆・麦を作る前に必ずこうした作業を入れました。これによって作期が遅れ，播種が遅れて，半作といったことも多く，大変な負担をしながら，農地を作り替えてきました。

私の農場では，30cmぐらい深耕したため，普通の田植機が使えず，田植えは基本的に成苗のポット苗を使っています。がっちりした5葉ぐらいの成苗を作り，植える位置が少々深くても，凸凹があっても，きちんと田植えができます。

平成5年の冷害を克服し，土づくりを再認識 こうした土づくりの努力が，平成5年の冷夏のときに実りました。地力を高め，しっかりした根が生えるようにして，薄く植えて，風通しを良く，日当たりを良くする栽培条件で作った水稲が平年の1割減程度で収まったのです。生育が悪いと肥

料をやりますが，冷夏ですから，やればやるほど生育は悪くなるのです。極端な天候のときには地力に任せて何もしない方が良いという作り方でした。平成5年，大冷害によって東北など大不作のため米が足りなくなり，元研修先のサイボクハムのレストランや，東京のスーパー，関東からも訪問を受けました。これによって，私自身が土づくりというか，栽培条件づくりがいかに大事かということに気付きました。

平成5年当時，化学肥料はなるべく使わない，農薬もあまり使わないという栽培をしており，現在に至っています。

水稲の品種は「山田錦」と「コシヒカリ」，化学肥料や農薬は極力使用しない栽培　田植えは1ヵ月ぐらい，収穫は2ヵ月ぐらいかけて農作業しており，品種は，酒米は「山田錦」を中心に，食用は「コシヒカリ」です。「山田錦」が増えていまして，基本的には収量は10a当たり6.5俵ぐらいと見ています。田中農場は，化学肥料や農薬は極力使用しないで堆肥等の有機質肥料を用いた農法ですから，もともと地域から見ると1俵ぐらい少ない収量になる作り方です。作り方自体，取組み自体は変わっていないのですが，ここ3年ぐらい天候もあって少し減収になっています。去年も8月の大事なときに日射量が3分の1でした。

栽培面では，なるべく栽培条件づくり，土づくりに取り組み，水稲のほかネギなども作っていますが化学肥料は全く使っていません。野菜にはほとんど農薬も使わず，水稲でも初期除草剤ぐらいです。現在は，地力依存型の栽培で，穂肥とか，実肥とかやらない栽培方法ですが，今後は，食味とか質は本当に落とさずに，天候を見てせめて穂肥を1回やるなどを検討していかなければと思います。

表4　主な機械装備

種類	仕様・能力	台数
トラクター	〜50HP	5
	〜100HP	5
	100HP超	1
播種機	ロータリシーダ・ドライブハローシーダ	1
田植機	〜6条植え	3
収穫機	自脱コンバイン（〜4条刈り）	1
	自脱コンバイン（〜5条刈り）	3
	ヘイベーラ・ロールベーラ	1
レベラー	レーザーレベラー	1
	バーチカルハロー	1

写真2　大型コンバインによる刈取り

大型機械を多数装備，天日乾燥に近づけるため乾燥機は標準の2倍　機械は，トラクターなど大型機械を多く所有しています（表4，写真2）。特に乾燥機は，面積から見る約2倍の台数です。現在の乾燥機は高機能で，稲刈り後，水分15.5％のスイッチを押すと翌朝まではきれいに仕上がりますが，私の農場では，天日乾燥に近づけるため急激に米を乾燥しないように稲刈り当日は乾燥機に入れて送風だけで，翌日に低温から徐々に温度を上げていくため，乾燥機が沢山いります。

写真3　レーザーレベラーを利用した水田の均平化

水稲の直播栽培に取り組む　また，思い切ったコストダウンを図るため，10haで直播にも取り組んでいます。今のところ乾田直播で取り組んでいて，できる範囲の面積は増やしていこうという気はあります。ただ，乾田直播は出芽後，入水時に十分な水が必要ですから，水路を一本引いて水を取っていますが，1ヵ所に乾田直播をまとめてしまうと，用水の制約のため，その中でもある程度の面積しか栽培できない面があります。

ICT取組みの現状と課題　ICTへの取組みについてですが，インターネットで農場を紹介し，商品も載せていますが，インターネットでどんどん売ろうというのではありません。

圃場が500筆くらいになると，1枚ごとの管理記録が必要ですが，既に大手のメーカーなども取り組んでいるような，現場作業自体をデータ化するようになります。農作業後，自分で打ち込み，日誌を書くような仕事自体がデータとして入ってくるシステムができてくると思います。

今は田んぼ1枚を図面に落としてデータづくりをやっていますが，仕事が終わってからそのデータを打ち込むのは大変です。Y社，K社のコンバインで稲刈り時に，刈ること自体で生の重量，水分含量がデータとして出てきます。このように，計測が帰ってからではなくて，刈り取り作業に入ったことによって，GPSなどと組み合わせていくと，相当に作業自体が楽になります。だから，水田1枚ごとの田植え・収穫の日付，収量がデータとして全て出てくるようになるので，そのシステムはすぐに使っていけると思います。

GPSの活用については，現在，レーザーレベラーを用い，100mで1〜2cmの勾配を取り，均平を取る際に三脚を立てています（写真3）。それはレーザー光を発信して，キャッチして，その上げ下げで，低くなったら上がるし，高くなったら抑えるし，単純な物です。でも，三脚を立てずにGPSで想定できる高度データの今の精度は，1mを切って50cmぐらいになっていますが，50cmでは使えません。1〜2cmぐらいまで精度が高まると，三脚を立てずに，作業時にスイッチを入れるだけでデータが取れるようになります。

高知の農家との連携で相互補完

気候条件の異なる地域との米販売連携　私の農場は20年ぐらい前から，高知の農家と農作業，販売等で連携しています。もともと高知で非常にこだわって堆肥を入れた土づくりをやっていた方で，年齢は同じぐらいです。20年ほど前にうちの農場の話を聞かれて，本当に田中農場は60〜70ha規模で土づくりにこだわってやっているのだろうかと見に来られ，堆肥の量，扱い方，機械を見て本当にやっていると分かられたのです。その後，うちの取組みに興味を持たれて，自分も同じ作りがしたいとなってノウハウをお伝えしたのです。田中農場と基本的に同じ方法の栽培をしてもらい，生産物は「同じような早期米があります」と情報発信して田中農場のルートで，シールみたいなスタイルは同じにして，高知産，その人の名前を入れて販売しています。

鳥取では早場米と言っても収穫するのは8月末か9月になります。お盆前に新米を欲しいという要望に応えるため，8月初めには収穫できるこの高知の農家（約10ha）と連携して，生産された米を「ネットワークのお米」として販売しているのです。

私が高知に関心を持ったのは，鳥取から東や西へ5時間行っても福井県や島根県の益田か浜田ですから作期は1週間とずれないのですが，高知だと同じ5時間ですが南北の違いで，作期は1ヵ月も違います。高速道路を使うと，朝発って，昼過ぎには高知に着いて，稲を見て夜には鳥取に帰れるのです。機械を運んでも同じです。

気候条件が異なるため機械と労力の補完が可能　時期をずらす，もう1つの効果は農業機械と労力の補い合いです。農場で90haの米を収穫しますが，加えて収穫作業を25〜30ha受託しますので，1シーズンで120〜130ha稲刈りをします。保有している6条コンバイン2台では100ha程度の稲刈りが限界ですから，足りないときや仕事が間に合わなかったときに，1ヵ月前に稲刈りが終わっている高知の農家に6条コンバイン持参で稲刈りをしてもらっています。地域の農作業を受託し，高知の農家に委託する形ですが，時期がずれているため機械や労力を補い合うことができます。

災害対応への効果　また，地域の助け合いとよく言われますが，地域内では災害が起きるのが一緒なのです。台風が襲来し，「大変な状態になったから助けてくれ，手伝ってくれ」と言っても，同じ地域ではお互いそれどころではないのですが，離れていると助け合うことができるのです。稲刈り前に台風が来て，倒れたとき，1週間ぐらいまでに収穫すると被害も少ないのですが，10日，半月たつと米も痛んできます。普段からこういう取組みをしていないと，そういうときに，「こちらに回ってくれ」と頼めないのです。

鳥取県八頭郡八頭町・有限会社田中農場

経営の考え方と人材育成

「迂を以て直となす」が経営のモットー 規模拡大や米生産販売などで機敏な経営対応をしていると言われますが，私のモットーは，「迂を以て直となす」で，孫子の兵法の中の1つなのです。「急がば回れ」と捉えられるのですが，私は力をためている言葉だと思うのです。じっとしているようで，最後に付いていっているようでも，いざというときに先頭に行けと言ったら行ける，かなりの力をためないとできないのです。

水田から出てくる石は厄介ものです。以前，水田のプラウ耕の際に出た石を圃場の入口に山積みしたところ，地権者から片付けるよう頼まれたので，湧き水が出る所を掘り，そこにその石を入れ，ヒューム管を入れて，簡易のため池を作りました。また，農場の周りの崖を継いだり，石を持ち帰ったりしているうちに「掘り出した石を金にしている」という話になってきて，厄介者ではなくて，今度はみんなが欲しがるようになりました。

経営の考えは，どこで教えてもらったとかはありませんが，どこで身に付けたかと言われると，19, 20歳ぐらいから，自分なりに行動してきた，ということだと思います。

一緒に仕事をして後進を指導 経営をしているうちに，10年ぐらい経つと見えてくることもあります。20年，30年ぐらい前に，「1番手で突っ走るのはいいけど，2番手がちゃんと見える範囲で前を走れ」と言われました。1番手がぶっちぎってしまって，2番手が見えなかったら，2番から後ろの人はどこのコースを走っているのか分からないとのことです。農場の10名の社員には，この経験を，言葉で言うより，一緒に仕事をしていて，

その中で私が何を考えているか理解して欲しいと思います。自分が高校を出た頃に米の転作の問題が起きて，それから10年，10年と状況が変化しそれに対応してきましたが，10年先はさらに変化してくると思います。

農業には伸び代がある 現在行っている農作業を見ると，取り組むべき課題をいっぱい抱えていますが，逆に言うと伸び代があって，他の業界と比べると，初歩的な経営と感じています。いろいろな業種の人たちの取組みから見ると，農業分野はもっともっと取り組める分野が，特に農地の集積とか，規模拡大とか，穀物では特に多く含まれているなと思います。

販売戦略と今後の経営展開

消費者，実需者への直接販売が主体 農場で作ったものは，直接うちの農場から販売しています（表5）。食用の「コシヒカリ」では，直接個々に10kg，20kg販売している量は収穫の10～15%程度です。価格は10kg当たり5,500円ですので，1俵に直すと3万円ぐらいです。多くはレストランとか東京の高級スーパーとかに出していて，大体1俵が1万8,000～2万2,000円の原価計算で，販売しています。

酒米は，1俵当たり原価2万2,000～2万6,000

表5　平成25年の生産物の出荷先割合（%）

	米	麦	大豆	野菜
農協系統外集荷業者	7	—	—	—
加工業者，外食産業等実需者	42	100	12	4
自社販売	51	—	88	96

事例に見る全国16の先進経営

写真4　2haを超えて作付けするようになった白ネギ

円で，全国7ヵ所の酒蔵に直接納めています。酒米は40haぐらいで，10a当たり6俵を取って2,400俵，6.5俵で2,500～2,600俵となります。単価設定の中で「山田錦」は1等が9割で，3等が1割です。数量的には10a当たり6俵半とかですが，販売単価からすると，「コシヒカリ」，「山田錦」をまとめて，全体で平均2万円程度です。

加工用米は1俵当たり9,000円ですが，本来，うちの農場がこの価格の米を作ることはなく，ある酒屋との限定した取組みです。この酒屋との取引のメインは酒米「山田錦」で，年1,100俵ぐらい出ますのでお互い様です。今後は，加工用の品種の取り扱いも必要だと思います。

これは高く売っているというのではなく，ここ20年間，米価が下がるなか，極端には販売価格を下げていないということです。

6次産業化への取組み　また，6次産業化の一環で，餅，味噌，ポン酢などの加工販売にも取り組んでいます。「餅は餅屋」，良い加工品を作ろうとすればその道のプロの加工業者と良い商品を作りたい農業者が一体となって，互いに持ち味を出し合って加工品を作ることが大事と考えて取り組んでいます。農産物の加工では，規格外品や不良品を加工してお金にならないかと考えがちですが，私は，農業者の加工品は，良品の農産物を利用するからこそ，すばらしい加工品，商品になると思っています。

畑作物は先に販売先を決めてから生産　これまで畑作物としてニンジン，ハクサイ，カブを作ってきましたが，白ネギは単品で2haを超えるようになっています（写真4）。これからはニンジンのような，土づくりをして見合うような作物を増やしたいと思います。飼料用トウモロコシ，ソルゴーは近くの肉牛農家，酪農農家に納めています。飼料用トウモロコシは10円/kgぐらいと本当に安いです。そこで，春に耕して播種するだけの栽培で，8月末か9月になって，成熟すると畜産のコントラクターが来て，勝手に刈って持ってい

鳥取県八頭郡八頭町・有限会社田中農場

くのです。

　水田であっても畑作物ができるような、逆に言うと、水田だからこそ畑作物を生産したときにプラスが出てくるような、土壌消毒になる水を張るとか、土を深くする取組み、作付け前に売り口を確保しながら、作る面積、作物を決めていくことを考えています。今ネギの出荷先のスーパーから、ニンジンと他に何品かコンスタントに出せる作物を作ってほしいと言われています。畑作物で考えたときに、水稲から畑作へ切り替えられるだけの条件づくりは是非やりたいと考えています。併せて販売先も同時進行で整えながら作物を作るということを考えています。

　今後、畑作をどう展開するか　今、農場はパートを含め20名ぐらいで、基本的には60歳ぐらいまで働く意欲の方を正社員で入れています。野菜などは、面積だけではなく、労働力が多く要るような事柄を集約合理化して、いかに人数をかけずに、人件費を安くするのかというのも1つの考えですが、私は、もう一方で、ある面積でどれだけ多くの人が働ける場所や機会があるのかを考えると、米作よりは野菜作の方が必要になってくると思います。

　実際に10ha、20haという面積は、作ろうと思えば、畑作に切り替えられますが、栽培技術や働き手の確保など、そのために必要な態勢をしっかりと確保してどうやっていくのかが課題です。耕地の条件としては、10ha、20haの面積は、土を深く耕し排水を良くして、肥沃な状態にした条件は作ってきています。

　とはいえ、全ての農地で畑作を行うことは出来ません。主力を畑作に持っていくという話になってくると、先ほどの100haの中の10ha、20haという面積の話とは全く違い、人材がポイントになり

ます。米では10a当たり10万円、12〜13万円だと言っているのが、野菜では30万円、40万円とか、場合によっては、50万円、100万円という話になります。技術者が私1人では難しく、農場として、畑作に堪能な技術者を複数確保したうえで、労働力、販売先の確保が同時に必要です。

土地基盤整備への提言

　大規模農業経営の実態に即した水管理や土地改良制度への変更　土地基盤整備についてですが、現在の農家1戸当たり「1ha規模」の米づくりから、「50〜100ha規模」の米づくりという考え方に、早く変わらなければ駄目だと考えます。ところが、集落がからむと「稲作農業は変わらないのが良い」、「変わったら駄目だ」というところがあります。毎年、村では5月15日に用水路に水を通して、9月20日に水を落とすしきたりで、それより早く水を出すとか、遅くまで出すのは駄目だ、といった話です。ある程度の面積をまとめて栽培すると、従来よりも早くから用水を出し、遅くまで流すことが必要です。米づくりは毎年同じことをやっているみたいですが、基本的な大事なことは別にして、技術も含め変わっていくべきことは、もっと変わっていかなければ駄目だと思います。

　具体的には、20年、30年前に作られた農道は1ha規模の農家が前提で、小さなトラクター、作業機で、農道幅も2mぐらいで良かったのですが、100馬力のトラクターで、アタッチメントを使うには、車がすれ違える、最低4mぐらいの道幅で、水路の所5〜6mぐらいはふたをして、そこに車を止めても、その横を別の車が通れるぐらいの幅の農道が必要です。

　農地を1m削って農道にするのは、農家の感覚

ではもったいないと思いますが，実際の農地の利用では，例えばネギ栽培では，30m×100m農地で，入り口の100mは3m分（農地の10%）を通路として取って栽培しています。さらに両脇の5mは機械がターンするための作業道として取っているので，栽培する面積は農地の8割ですが，機械で効率化を図って利益は30%プラスになるのです。

中山間地は水田面積が狭いので，農道を広げると，もっと面積が少なくなるのではないかという考えではなく，大型トラクターやいろいろな機械が使える条件に整備する必要があると思います。それで，法面が高くなるようなら，もっと法面を滑らかにして，水田利用でなく，牧草地，畑として使えるように農地の使い方を考えていってはと思います。

農地改良による付加価値に対する支援 水田に付加価値を付けながら作物を栽培していくことに関心を持っています。例えば飼料用米を作って，助成金は8万円が10万円になるのはいいのですが，農地を10cmだけ耕して飼料用米を作るのではなく，20～30cm耕して堆肥や有機物を入れる栽培をすると10万円助成するような，農地に対する基本額は5万円ぐらいで，作物を作りながら農地に付加価値を付けていく栽培に助成を付けるのが良いと思います。

水を活用する水田の機能の素晴らしさと水をコントロールする基本的なことに補助金，助成金を使う，そういうインフラに重点的にお金を使ったらどうかと思っています。その後，水田などのインフラを活用して何を作るのか，どんな農産物を作るのかは，作る農家の取組みなのです。大区画を作るのもそれにあたるのでしょう。

どういう作物を作って，どういうことをやると将来的にその農地の価値を高めていくことができるか，いろいろな業種の人にも，そこに注目してほしいと思います。

農家が自ら実施する基盤整備への助成 農家が自ら低コストで裁量のきく基盤整備を行うことについてですが，私は基盤整備ができる土木工事に使うパワーショベル等を農業関係でかなり使っています。

果樹園の荒廃地を借りるときには，「3年間は地代を勘弁してください。4年目になったら地代を出します」という条件で借りています。水田30a1枚で，地代は年3万円，3年間で9万円です。10万円ぐらいを土地基盤の整備や土づくりに使うと，ある程度の耕作条件はできます。深耕とか，均平を取るとかは普通の水田でもしますが，その前にロータリーをかけたり，少し手間をかけるぐらいのことです。段差が10～20cmぐらいの農地では，3枚を1枚にすることで稲作ができますので，基盤づくりに10a当たり何十万円をかけなくても十分に行える農地もあるわけです。

やる気のある農家に任せて，この工事だったら10a当たり3万円，あるいは5万円と結果を評価して，農家自体がやるような整備を進めてほしいと思います。

ため池や農道は受益者負担のない公共財として整備を また，既存のため池が老朽化し，壊す動きがありますが，従来の栓を抜いて水を出すのではなく，パイプラインで導水する，使いやすいため池として再整備して残して欲しいと考えています。ため池のような公共的な施設は，受益者負担ではなく，国，公共団体の財産として100%公共の経費として良いと思います。

（平成27年10月 研究会）

山口県周南市
有限会社鹿野アグリ

倉益 勲

有限会社鹿野アグリ取締役
倉益 勲

高齢化の進行等を背景に中山間地域の担い手として急激に規模拡大
水稲種子生産を中心に大豆，野菜を組み合わせた多品目栽培で経営安定
耕畜連携で土づくりにこだわり特別栽培米の生産販売
畦畔管理等に苦労しながら中山間地域の担い手として今後も発展意欲

地域の概要

　地域の実状と現場のお話をさせていただきます。中山間の稲作を中心とする当社は，米余りによる米価の低迷，他作物への転換，そして最大の問題の過疎，高齢化など，多くの問題を抱えています。

　周南市は山口県のほぼ中心の位置にあり，南には徳山を中心とした周南コンビナートがあり，北は島根県に接しています（図1）。

　当社は主に合併前の旧鹿野町内で経営をしてい

図1　周南市の位置

ます（写真1）。地区内は，耕作可能な農地面積が327ha ぐらいで，平均気温が13℃，年間降水量が2,000mm 以上，農地の標高は350 〜 400m ぐらいです。終霜が5月の上旬，初霜が10月下旬，降雪も12月下旬から2月下旬に，多いときは30cm 以上積もります。

　南から北に向けて錦川が流れ，それに沿って耕地があります。中国自動車道の鹿野インターを中心に放射状に耕地が点在しています。西側と北側には1,000m 級の山があって島根県に接しております。主な農産物は，県内でも有数の良質な米に，雨よけホウレンソウ，ワサビなどがあります。農家の耕作面積は小さく，平均しますと80a 程度です。ほとんどの農家は周南コンビナートに通勤する2種兼業です。

法人の設立と発展経過

　整備済み農地の受け皿として法人設立　平成11年に農業生産法人として有限会社鹿野アグリを設立しました。

平成9年から10年にかけ，地域内の有志が集まり，旧鹿野町，山口県農林事務所，JA周南の鹿野支所を含めて，地域の近い将来を考え，多くの意見を出し合いました。当時，土地改良が数ヵ所で実施されていましたが，将来の耕作不安で進まない集落もありました。多額の補助金が注ぎ込まれ，圃場整備がされても農地が荒廃するという心配があり，その受け皿として，協議に参加した3名で当社を立ち上げることになりました。中心となる人は既に10ha近くを耕作していましたが，他の2名は大工と会社員の兼業農家でした。法人設立当時，水田12ha，作業受託3haで，水稲と大豆を作っていました。

地域の過疎化，高齢化の進行で経営面積が急激に拡大　地域の担い手として発足したわけですが，地域の過疎化，高齢化が急速に進み，特に農地の斡旋も受けずに2〜3年で30ha近くまで面積が拡大しました。その後も，特に働きかけることもなく，毎年2〜3haのペースで農地を引き受けてくれと頼まれ，規模が50haまで大きくなりました。

2〜3年で経営面積も売上高も急激に増え，その後は，経営面積は拡大を続けていますが，売上高は横ばいです（図2）。

当初は，未整備田も受けていましたが，規模が大きくなると手が回らなくなり，基本的には整備田でなければ受けないようにしています。引き受けている圃場は数集落にまたがっているのですが，最近ある集落で地域ぐるみの集落営農法人が設立されました。その集落に既に私どもが入って耕作している圃場があるわけです。我々としては，その地区は比較的遠いので，できればその圃

写真1　鹿野アグリのある山口県周南市鹿野地区

山口県周南市・有限会社鹿野アグリ

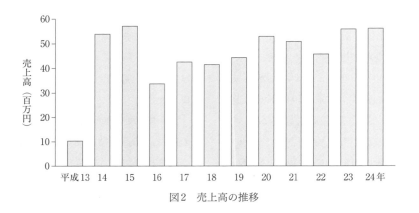

図2　売上高の推移

場を地域の法人に渡すというか，お願いしたいと思ってはいるのですが，地権者がその地域の法人に預けるのはいけないという話をされます。

色々と経緯はあるかもしれませんが，そのうちに，安定した信頼関係ができたら，地域の法人にお願いするようにしたいと思っています。その代わりに，我々が耕作する圃場を，当社の近いところに集約できたらありがたいと思います。農地中間管理機構に期待しているところです。

種子用水稲を中心に多品目を作付け複合経営　現在の耕作面積は約54haで，全面積で利用権を設定しています。作目は，種子用の水稲「コ

シヒカリ」15haを中心に，主食用水稲23ha，大豆11ha，ジャガイモ1.2ha，サツマイモ0.5ha，「はなっこりー」1ha，水稲もちが2haの複合経営です。

作業受託は水稲作業，大豆作業を併せて6haぐらい，土壌改良資材の散布作業を100haぐらい行っています（表1）。

組織の体制　鹿野アグリの職員数は，役員を入れて5名です（表2，写真2）。役員は2名で，業務の統括と統括補佐をしますが，農作業も分担しま

表1　作物別作付面積

作物	面積（ha）	備考
水稲（主食用）	23	コシヒカリ，ひとめぼれ
水稲（種子用）	15	コシヒカリ
水稲（もち）	2	もち
大豆	11	サチユタカ
ジャガイモ	1.2	学校給食向け等
サツマイモ	0.5	焼酎向け等
小豆	0.2	地元加工業者向け
はなっこりー	1	山口県オリジナル野菜
経営面積	約54	
※作業受託	105.2	大豆・水稲刈取作業，土壌改良資材散布

表2　組織の構成

役員	2名（代表取締役：森本昇）
従業員	3名
パート	6名

写真2　鹿野アグリの役職員

事例に見る全国16の先進経営

す。従業員3名は水稲，大豆，野菜の生産を担当しますが，うち1名は，会計・事務を兼務しています。あと，臨時雇用のパートが6名です。

規模拡大してくると人手が足りなくなるので，稲刈りが始まる前に1人雇用しようと考え，来てもらって様子を見ている状況です。

職員の年齢構成は，一番下が20代の後半で，その上が40歳になったばかりです。それから，50代の女性が1人，50代の男性が1人です。私が70歳を超しています。

作物生産の特徴

歴史の古い高品質な水稲種子生産　作物生産の特徴は，水稲種子の生産です。

当鹿野地区では，昭和25年と比較的古くから水稲種子の生産を行っております。県内には4ヵ所の種子場があり，県農林総合センターを中心に県の稲作ごよみによる指導栽培がなされています。

当鹿野地区では，種子の生産開始当時から「トヨニシキ」，「日本晴」，「ヤマボウシ」など上品質な種子が生産されていました。

現在は種子組合も法人化され，種子専用のコンバインで収穫され，専用の乾燥機で共同作業をしています。当社も，専用のコンバインを所有し（表3），組合の乾燥機で作業をしています。選粒作業は，以前は4ヵ所それぞれのJAで選粒し，袋詰め作業をしていましたが，現在は県内1ヵ所で選粒，消毒，袋詰めをしています。県内で必要な「コシヒカリ」の種子は，鹿野地区で生産されています。昨年度は旧鹿野町内に47haの圃場があり，177tを出荷したようです。そのうち当社は毎年40〜50tぐらいを出荷しています。

表3　主な機械装備

種類	仕様・能力	台数
トラクター	15〜41ps	8
田植機	6条植え	1
コンバイン	18〜47ps	3
	種子用コンバイン（47ps）	1
	大豆コンバイン	2
管理機	乗用管理機	2
	ジャガイモ栽培管理機（ポテトプランター，ハーベスター，選別機，泥落し機）	一式

耕畜連携による堆肥を投入，土づくりにこだわって特別栽培米を生産販売　次に主食用水稲ですが，「コシヒカリ」と「ひとめぼれ」の2品種を作付けしています。「ひとめぼれ」は，実需者から作ってほしいと言われています。作期については，鹿野地区では5月の連休にほとんどの田植えが終わりますが，当社は5月はじめから6月上旬を目標に準備をします。連日のように霜が降りる3月下旬から育苗の準備を始めます。ハウスで育苗をして，石油ストーブや練炭，ラブシートなどが大活躍します。

当社の栽培の特徴としては，土づくりにこだわり，地域の畜産農家との間で稲わらと堆肥の交換をして循環型の農業を行っています。畜産農家が

写真3　水稲栽培では種子生産に取り組む

山口県周南市・有限会社鹿野アグリ

稲わらを持ち帰り，堆肥を10a当たり1～2tを限度にマニュアスプレッダで散布してくれます。堆肥を2t/年近く5～6年も投入すると稲の倒伏が始まり，10年も経つと肥料が全く入れられなくなりますので，土壌調査をして堆肥の投入量の調整をしています。堆肥は，採種圃にも入れています。

連携している畜産農家は大きな法人で，豚が何千頭，牛が何百頭います。この法人の堆肥処理をうちがやっているような状況になりつつあります。

耕畜連携で地域の栽培ごみの半分以下の肥料，農薬で「エコ50」のお米を作っており，エコファーマーに認定されて，エコやまぐち農産物「エコ50」の特別栽培米の商品を消費者に届けています。特別栽培米は米全体の出荷量140～150tのうち，20t程度ですが，これは，種子用の種籾を選粒しますと，種子は10aで200kgぐらいしか取れません。残りを主食用の米として販売していることによります。

エコ50については，基本的には「エコ50」の栽培方法で栽培するのですが，河川に沿って圃場がありますので漏水圃場がかなりあります。除草剤，農薬の追加が必要な圃場があり，エコ50にならない米も出てきます。種子消毒は温湯消毒が主ですが，種子用の場合は農薬で行っています。

将来的には直播きも考えなければと思っていますが，入れるとすれば鉄コーティングだと思います。ただ，ほとんど採種圃の場所が対象となりますが，採種圃の近くに他の品種を植えることはできませんので注意が必要です。

ある程度5haぐらいの集まりの所の中で考えることになると思います。

大豆栽培でも土づくりにこだわり単収337kg/10a

を記録　大豆は設立当初は紫斑病に弱い品種「ニシムスメ」だったと思います。ネットの袋に入れて，平型乾燥機で乾燥していました。昔の小さな選粒機で選粒して，紫斑病なり，汚染粒を手選別していました。多くのアルバイトをお願いしても，良くて3等，特定加工や規格外が多く出ました。

平成14年に，「サチユタカ」へと品種が変わり，紫斑病の心配がなくなりました。大豆栽培では，なんといっても汚染粒を出さないことが重要です。

以前は梅雨なのに前耕耘し，播種作業をしていて，水分過多で作業効率，発芽率が悪くて困りました。6月上旬から梅雨明けの7月下旬まで作業が続きました。

現在は，畝立て播種機を使い，アップカットロータリーによる耕耘，施肥，播種を一工程で行っています。11haが2週間ほどで終わります。鹿野アグリの設立当初は，今振り返ると技術のなさを痛感しますが，夜まで雑草の刈取り作業をしたものです。現在は，雑草対策としては作業前に除草剤を散布します。播種後も除草剤を使用する圃場もあります。刈取り前には手取りの除草も行います。基本的には中耕培土を2回実施して雑草対策としています。高い位置にさやを着けて刈取りロスを少なくするため，10a当たり8kg前後の播種をする密植栽培です。

大豆圃場も1.5t前後の堆肥の投入をしています。以前は堆肥を入れずに栽培していて，収量，品質ともに年々低下していました。近年は収量が安定の方向に向いていると思います。以前は単収が100kg/10aに届かない状況が大変長いこと続きました。近年は最大で単収337kg/10aを上げることができました。

事例に見る全国16の先進経営

ただ，それ以後，これ以上の収量を上げておりません。250〜300kg/10aぐらいしか取れませんが，天候の影響もあると思います。夏の干ばつ時の灌漑も水さえあればやります。

圃場は，鹿野アグリが地域を決め，ブロックローテーションで栽培するようにしています（写真4，5）。大豆の作付けが可能な圃場だけで行い，大豆の植付けができない圃場は省いて，地域を区分けして行います。圃場は標高が280mから450mぐらい，南北に15km，東西に8kmぐらいの広い地域の中にあるので，農業機械を移動するのが大変です。

品種が「サチユタカ」に変わったころから，転作大豆という考えから，本作大豆という考えに変わり，量は少なくとも品質の良い大豆を出荷しようという考えに変わりました。

写真4　団地化された圃場での大豆栽培

写真5　大型コンバインによる大豆収穫

冬の農閑期，降雪期に手選別をするためアルバイトをお願いし，3t以上出荷しました。10t程度までは実施できましたが，その後，栽培面積が増えると選別が困難になり，色彩選別機のある他のJAに片道2時間かけて運搬したこともありました。今は，乾燥調製作業は乾燥機から一連で流れて色彩選別機を通り，袋詰めできます。

麦栽培は困難，規模拡大は大豆で　麦を作れれば一番いいのですが，麦の刈取りの時期が6月下旬になり，梅雨の真っただ中です。それから，大豆の播種期と重なります。実は麦の試験を幾つかの場所でやっていますが，なかなか成績が振るわず，大豆の播種期が遅れる状況です。私どもが子どもの頃には，麦を広く作付けしており，麦刈りしたのち梅雨明け後に脱穀していましたが，その状況では作付けできる面積は限られます。そのため，麦の作付けは無理ではないか，むしろ大豆をしっかり作りたいと考えています。

今後たくさんの農地が出てくると思います。できるだけ水田を増やさず，稲を作らず，大豆を増やしていきたいと思っています。しかし，現状では，コンバインの稼働の問題があります。今の「サチユタカ」では大豆の刈取りが11月10日頃になりますが，朝は霜が降りますので午後にならないと刈取りができず，夕方は日没が早く，コンバインの能力はあるのですが，半日しか使えないという状況です。コンバイン1台の稼働は15haが精いっぱいです。別の法人の4〜5haの大豆の刈取りも依頼されており，これ以上面積を増やす場合には，もう1台コンバインを増やすことを考える必要があり，その点が課題です。

需要を見つけてサツマイモ等の多品目を生産販売　その他の作目ですが，大量に生産されている作目はなく，異業種の人たちとのつながりや他

法人に必要な商品作物などを栽培しています。例えば，地元産の枝豆の欲しいホテル向けに枝豆，地の酒造会社向けにサツマイモ，婦人たちが設立した農産加工法人向けに小豆などです。ジャガイモは学校給食用といった具合です。炒め物やサラダなどに利用される「はなっこりー」は山口県独自の野菜で，中国野菜のサイシンとブロッコリーを掛け合わせた，ナバナの類です。

基盤整備の状況と保全管理の問題

中山間地域で区画が小さく畦畔管理に苦労　当地域の圃場整備率は，64％程度です。当地区のような中山間地域では，大区画にしようとすると畦畔が増えるとともに高低差が大きくなります。地区内の圃場は大きくても30a区画ですが，耕作面積より畦畔面積のほうが広い圃場もあって畦畔管理に大変苦労します。当地区では，畦畔をとって区画を大きくしようにも，高さ3mの畦畔が付くようになり，なかなか区画を大きくできません。

畦畔管理は苦労しますが，せっかく圃場整備された圃場は受けるというのを基本にしています。圃場整備されていない所の圃場は，当初は受けていましたが，規模が大きくなった現在は，できるだけ受けないようにしています。ただ，未整備の所が荒れてくるという状況が出てきて，鳥獣被害も出てきますし，どう対策するかに大変苦労しています。

鹿野地区の中心部の家がある所に荒れた所が多いため，それを，誰が，どう管理をするかが今後の課題です。

複雑な用水系統と大変な水路管理　用水は錦川本流や支流から，堰，頭首工で取水をしています。

谷筋ごとに多くの用水路があり，堰や頭首工も

写真6　ジャガイモの植付け

多く，1ヵ所の用水路の受益面積が1ha以下の水路も多くあります。例えば5ha，3ha，2haのような圃場の所もあり，また，水路の長い所では6haの面積に3kmという水路があります。条件の一番いい所では，大きな水路が2本走っていますが，そこは錦帯橋に向いて流れている錦川の本流の中の水路です。

水路管理については，一部の地区を除き受益者で保全作業を行います。3月から4月の日曜日に集中します。受益者が少ない水路は大変で，臨時のアルバイトまで総動員しても間に合いません。お金で済むところはお金で済ませてもらっています。年間2～3回の作業が必要な水路もあり，付随する農道も多いなか耕作者も少なくなって重荷になっています。

例えば，細野谷地区という地区があります。圃場整備はされているのですが，真ん中に川がありますし，農道が生活道を兼用していて長く，そういう所は人がいなくなり，農地だけでなく生活道まで管理するような状況が起きてきています。ここだけではありません。

環境対策としては，代掻きや除草剤散布などのときは水尻を止めることで河川に汚染水を流さない努力をしています。

当地区では，圃場が川沿いに広がっていて，圃

場の中に大きな石がたくさんあり，トラクターで耕耘すると石で後ろに跳ね上がるような，漏水田の圃場がかなりあります。漏水田が多いので，当地区で高齢化が進み，委託を受けたときには，かなり荒れた状態で引き受けざるを得ないということもあるかもしれません。

鳥獣被害の増加　近年，地域内でイノシシなどによる鳥獣被害が多くなっています。多くは電気柵による防止がなされており，事故を起こさないよう立札や連絡先の設置などをしています。フェンス，電気柵の設置箇所は40ヵ所以上になります。地域の農家の人たちと共同で管理をしています。最近はフェンス柵の下に穴を掘り侵入するものまでいます。電気柵とトタン柵の二重柵が必要な場所も出てきています。

新規作物や異業種連携，地産地消の取組み

米と大豆だけでは，将来にあまり夢がなくなってしまうので，今取り組んでいるジャガイモ，ニンジンなどの面積が増えていっており，そういう方向で増やしたいと思っております。若い人の中には加工をやりたいという希望もありますので，そういった方面でどうにかして伸ばしたいと思っています。

それから，山口県で生産されたもので商品を作って売ろうという取組みがあります。例えば県内産の小豆を探すとないということで，「どうにかしてください」とお願いをされて，全部手作業なので大変手がかかってしょうがないのですが，最近取り組んでいます。要望に応えるために，2反，3反と小豆を植えてみて，大変手間がかかり全く経営的には合いません。大赤字ですが，やっ

ています。

そういうことで，県内の生産物で商品を作りたいという人があれば，どこかで力になるような形で異業種との交流とか，そういうことに力も入れていきたいと考えている若い者がいるようです。それに期待をしているところです。

地場産による地産地消が重要だと思います。うちの農協管内の人口の消費に，地場の米生産が足りていないのです。そういう状況ですので，まだ自分の所の米を売る努力が足りないのだと思っています。最近は道の駅を市が作ってくれましたので，そこに出しています。まだ1年余りしかたっていませんが，右肩上がりに伸びてきますので，ある程度期待はしますけど，やはり量が少ないです。まだまだ自分で努力しないといけないと考えております。

中山間地域農業を守る

特定農業法人として地域を守る責任　次に地域農業を如何にして守るかという視点で考えてみますと，山口県は農業就業人口の平均年齢が大変高く，70.3歳と全国2番目の高齢です。過疎化が急速に進み，生活基盤さえも守るのが大変となっています。これに伴い「集落の農地は集落で守る」を合言葉に，多くの集落営農法人が各地にできています。当社も特定農業法人になって，集落法人の一員です。

山口県では平成17年に16法人でしたが，平成26年には222法人に増加し，県西部，北部に多くの法人があります。周南農林事務所のエリアには13法人が設立されています。中国地方には多くの集落営農法人があり，県を越えた交流会も行われています。近年は山口県，広島県，島根県それ

に大分県が含まれた協議会もあります。合同の研修会も行われています。

例ですが，鹿野のある地区の十数戸の集落を考えてみますと，圃場整備された水田が6ha，人口は30人，うち非農家の人が8人に，生活道2km，農道2km，用水路3km，電気柵4kmといった地域がありますが，このうち当社は4haの水田を耕作しています。この地区の5年から15年先を考えてみますと，人口は半分以下，そのうち農家として残ると思われる家は1戸ないし2戸，こうした集落が地域に点在しています。多額の補助金を注ぎ込み，土地改良された水田も耕作放棄地になりかねません。当社の理念にも「優良農地を後世に受け継ぐ」としてあります。

法人同士の連携で草刈りを乗り切る　当社の大きな課題は草刈り作業です。農道，水路，隣接地，電気柵，フェンス柵などと草刈り面積の方が耕作面積よりも広い場所もあります。年間3回を目標に刈取りをします。しかし，近年目標が達成できなくなってきています。各社員が自走モーア，手押し式の草刈り機で作業をします。農道など，平坦地はトラクター装着のモーアで作業しています。今後は重機装着のモーアも考えたいと思っています。

今後，言葉は悪いですが，限界集落と言われる集落が多くなり，生活道の草刈り作業が増えると思っています。地域にも集落営農法人があります。高齢者が多く，若い人がいません。当然なことですが，法人同士で連携して作業するしかないと思っています。

若手を中心にした研修活動の重視　将来の担い手と会社についてですが，私は農業という職業は一番難しい職業ではないかと思っています。自然を相手に，気象や土壌，生物，物理などの数多く

のことに関係があります。中でも最後に残るのが経営技術だと思っています。

若い人には金もうけに走らず，地域の皆さんに信頼され，無駄遣いしない，投資が必要なときに実行できる勇気も必要だという話をしています。農閑期には，年1回程度ですが，若い社員と税理士さんに参加していただき経理の話などの研修会と経営分析をしています。

栽培技術については，県農林事務所などを交え，農薬，肥料，資材メーカーさん等にも参加いただき，作物担当者を中心に協議，研修も行っています。今，栽培技術の伝承を「見える化」する準備もしています。

社内アンケートによる経営改善方向の共有化　3年か4年か前ですが県農林事務所の力を借りて，社内BSC（バランスト・スコアカード：今後取り組むべきことに点数をつけて，優先順位を整理したもの）を行いました。役員，従業員，パート，農協や市の職員にも加わってもらって，意見を聞いて，その中で私どもの若い人の意見を重視してやってきました。全面的に若い人に経営を譲ろうとしています。社内の改善点や方向について問題意識を共有することができました（表4）。

改善方向などは難しいことばかりで，どう対応すればいいのかが大変なのです。全部やれるわけではないので，その中のやれるところからというつもりでやっています。

そうした中で例えば，技術的なことを後へ伝承するために何か資料を残してくれと若い人から言われているのですが，どういう方法でどうしたらいいのか。文書で残してくれと言われる，DVDに録ってそのものを残してくれという話もあるのですが，なかなかそれに取り組むだけの人員の余力がない中で，やれるところからと思っています。

支援措置も活用した人材確保に尽力　もう1つの重要なことは従業員の確保です。求人は農業大学，農業会議，ハローワーク，インターネット等を使っていますが，農業体験のない人の応募が多く，現実の農業との差を感じてか続かない人たちがいます。指導を始める前に辞めてしまいます。今後も研修や実習生を受け入れ，今まで以上に農業体験行事を行い，イベント参加も増して，農業と当社の理解を得る努力をしなければならないと思っています。

県では「担い手支援日本一」という事業を行っています。住宅確保や給付制度の充実などの支援があります。当社も利用し，社員を1人でも早く見つけたいと思っています。

中山間地域農業の将来への不安と展望　中山間地域は条件不利地がほとんどで，中山間の法人も色々な補助金，交付金を受けています。交付金なしでは，生産費が販売収入を上回る法人が多数あります。当社も残念ながらその中の1社です。そんな中，経営所得安定対策の「米の直接支払い交付金」（戸別補償制度）も平成30年度予算から廃止になることとなりました。補助金，交付金が減少することに不安を感じています。

しかし，自分たちで出来ることに取り組んでいこうと思っています。

例えば，交付金減少の穴を埋めるために，籾殻を袋詰めし，鉄工会社に販売する計画が持ち上がっています。また，地域内の法人同士の連携の検討も始めました。

生産物に付加価値を付けることも必要です。6次産業化の取組みも必要になってきています。当社も社員の確保ができれば実行したいと女性役員から希望が出ています。

BSCを行った中で，JAから借用していて制約があるため，当社独自の倉庫，ミニライスセンター，事務所の建設が社員みんなの一番の希望でした。今年やっと倉庫とミニライスセンターを作ることができました。今後，若い社員が夢を持って経営することを期待しております。

中山間のことを考えますと，農産物の値段がどうこうというよりは，地域の現状なり，農地をどうやって守っていくかという方にシフトせざるを得ないのではないかと考えることもあります。中山間の農産物については今のTPPなり，その他で出てくる値段で片が付くようなことはまずないと思っています。そうではなくて，地域をどうするかということで考えた方がいいのではないかと私は思っています。

ものの値段を決めることがTPPではどうとか言いますけど，私もそれは世界の流れの中から考えると，その方向に乗らざるを得ないと思います。日本だけ外れるわけにいかないと思いますので，それはそれだと思います。しかしTPPができた後，農業なり，農村を守る人間をどうやって助けるか。その方法を考えてほしいと思います。

（平成27年10月 研究会）

山口県周南市・有限会社鹿野アグリ

表 4　鹿野アグリ「アイデア（戦略要因）の優先順位整理表」

※配点（5 段階評価）　取組易さ：簡単 5 点〜難しい 1 点　重要度：重要 5 点〜軽い 1 点

No.	アイデア（戦略要因）	説明内容等	アイデアの方向	順位			
				取組易さ	重要度	合計点	総合順位
4	技術の伝承を行う。	先輩のプロの技を後継者に引き継ぐ	人材育成	21	20	41	2
1	社員を増やす。（雇う）	当面は 2 〜 3 名（役員候補と労働面）／農の雇用事業を活用／最終的には 20 名程度の雇用？	人材確保・経営	16	21	37	4
5	研修生を受け入れる。（農大生等）	鹿野で農業をしたいのであれば，（社員でなくても）誰でも OK	人材育成	16	18	34	8
2	若手社員の計画的な研修を行う。	経営関係や他の作物，視察等	人材育成	16	17	33	10
3	研修施設を設置する。	研修生（新規就業者）が宿泊できる場所を確保／行政と連携が必要	人材育成	9	12	21	36
8	適正な肥培管理をして収量を上げる。	一斉に刈取できる体制が必要	生産	14	17	31	15
13	鹿野アグリの事務室・格納庫等を整備する。	JA 施設を借りているため，機械規模等に制限を受けている／どうしても，収穫物の出荷が JA 主体になってしまう	資産	18	22	40	3
12	機械を購入する。	ジャガイモ用や運搬車	資産	18	17	35	7
17	会社のルール作りを行う。（現在作業中）	例：労働協定等	経営管理	21	25	46	1
16	作物毎に担当制を導入する。	主担当と副担当で複数の作目（部門）を担当	生産管理	18	19	37	4
18	条件の良い圃場を借りる。	連担，団地化（水路管理の観点から圃場を集積）できるように鹿野アグリからアプローチする	土地	15	18	33	10
19	農地維持の方針を決定する。	地主や地域の人に説明し，理解してもらう／水路の管理方法や畦草草刈回数，地代などを検討する	土地	14	18	32	13
20	新しい法人との圃場の調整を行う。	効率的な管理ができるように，圃場のゾーニング（圃場の交換や移譲）	土地	12	18	30	19
22	オリジナルキャラクターやロゴを作る。	生産物に貼って，鹿野アグリ産を明確にする	情報	20	17	37	4
31	鹿野アグリ主催のイベントを開催する。	例：枝豆収穫祭（1 日イベントで地域の人たちと協力して行う）	6 次産業化	17	17	34	8
26	6 次産業化に向けた情報収集を行う。	船方農場やもくもくファーム等を研究	6 次産業化	14	15	29	23
32	鹿野産のオリジナルキャラクターを作る。	潮音洞，商工会ブランド化等との連携？	地域	14	15	29	23
36	他の法人の意識改革を図る。	鹿野地域全体の農業を守るためには，連携する必要がある	地域	14	19	33	10

37	水路の管理方法を検討する。	水路維持も含めて，管理方法を考えることが必要（将来，人がいなくなった場合，他人の所有物をさわれるのか？）	地域	11	20	31	15
21	預ける人と受ける側（法人）の調整する場を作る。	土地の貸し剥がしや取り合いをしないように	土地	12	20	32	13
11	1年間の生産計画を作る。	他の法人や加工所と連携して，鹿野産の特産品を販売	土地・6次産業化	15	16	31	15
23	異業種交流会を具体化する。	ゾウさんの野菜や道の駅の具体的な話がない	6次産業化	15	16	31	15
14	規模拡大を図る。	水稲100ha，大豆35ha等／他の法人と連携しながら，規模拡大	生産・経営	14	16	30	19
29	鹿野産ブランドの創出をする。	加工業者とのマッチングが課題。情報交換やネットワークづくりから？	6次産業化	15	15	30	19
35	農地保全をする新しい部門を設立する。	未整備田や山際の田んぼの維持・管理を地域の立場で行う	地域	13	17	30	19
9	栽培品種を変更する。	ひとめぼれはいもち病に弱く，エコ栽培には不向き	生産	12	17	29	23
27	鹿野アグリファンクラブを作る。	農業体験（稲刈り等）の希望が多い	6次産業化	15	14	29	23
25	JA直売所内に鹿野コーナーを設営する。	他の法人や加工所と連携する	6次産業化	14	14	28	27
33	鹿野に人を呼び込む。	口コミ効果に期待	地域	11	16	27	28
24	鹿野アグリの直売所を設置する。	PRのためのアンテナショップ	6次産業化	13	13	26	29
28	ネット八百屋を開設する。（インターネット販売）	鹿野産の少量多品目野菜等	6次産業化	12	14	26	29
34	地域内での交流を活性化する。	青年団がなく，若者同士で集まる場がない	地域	12	14	26	29
6	担い手への施策誘導を図る。	直支切り替え時期に検討／将来の鹿野地域農業を担う者（個人・法人）を集落毎に明確にして，協力できる体制を整える	地域・人材育成	11	14	25	32
30	鹿野アグリの加工所を設置する。	味噌や豆腐等の自社製品を製造	6次産業化	11	14	25	32
7	冬場の仕事を確保する。	（社員が増えた時は）育苗ハウスの活用や機械の整備	生産・資産管理	11	13	24	34
10	栽培する野菜の品目を増やす。	直売所向け（鹿野で野菜を作る人がいなくなると直売所にも人が来なくなる）	生産	12	12	24	34
15	部門別に分社化し，鹿野アグリは総合管理を担う。	他の法人の方向性を考慮すること	経営	8	13	21	36

小金丸 満

福岡県糸島市
小金丸 満

地域の信頼を得て水稲の作業受託から規模拡大
稲・麦作中心の雇用を使わない家族経営
農作業の効率化のため農業機械専用運搬車を整備
小麦の品質向上へ地域全体が取組み

地域の概要

糸島地域の概況　私は，西に佐賀県唐津市に面し，東に福岡市に面した，福岡県北西部の玄界灘に面する海沿いの糸島市で農業を営んでいます（図1）。糸島市は，九州大学の伊都キャンパス（工学部）が近くにありますし，交通の便は良く，空港から1時間，博多駅からも1時間，福岡市の中心部天神までは地下鉄で約30分ですので，福岡市のベッドタウンとしての住宅地，田園風景が混じり合うところです。

多めの降雨と砂質土壌　農業を行う環境としては，温度は高く平均気温17℃で，冬場には割と雨が多く，同じ福岡県の八女や久留米に比べると年間降水量は2割ぐらい多く，晴れの日は2割ぐらい少なく，特に，冬場の日照は少なく，年間日照時間は約1,900時間です。福岡県は南に行くほど壌土といいますか，粘土質で，北九州から唐津方面に行く海岸線ほど砂質土壌です。透水性が悪く，特に冬場30mmぐらいの雨が降ると，1週間ぐらいは圃場には入れず麦播きができないというような土壌です（表1）。山もありますが海もあるという地域です。

今年は天候が安定しないため，なかなか麦の播

図1　糸島市の位置

表1　耕作する圃場概況

耕作農地	合計170筆（うち1ha以上11筆）
土壌タイプ	砂質土壌，減水深1～3cm
暗渠の有無	設置済み

種ができないといった環境の中で, いろいろ工夫をして稲・麦づくりをしております。

台風の影響は風害がいちばん 九州は台風が問題で, 熊本とか長崎に雨をどんと降らせますが, 糸島地域は風が一番ひどく, 雨はさほど実害はありません。例えば今年8月の15号台風は早期米を刈り取る直前だったのですが, 早期米には実が充実していたので, 刈りにくくなっただけで大した影響はありませんでした。しかし, 普通期の「ヒノヒカリ」など, 8月下旬の出穂ぐらいのものは, 幼穂形成期を過ぎて, あと4〜5日で穂が出る状況になっていたのですが, 籾ずれで等級比率を下げたと思います。「にこまる」まで影響しました。どうしても最後の成長点手前の止葉あたりが風ずれして, 塩害もあると思います。

特に福岡の沿岸部の宗像, 糸島は西風, 北風で潮風が来ると, かなりこたえます。内陸の久留米や八女は, 天気予報を見ても風速が1〜2mほど弱く, 当地が風速15mの時に, 内陸は10〜13mです。沿岸部のなかでも, 地力のないところほど風が強く吹くような傾向があります。

経営の発展経過

肥育牛・水田複合経営から土地利用型作物経営へ移行 私は農業を天職と思っていて, 楽しみながらやっています。人前でお話しするよりも, 圃場で麦まきをしたり, みんなの前で指導している方が良いと考えるほど性に合っていると思っています。

私は現在56歳ですが, 就農後の2年間ぐらいは農家研修に行っていましたので, 農業経営をはじめて36年になります。当初は, 沿岸部ですので, 半農半漁で, 母が農業をして, 父は海に出ていました。私自身の農業のスタートは, 肥育牛と水田の複合経営でした。農地を4haぐらいから, 肥育牛をそのころの経営に見合うように最大で60頭ぐらいまで増頭し, 20年近く経営していました。しかし, 畜産経営がなかなか安定しませんでした。今は黒毛和牛中心の高級肉志向になってきましたが, 当時は自由化もあって価格に波があり, 飼料高で, 経営に行き詰まるような場面を何度も繰り返しました。

これでは複合経営は難しい, 土地利用型の水稲や麦経営の拡大か, あるいは畜産の大規模化のどちらかでいかないと太刀打ちできないと思うようになりました。

また, 結婚して家族が増えてきますと, やはり安定した収入を求めるということで, 土地利用型の方にシフトしていきました。しかし, 当時はまだ農地10ha程度でしたので, なかなか経営はうまくいきませんでした。畜産の負債整理もあり, 負債の償却が終わるまで, 畜産をやめてからの約10年の時期は, 精神的なつらさがありました。

経営を立て直すために取り組んだ水稲作業受託で地域の信頼を得る 自分の農業経営をどう立て直すかということで, 米と麦, それに作業受託をある程度していました。昔の作業受託というのは, 今のように高性能の機械ではないので, 4ha作って, 別に4ha収穫作業ができる程度です。福岡県では, 価格の安い田植機は自分で持てる方が多いので, 収穫作業中心の受託作業を組み合わせながら, 多いときには作業受託だけで約35haの作業をこなしていました。

その中で, 地域の人から信頼されれば, 作業受託から全面受託に移行できるということも分かってきました。まずは信頼が第一ということで, 作業受託は経営の1つだということで, 他の人のや

らないこと，例えば，「ここは狭いから受け付けない」とか，「ここの土は柔いからしない」と他の人が断る作業を，全部「そこは私がしますよ」，「何でも引き受けますよ」という気持ちで進めてきました。このようなやり方は，今も実施しています。

　息子にも厳しいぐらい，作業受託は見た目も勝負で，収量は同じかもしれないが，稲株を高く刈るより低く刈った方が，お金を払う人はありがたいと思ってくれる，などと教えています。また重くて大変な籾袋の運搬は全部引き受けなさいとも。10a当たり作業料として3万円近くをいただいて，うちの経営は成り立っていると常に話していますので，息子も大体頭に入れてやっていると思います。近くに何人も同業者がおりますので，誰よりも美しく刈り取り，農道になるべく泥が落ちないように，圃場から上がるとすぐ車に積んで移動しなさい，それと雪かきスコップみたいなもので泥をかき，道路に泥を落とすなと，そのようなことも息子に伝えています。

経営規模を年々拡大しつつ露地野菜にも取り組む　年々面積を拡大しながら，時にはブロッコリー，キャベツなどの蔬菜も栽培しました。

　家族も増えて，家族を安心させるために，皆で農業に頑張り，露地野菜も取り入れて，年間の売上高が徐々に上がってきました。地域貢献です。お金をいただいているので貢献になるかどうかは分からないですが，それが私の役目だろうと思っていますので，そういうことを頭に置いてやっています。それと，やはり作業受託が私の経営を助けてくれたと思っています。今の経営があるのは，作業受託のおかげで，米，麦，大豆だけではここまでくるのにもっと時間がかかったと思っております。

現在の経営概況

経営規模の近年の推移　近年は作付面積でいきますと，水稲（27年）が24ha，麦が42ha，今年また若干増えて44haぐらい作付けするようになっています（表2）。その代わり作業受託は年々全面受託の方に移行してきますので，25haぐらいになっています。

作期分散と販売のため水稲品種を組み合わせ作付け　水稲の内訳は，早期米4haで，5月に田植えをします。それから普通期は20ha，「ヒノヒカリ」と県産米の「元気つくし」や「夢つくし」を中心にやります。糸島には，全国でも1位，2位ぐらいの「伊都菜彩」という有名な直売所がありまして，そこで販売している「ミルキークイーン」がとても皆さま方から評判が良くて，毎年7～8ヵ月で売り切れるような人気です。早期米の「ミルキークイーン」は，1万6,000～1万7,000円近くで買い取ってもらっています。「ミルキークイーン」は福岡ではなかなか収量が上がらないですが，そこは納得しながらやっております。何とか付加価値を付けながら，高い収量を取りながら，安全・安心な米を作れるように心掛けております。

　糸島は転作をしてくれる園芸農家も多いため，転作率が割と緩く，飼料用米は2haです。飼料用

表2　近年の品目別作付面積の推移（ha）

	水稲	麦
平成10年	8	26
15年	12	27
20年	18	38
25年	21	40
26年	23	42
27年	24	42

米の方が収入は安定しているのですが，後継者で30歳になる息子の指導ということを考えると，やはり「おいしい米の収量を上げて，売上げを伸ばしなさい」ということで，飼料用米よりは食用米の方が経営の教育材料になると思っています。

農作業の平準化のため大麦，小麦の栽培面積を工夫 小麦が25ha，大麦はビール麦で約17haです。農作業の平準化のため大体6：4とか7：3の割合で振り分けています。今年の小麦作付けは，ラーメン用小麦が12ha，パン用が2ha，日本麺用が約11〜12haで，合計25〜26haです。だいたい，その割合で作付けしています。収量は，小麦だけで110〜120tぐらいの年もあります。去年は90t程度とかなり下がりました。

10a当たり収量は400kg前後と思います。豊作の年の小麦収量は500kg/10aぐらいですが，ラーメン用小麦「ちくしW2号」は12haの栽培で，540kgぐらいまでいきました。値段はもろもろの助成金なども入れて，硬質小麦の2,550円/60kgの加算金が付いて，収量500kg/10aだと粗収益は10a当たり7万〜8万円になります。でも日本麺用は助成が付きませんので，小麦全体では10a当たりの粗収益は6万〜7万円になると思います。

水稲栽培技術の特徴

リスク管理をおりこんだ品種構成の工夫 稲作では，幾つかの品種を取り入れ，「ミルキークイーン」と県産米の「元気つくし」，「夢つくし」を栽培しています。これらの品種は，「ヒノヒカリ」に比べると，農協出荷しても2割高ぐらいで売れ，8割がた農協出荷です（表3）。25haで1,500俵（1俵60kg）近く出荷しています。27年産の単価目標としては，1俵1万3,000〜1万4,000円に近

表3 平成26年の生産物の出荷先割合（%）

	米	麦	野菜
農協系統	69	100	100
系統外集荷業者	15	—	—
加工業者・外食産業等実需者	—	—	—
自社販売	15	—	—

表4 耕作水田（経営＋作業受託）の状況

圃場の区画の割合	不整形	10%
	〜30a 区画	30%
	〜100a 区画	40%
	100a 超区画	20%
圃場への配水路の割合	開水路	60%
	パイプライン	40%
自宅からの距離の割合	〜1km	—
	〜3km	70%
	〜5km	20%
	〜10km	10%

づけるということでやってきました。バランスを取りながら，一方が良くなくても，もう一方で救われるような品種構成を検討しています。

需要面からは，「ヒノヒカリ」の人気が高く，味は「にこまる」と比較しても変わらないと思いますが，米屋さんでは「ヒノヒカリ」の方が500円前後高いです。しかし，「ヒノヒカリ」は刈り遅れがあって，収穫適期が短く，うちも5〜6回に分けて刈って，自家のものはカントリーに出さずに自分のところで乾燥，調製，出荷までします。一度，2等になると，次はなかなか1等が出にくいものです。それに，収量480kg以上，500kgを超すようになったら限界があるような気がします。

自家製培土での育苗 最近はどこでもフレコンに入った培土で苗づくりをしています。手軽で，1t袋で買えば播種作業なども楽にできるのです

が，やはり山土と自分が配合する籾殻くん炭と独自の肥料でやるのが，田植え後の根張りが一番良いようです。

余った苗をよその農家に分けると，「あなたの苗は違う」と言われます。苗づくりが栽培の2～3割は占めているのではないかと思います。苗さえしっかりしていれば，少々の荒い前半の管理でも耐えられると思っていますので，手がかかっても独自の苗づくりを行うように心がけています。

食味・収量向上のため諦めず努力　食味をよくするために，有機質肥料を導入するとなかなか収量が上がりません。土質に合ったものを選ぶなど工夫が必要です。特に米は地力には勝てません。いくら努力しても，地力に合ったぐらいの収量しか上がらないので，そこをどう変えていくかが大事だと思います。

特に九州は台風が多くて，昔は8月に来る台風はあまりなかったのですが，このごろはお盆前後から台風が来ます。規模を拡大して経営を安定させるのは，やはり収量だと思っています。念頭にあるのは，「諦めない」ということです。

今年，8月下旬に台風15号が来たのですが，強風で普通期米「ヒノヒカリ」の早いものは出穂直前，早期米は収穫直前でしたがやられました。しかし，何かやることはあるだろうと，防除できるものは殺菌剤をかけるとか，いろいろ手当てをしました。もう仕方がないと黙って見ているよりは，何かすることがあるのではないかと考え行動する，麦についても米についても「最後まで諦めるな」と，精神面のことが割と多いのですが，常に言って，実行してきました。

肥料，農薬等の資材費の低減　どこの農家も考えておられると思いますが，資材費のコスト削減です。まずは肥料・農薬です。それから費用のウ

エートの高い機械費の削減を検討しています。肥料の場合は，自分の技術的なものとの兼ね合いもあります。4haの早期米は，特別栽培米で，除草剤だけは使いますが，あとは発酵した鶏糞を200kgぐらい元肥として使って，追肥は有機質の油かす（60％）を主体とした肥料で栽培しています。

日々の手入れと整備で農業機械を長期間使用
機械費用ですが，私も息子も，車や農業機械が好きなので，新しい機械や新しい技術のある機械を見ると欲しくなります（表5）。ですが費用対効果をちゃんと照らし合わせながら導入しております。大体，6年使ってそろそろ耐用年数が近いと思ったら，買い替え負担を軽減するために，下取りに出して新しいものを買うのですが，私は下取りには出しません。経営規模もどんどん増えているため，予備の機械として活用しています。

私は農業機械を長く使います。一番古い機械では，25～26年使っているトラクターがあります。暇なときに農業機械の手入れや整備をします。消耗品以外は，農機具店や農協で修理することはほとんどなく，長い目で見るとコスト低減になっていると思います。また，農業機械を良好に保つため，息子には「仕事が終われば車庫に持ち帰ってきて，外に置くな，雨に濡らすな」とよく言っています。なぜかというと，機械が汚れていると気

表5　主な機械装備

種類	仕様・能力	台数
トラクター	～50HP	2
	～100HP	3
	100HP超	1
田植機	8条植え～	2
播種機	畝立て施肥播種機	2
収穫機	自脱コンバイン（5条刈り～）	3

持ちが良くなくて，仕事が粗くなり，事故が多くなるというのが実感としてあるからです。

私は今年4月まで，福岡県の麦部会の副部会長を，糸島では部会長もしていましたので，若い30〜40代の後継者に「まず農業機械を大事にしなさい，倉庫を片付けなさい」と心得を植え付けていました。「倉庫を片付けておけば収益が上がる」ということではないけど，経営者の気持ちの持ち方はその辺から始まると考えています。

効率的な農作業を行うため農業機械の専用運搬車を整備　6条コンバインも2分で乗り降りできる農業機械専用の運搬車を工夫しています。今年，10年ぶりに造り替え，重機運搬車を農業用に向くように改造しました。積載量6tですので，4tトラックより少し大きい形になりました。

特に受託の場合は，団地1ヵ所ごとにそれぞれ受託している作業を終えれば効率が良いのですが，そうするとお客様が減るのです。団地をまたいで，注文順に作業をしていかなければならないのです。でも順番に刈っていますと，中には「隣を刈っているならうちの田も今日刈ってください」と言われるけど「それは無理です。順番に刈っていますから，公平に刈っています」ということを言わないといけない。なし崩し的に意見の強い人の田を刈ったら，商売は成り立たないのです。というわけで，運搬車はうちの必需品です。当初の投資は高いのですが，10年間乗ったらそんなに高くはないと考えています。

麦栽培の特徴

大麦，小麦の収穫バランスを重視，播種日を地域で統一　麦作の場合は，大麦，小麦のバランスを考えています。梅雨入りが6月5日より前，梅雨に入ると2〜3日連続で雨が降りますので，特に小麦は梅雨にかかる可能性があって収穫作業のバランスが重要です。

麦の場合は，カントリーのサイロに入るので，個人プレーは駄目なのです。やはり地域みんなで同じことをしないといけません。小麦播種の解禁日を決めて，きっちり11月15日ならその日から播き始めて，それまでは早播きするなと提唱しました。また，一気に播けば一気に刈れると訴えかけてやってきました。この5年間，なかなか豊作にならないですが，前年の反省を生かすような工夫をして，そうした工夫することが当たり前なのだという気持ちを，特に麦づくりには持っていないといけないと思っています。小麦の場合は硬質小麦を取り入れていますが，今の制度の中で60kg当たり2,550円上乗せされるので，かなり経営にプラスになっています。

北海道の硬質小麦にしても，日本麺用の小麦と比較すると，収量は落ちると思います。そこを栽培時期や栽培方法でカバーしてやっていきたいと思って頑張っています。特に福岡県が「ラー麦」と商標登録した，ラーメン用小麦品種「ちくしW2号」があります。最初は栽培が難しかったのですが，反収500kgに手が届くまでの技術水準になりました（今年は400kg台でした）。まずはラーメン用小麦あたりから収量アップを狙いたいと思っています。

実需者へ作柄等のPRに取り組む　福岡県には大手から地場まで製粉会社がたくさんあり，その中で県産小麦のPRや生産者のアピールなど密にお話をしています。民間流通地方連絡協議会など，私たちがアピールできる場を使ってアピールしますし，地域の小麦や管内の農協からの小麦を利用してもらっている会社には，毎年，栽培や作

柄の状況を話します。特に小麦の場合はタンパク，灰分，フォーリングナンバー（小麦粉中のデンプン粘度）などが重要で，これらの数値は栽培技術の工夫で上げられます。

高タンパクの小麦生産のため背負いで確実追肥　穂が出てから追肥しないと小麦のタンパクは上がりません。硫安を日本麺用で10a当たり10〜15kg，パン用，中華麺用は25kg施肥します。タンパクが確実に12〜13％ぐらいにまでなります。ブームスプレーヤーの後ろに付けたり前に付ける機械で施肥を行うと，硫安を粉砕してしまって，芒と芒の間に硫安の微粉末が入ってしまい芒が少し焼けます。また，葉面散布もやりましたが，機械は10m間隔でしか調整できないので，どうしてもむらが生じます。

したがって，むらをなくす確実な方法として，私は25ha，全部背負いで施肥しています。大変と思われるでしょうが，稲作のことを思えば，地面は固いのでそんなにきつくはないです。この作業は必ずやらなければいけないと位置付け，（60〜70歳になったら重労働かもしれませんが）通常の作業だと思って行っています。製粉会社等の実需サイドには，背負いで施肥していることをPRしています。追肥で確実にタンパクは上がるし，収穫時期もそう遅くならないので，追肥を徹底して，まずは糸島の小麦，それから福岡県の小麦，ひいては日本の小麦が良くなるように頑張ってきたつもりですし，今後も頑張っていきたいと思います。

小麦の追肥は後作水稲へ影響なし　この麦作の追肥が，その後の稲作に影響を与えるのではないかと，当初は思っていましたし，福岡県内の栽培者の方も言っておられましたが，稲には影響はありません。私は6年間，県の麦の副部会長をして

いたため，何度も「若いのに何言いよるか。そんなことをしたら収穫も遅くなるし，後で稲に影響が出る」と言われましたが，試験場が稲には影響ないというデータを持っていました。窒素施肥を25kg/10aしても，稲の初期生育に窒素過多でコントロールしにくいことはありません。ただ，小麦の収穫が1日ぐらい遅れることはあるかもしれませんが，それほど問題はありません。それよりも，タンパクの低い小麦を出荷するデメリットの方が大きいと思います。タンパクが上がれば入札単価は上がっていくので，小麦を作る以上は考え方を切り替えていかないといけません。

土壌診断の活用　土壌診断を行って，土壌の養分をちゃんと把握し，農協職員等の指導を仰ぎながら，地図に落として苦土石灰やケイ酸を施肥していますが，麦では，栽培中にここがおかしいという兆候が出てきますので，土壌診断結果と照らし合わせながら施肥量を改善しています。

播種期の多雨に対応するため糸島方式の高効率小麦播種機の開発　特徴があるといえば，糸島方式の高効率の播種機を開発したことです。JA糸島の麦作部会員が，5法人と45個人で合わせて約50人おり，個人の1人当たり麦作面積は平均15〜16haです。麦の播種適期は11月後半から年内まで，うち小麦は12月10日前後までです。その中で麦の播種が1人当たり約15haになると，1日に1ha播種しても15日かかりますが，実際，1ヵ月間に晴れる日は15日もなく，3日おきに晴れるぐらいです。今年も10月は良い天気が3週間近く続きましたが，11月の下旬になった途端に雨ばかりでした。そこで，いかに高能率の播種機を開発するかが当地の課題でした。

耕うん，肥料散布と同時に畝立てを行い，アップカットロータリーで排水性に優れる畝を形成す

るとともに，粗・細土塊の分布を活用して，播種深度が一定の播種を行って整地する機械を糸島の部会で開発しました。これを用いると散播ですが，収量性の向上，雑草対策を図ることができました（写真1）。

この「畝立て散播機」は当初の機械投資は高いのですが，長い期間使えるとともに，作業能率が高く，また収量が安定します。糸島の部会員50人のうち90％以上がこの機械を利用しており，自分の作業に合わせて1.8mから2.6mぐらいのロータリー幅を使っています。九州農業研究センターでも取り入れて改良が進められました。

生産性向上の基礎と今後の方向

農業生産基盤の現況　不利な条件の中ですが，福岡県の圃場整備率は，80〜90％ぐらいで，20〜40a区画，大きいところでは1ha区画の圃場が整備され，排水工事も進められています。やはり一番大事なのは排水工事だろうと思いますので，それに伴った基盤整備はできてきたと思っています。

私の地域の用水については，川の水は上流が全部使うため，天水田だったところですので，現在は，海に面した湾を閉め切って，淡水湖をつくっ

写真1　糸島方式の畝立て施肥播種機
耕うん・畝立て・肥料散布・播種を一度に行うことができる

て水を溜めて，ポンプアップして使い回す感じです。私は水利組合長をやっていますが，50haほどの用水を管理しています。大体，田植えから収穫まで例年5回ぐらい，淡水湖から用水を引き上げます。以前は1回引くのに1,000円程度かかり年間5,000円は確実に水利費がかかりましたが，圃場整備ができて効率が良くなり，今は10a当たり2,500円程の水利費で賄えるようになってきました。今年は8月に雨が多かったので，3回ぐらいしか引きませんでした。この用水がないと，全耕作地の3分の1から半分ぐらいの土地で稲作はできません。

一方，海抜ゼロに近いところもあり，湛水防除事業なども利用して，定期的，強制的に水を排出しないとなかなか排水できないのです。干潮時には自然と排水できるのですが，大雨とか潮が小さいときには，水はけが悪いところもあります。水面の上に暗渠の管が見える状態ならいいのですが，排水路に20～30cm溜まると，排水できなくなります。

稲わら還元，耕土深15～20cmなどで耕地・土壌を管理　耕地，土壌管理については，麦の後作に水稲を栽培するときに麦わらを全量鋤き込んだり，今年は耕しにくいなというような状況のときには，一部焼却したりもします。

耕起に関しては，稲作の場合はロータリー耕です。プラウ耕はわらが引っかって時間がかかりますので，プラウで耕起する暇がありません。きれいに反転耕できると良いのですが，田植え直前に反転耕をやると土が泥状になって動くので，チゼルタイプのスタブルカルチなどでしかやりません。深耕は，田植え作業がやりにくくなるので20cmは難しく，15～20cmの間ぐらいしかやりません。スタブルカルチの8連は，時速6kmで作業できますので，1日で6～7haの作業ができます。北風が吹くようなときで，天気が良く，土壌表面が白くなってタイヤに泥が付かなければ，3日分くらいの作業ができます。

麦作の場合で，耕起深は15～20cmです。極端に深く起こした後，20mmぐらいの雨があると，今度は圃場に入れないのです。砂地ですが土壌が水を含んでスポンジ状になって耕盤で排水が止まるし，深く耕すと，土が軽いので代掻き状態になり，排水しにくくなります。その辺を考えながら，もちろん雨を見越しながらの麦の播種作業ですので，稲株のまま温存しておく圃場もあります。一発（一工程）で播くこともありますし，稲株のままの上に作業機で直接播くこともあり，ケースバイケースです。年間のロータリー耕とプラウ，スタブルカルチの割合は5：5ぐらいです。天候の加減もありますから，どうしても後の作業がきちんとできるようにするためには20cm以上の深くは耕せません。

ハローによる圃場の均平化　圃場の均平については，稲作の時期，6月初旬ごろ全面に水が張られたときに，メモ帳を持って圃場ごとに，ここが高いと絵を描いています。30万円ぐらいの土を引く専門の機械と5.5mと4mのハローが2台ありますので，それでざっと麦の前にやっています。そうすると大体3年で圃場の凸凹がなくなります。レーザーレベラーを本当は欲しいのですが，発光機込みで300万円ぐらいと高いです。

水稲の直播は管理面やジャンボタニシが課題　直播の取組みについては，湛水直播は見てきましたし，小区画ではやってきました。でも，作業面は手がかからないのですが，管理面で手がかかると思います。それに最終的に収量が安定しないので続けられません。かなりの面積になってくれば

良いかもしれませんが。また，九州では，稲の湛水直播の場合は，スクミリンゴガイ（ジャンボタニシ）が多いのが問題です。

それと，性格的なものもあるのかもしれませんが，毎日足の向くような圃場にしないと収量は取れないと，個人的には思います。直播もしたいのですが，麦にしても米にしても，自分が田植えをしてほれぼれするというか，芸術品みたいな足が向くような圃場にしたいのです。

水稲品種の違いで疎植を適用　疎植は，品種によってですが実施しています。県産米の「夢つくし」や「元気つくし」は，どうしても熟期が早い品種で，高温障害を避けるため，9月内もしくは10月初めに収穫できるように田植えを遅くしています。6月20日もしくは25日ぐらいに植えると，1m²当たりある程度植え付けておかないと収量が付いていかないような気がします。「ヒノヒカリ」や「にこまる」は疎植ができて，むしろ疎植の方が健全な稲に育つと思います。

地域をあげた
糸島農産物への取組み

糸島の人気直売所「伊都菜彩」　糸島には，約40億円の売上げがある直売所「伊都菜彩」があって，引きも切らないお客さんが来ています。「伊都菜彩」の特徴は，「糸島以外の原料は使わない」ということで，食堂に面したうどん屋がありますが，そこでも全部私たちが作った小麦を香川県で製麺して，冷凍麺でこっちに持ってきて，店でうどんを出しています。小麦，加工品，例えばクッキーとかも，全て糸島産を使っています。糸島以外のものは使わないことになっています。

糸島の農業者の特徴は「諦めるな」　糸島は，ど

こに特異性があるかというと，収益が悪くてもまず作ろう，3年，5年ぐらいやってみようと，石の上にも3年みたいな意欲を小さいときから先輩が植え付けるのです。

私も今年の4月まで6年間部会長，その前の6年間副部会長をやったのです。そのときも，きっちり，夢に出るぐらい，私が憎いのかなというぐらい，リーダーの要素みたいなのを指導されます。どこの部会もそういう感じです。だから，「一度決めたら少々のことで諦めるな」です。

福岡に「あまおう」という有名なイチゴがありますが，イチゴもそうだったのです。導入3〜4年目ぐらいに炭疽病が入って，もうこの品種は駄目だとたたかれたのですが，糸島の代表が県の代表をしていて，「何とか乗り越えろ」とつとめた結果として有名になりました。一朝一夕では出来ないと聞いていましたので，「ちくしW2号」は，第二の「あまおう」というスローガンのもと，部会で取り組んでいます。

今後の経営方向

家族農業での適正規模の考え方　今の機械体系で，家族経営での適正規模についてですが，麦作では男手1人で15ha，2人で30haぐらいとみています。稲の場合は家族で25ha以上栽培できると考えています。

麦は冬場のこまめな管理をして，収穫作業を短期間に終えないといけないことを考えると，これ以上の規模は，やはりリスクが高いと思います。稲はそうしたこまめな管理がいらないので，品種さえ分ければもう少しいける気がします。米の収穫は延べで30日ぐらい，予定も立てられますし，自分の乾燥機の荷受け能力（うちは45石の乾

燥機が5台）に近いぐらいは毎日刈れるのですが，それに対して麦の収穫は1週間です。6月に入り1週間ぐらいのうちに刈ってしまわないと梅雨がきます。収穫時期が短いので，北海道のように汎用コンバインでばんばん刈ることができず，田麦の場合はそうはいかないです。

麦との二毛作を考えると，稲作は普通期栽培をしたいのです。麦が作れない早期米は栽培したくないのです。働き手は，私，妻と息子夫婦の4人ですので，今の機械体系では男手1人で15haぐらいが適正な手の行き届く範囲だと思います。損益分岐点を考えると，今は40haぐらいが良いと考えています。稲26haのうち12〜13haは，大きな1ha区画，50a区画までは良いのですが，中には30a以下もありますので効率が悪いです。

麦の期間借地の行方　今は麦を作業委託し，稲は自分で作っている方のための麦だけの期間借地がありますが，年々，兼業農家の方は稲作から離れていかれます。やはり生産原価が10a当たり7万円とか9万円とかなので，今の米の価格では合わないし，それに専業農家と違って収量も上がっていませんから。

当面は雇用を使わずに家族経営重視　雇用による規模拡大についてですが，今は雇用を入れないでやろうと言っていて，雇用はほとんどありません。昔は，ポット栽培とか，種まきのときは手がかかって，20人ぐらい例えば兄弟とか親戚にきてもらっていたのです。今は，家族4人でやれる範囲内の設備を整えることに重点を置いています。

近隣の同業者の約半分の方が雇用を入れていて，そういう時代がいずれくると思いますが，見ていても人材育成は大変です。同じ雇用者が5年，10年と続いているケースはあまりないのです。3年，5年ぐらいたって，やっと慣れてきたこ

ろに離れたりするから，また一からやり直しで，働く方も雇用主も双方に問題があるのだろうと思うのです。その辺が，いい勉強にはなっています。しかし，今後は私も年老いていきますし，やはり意欲のある後継者をそれなりの待遇で雇い入れていくことも考えていくことになるでしょう。

今後の規模拡大のためには体制整備が必要　現状維持と言いながらも，年1〜2haずつは増えています。話が来ると断れないのです。でも，妻や息子の妻が，どうしても男性の補佐的な部分をしていますので，「もうここら辺が限度やね」とは言っていまして，その辺も考慮して現状維持と思っています。

男はどうしても夢があってやはり規模を拡大したい，せっかく頼んでもらっているので，こっちも受けようという気持ちにはなるのです。だが，それだけでは経営者としては十分でなく，費用対効果や損益分岐点をちゃんと知るということも大事だろうし，自分が指導しきれる範囲で雇用を入れて，体制を整えればと思っています。

それと法人化です。法人化すればそういう問題ももっと前に進んでいくのではないかと思っています。

高付加価値農業のため今後は6次産業化も視野に　6次産業化に向けても，ずっと検討しております。今は作業受託が，経営のある程度のウエートを占めていますが，今後は受託が減って，稲麦中心でやっていくことも考えていかなければならず，TPPと絡め合わせ，もっと付加価値の付く農業を考えていかなければいけないと思っています。

一番早いのは，自分のこだわったお米を買ってもらえるところに売ることだと思います。白米の販売をするなり，米屋さんをちゃんと見つけるこ

とだと思います。雇用ができないと無理だとは思いますが、あとは法人化して、加工食品に行ければと思います。ただ、その辺が難しいのです。「何のために働いているのか」という原点と照らし合わせたときに、社会貢献、地域貢献の視点ではいいかもしれないけど、お金は大事ですけどお金もうけだけのために働いているのではないのです。自分の生きがいとして、どうなのかと考えています。

TPPの影響への不安 最後に、一番の課題、農家の不安は、TPPが大筋で決まって、これが一番農家の精神的負担だと思います。米の価格は今後どうなるのか、需給はどうなるのか不安です。

麦では、マークアップの財源はどうなるのか、本当に確実に確保できるのか。麦は助成なしでは成り立たない作物ですので、明確に、農家に分かるように伝えてもらいたいと思っています。

（平成27年12月 研究会）

福岡県糸島市・小金丸 満

鹿児島県出水市
野中 保

野中 保

小区画圃場の農地集積で稲・麦・野菜の複合経営を展開
人の繋がりを重視して，地域のタバコ，畜産農家と協働・協力
期間借地を活用して団地化，ブロックローテーションを確立
サブソイラー，プラウ耕，堆肥投入で地力維持
食育支援にやりがい

経営の発展経過と現況

葉タバコ品質日本一になるも土地利用型農業に転換　鹿児島県西北部のナベヅル，マナヅルの舞う出水平野で水稲，大麦，露地野菜などを栽培しています（図1）。

図1　出水市の位置

私は農家の長男として生まれましたので，いずれは百姓をしないといけないだろうと考えていましたが，高校時代はサッカーに明け暮れていました。ところが，私が高校3年の修学旅行に行ったときに，火災で，わが家は農業用倉庫だけ残して焼け落ちてしまいました。それで「父ちゃん母ちゃん，俺が百姓すっで」と言って，農業人生が始まりました。

　表1にまとめたように，昭和41年に高校を卒業して就農したときには，換金作物の中で何が一番良いのかと考え，また，両親が葉タバコを栽培していたこともあり，葉タバコ栽培の規模拡大に取り組み，昭和61年度まで葉タバコ生産をしていました。実際，昭和60年度には日本で一番高いキロ単価のタバコを生産しました。

　昭和48年に種麦の産地指定を受けたことから，麦を加えた経営に転換し，葉タバコは将来性がないと判断して，期間借地（水稲裏作）による麦作の拡大に努めてきました。それから，「地域の繋がり」を重視して地域の担い手として大規模な土地利用型農業に取り組んできました。また，水

稲，麦の栽培面積の拡大に加え，露地野菜にも取り組み，複合経営を行っています（表2）。

平成24年度に，後継者の息子に経営権を譲りました。

食用，加工用，WCS用の水稲品種を生産，業務用販売や契約栽培も　水稲作は，普通期水稲が16haで，内訳は「ヒノヒカリ」7ha，「あきほなみ」5ha，WCS用稲4haです。他に水稲受託作業を30haしています。

「ヒノヒカリ」は高温登熟障害があると言われますが，わが家では6月25日以降に田植えしますので，疎植はできませんが，登熟期の高温は回避でき今年も全て1等でした。作り方によって高温障害は解決されています。キャベツの後にソバを作って堆肥をやっているためか，後作の水稲

表1　経営のあゆみ

昭和41年	就農（水稲1.5ha，タバコ60a，麦1ha，ソラマメ20a）
48年	鹿児島県種子協会から種麦を受託。農地流動化推進の中で，規模拡大の取組みを始める
60年	葉タバコ品質日本一。全国麦作共励会で農林水産大臣賞
62年	北海道から小麦協議会が訪れ，輪作体系，プラウ耕の重要性を認識。その後，全ての作目に導入
平成21年	西酒造（株）との契約で焼酎用麹米の生産開始
24年	長男に経営移譲

「ヒノヒカリ」が540kg穫れました。少し若刈り，ちょっと青が残っているものです。品種では，やはり買い手からは「ヒノヒカリ」をくれと言われます。私も数ヵ所の食堂に納めているのですが，「ヒノヒカリ」が良いと言われます。「あきほなみ」5haのうち3.5ha分は，焼酎生産用の麹用の米です。これは，JA鹿児島いずみと西酒造が契約して，約220haほど加工米を焼酎の方に出していますが，私がその推進役をやっています。

WCS用の稲は早期の「イクヒカリ」です。6月15日前後に田植えして，お盆前の8月上旬には収穫ができます。ほとんど1ha以上の団地で栽培しています。その後作として，9月の中旬にはキャベツを植え付けます。

麦の後に，加工用米，WCS用稲を作付しますが，WCS用稲の助成8万円のほか，耕畜連携まで含めると10万円を超える助成があります。それと加工米の焼酎用麹米も，鹿児島県が単独で1万8,000円助成してくれます。また後で話をしますが，同じ集落のK氏は，水稲だけで40haを超えていて，4月ごろにキャベツを収穫して春ソバを播き，春ソバを刈り取った後に，稲の作付けをして，耕地を何毛作にも使っています。

焼酎用の大麦を生産　大麦（「ニシノホシ」）が10haで，これは田苑酒造という焼酎メーカーに全て納め，残ったものは，妻が行っているJA婦人部に，味噌加工の原料として納めています。

表2　近年の品目別作付面積の推移（ha）

		平成10年	15年	20年	25年	26年	27年
	水稲	10	10	12	12	14	16
	麦	10	10	10	10	10	10
	大豆	2	2	2			
その他	加工用バレイショ	3.8	3.8	3.8	2.5	2.5	2.5
	キャベツ	1.5	1.5	2	2.5	3.2	5

鹿児島県出水市・野中保

加工用バレイショを契約栽培　加工用バレイショ（「トヨシロ」）が2.5haあり、JAを通じてカルビーとの契約栽培です。ジャガイモはナス科で連作はできませんから輪作が必要です。必ず稲を栽培した後の水田にローテーションを考えて作付けしています。野菜と同じ移植機を使い、トレッドと開孔機だけをバレイショ用のものに付け替え汎用性の移植機として使用しています。

キャベツを生産、カット野菜工場へも出荷　キャベツは、寒玉系（「夢ごろも」）が2.5haで、栃木と大阪のカット工場へ納品しています。春系（「輝岬」）は、鹿児島や宮崎の市場、物産館、Aコープ等に納めています。

農業機械に汎用性を持たせる　施設・機械としては、全ての作業機械等に汎用性を持たせておりますが、その中で、乗用田植機の8条だけが専用機です。以前は6条の湛水土壌中直播機も入れていたのですが、ご存じのとおりスクミリンゴガイ（ジャンボタニシ）の被害で直播は諦めざるを得なくなりました。

農産物生産の特徴

タバコ農家の要望から水田転作の団地化、ブロックローテーション輪作体系に取り組む　葉タバコ生産に取り組んでいた当時、米消費の減少が続き、鹿児島でも米の生産調整が始まりました。当地では、タバコ作の跡地に大豆もしくはソバを作付けして輪作をしておりますが、7名のタバコ耕作者のうち2名が新規耕作者だったため、どうしてもタバコの圃場を借りられないということで、水田の転作でタバコ栽培ができないか検討しました。

私が自治会の公民館長をやっていたため、普及

所、JA、輪作のローテーション圃場の地権者、タバコ耕作者が集まり、話し合いを行って、期間借地を利用しての地域での団地化、ブロックローテーション輪作体系を構築しました。水田の転作助成金のブロックローテーションによる加算金は全て地権者に渡す条件です。ここに示している1つの団地は約7haですが、一番広い圃場でも30aで、色の濃い部分が私の耕作地です（写真1）。わが家の自作地は1haで、あとは全て借地です。

輪作をともにする仲間で共同作業を確立　輪作をともにする仲間で、共同で農作業を行います。例えば、5台のトラクターで一斉にサブソイラー、プラウをした後にロータリー砕土作業を行います

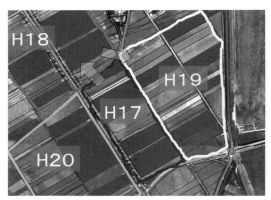

写真1　ブロックローテーションの様子
（H17→H18→H19→H20）
濃い色の部分がわが家の耕作地

写真2　共同作業の様子

（写真2）。こうした共同作業は，葉タバコ生産農家を含めみんなで行い，わが家の麦・大豆播種機，K氏の汎用コンバインなどを使用して，共同で作業します。

団地化・共同作業の結果，移動作業がなくなり，作業効率が向上して，病害虫防除作業も効率的・効果的になり，栽培技術が均一化，向上しました。そしてタバコ耕作者は安い借地料で圃場を借りられ，他の耕作者は，委託作業料金が半額でまかなえるようになりました。私とK氏が持っている機械料金をこの団地の中で半額にしようということです。みんなが作業に出たことで，結いの心，みんなで助け合うという心が芽生えました。

キャベツ栽培では，共同出荷を行う「絆グループ」で，畝立て施肥同時作業を行い，移植した後，スプリンクラーで灌水作業をします。キャベツの後は，全てK氏が春ソバを作るという耕地利用となっています。

地産地消の取組みとして大豆で豆腐加工　こうした取組みの結果，良い大豆が穫れるようになりました。それで「これは，良か大豆ができたな」ということで，地元の豆腐加工業者6業者と，私たち大豆生産者2名，それと市役所・農協・普及センターが参加して，話し合いを持ち，「地元産の大豆はおいしいけど，原料単価がちょっと高いね」との指摘もありましたが，「まあ，そげん言わんで，どっかの加工業者の人が，豆腐を作ってくれんかな」と私が言って，消費者を含め約100名が参加する豆腐の試食会をすることに決まりました。これをきっかけに，市の協力で，私たちの作った大豆で豆腐を作ってもらうことになりました。

この豆腐が，地元のスーパーで，1丁148円で売られ，市役所の農林課の方や私どもが，法被を

表3　耕作水田（経営＋作業受託）の状況

圃場の区画の割合	不整形	40%
	〜30a 区画	60%
	〜100a 区画	―
	100a 超区画	―
圃場への配水路の割合	開水路	100%
	パイプライン	―
自宅からの距離の割合	〜1km	100%
	〜3km	―
	〜5km	―
	〜10km	―

表4　主な機械装備

種類	仕様・能力	台数
トラクター	〜50HP	4
	〜100HP	2
田植機	8条植え〜	1
播種機	ロータリシーダ・ドライブハローシーダ	1
	畝立て施肥播種機	1
収穫機	自脱コンバイン（5条刈り〜）	1

表5　平成26年の生産物の出荷先割合（%）

	米	麦	野菜
農協系統	32	100	0
系統外集荷業者	39	―	62
加工業者・外食産業等実需者	24	―	38
自社販売	5	―	―

着て販売促進に行ったところ，結構好評を得て，出水豆腐として販売させてもらいました。

サブソイラーで耕盤を破壊　タバコ農家による葉タバコ収穫の後，大豆を播種しますが，その前に，田んぼを乾かすためにサブソイラー作業や溝の泥上げ作業を行います。

プラウ作業で地力の維持 以前は，米と麦は，全てロータリー耕で稲わら，麦わらを全て鋤き込んでいました。それで縦浸透の排水が利いて，よかったのです。

10～15cmぐらいの深さのプラウ耕になってから，麦を作る前に，稲刈り後の稲わらを鋤き床層に鋤き込むのですが，麦を栽培している間は稲わらの効果が出てこないのです。そうして，次に麦を刈って，稲を栽培するために土壌をプラウで耕すと，腐植化した稲わらの効果がばーっと出てくるのです。結局，麦わらは麦の稔りのために，稲わらは稲の稔りのために役立つということで，循環農法ではないけれども，これはやはり大事だと今でも思っています。反転耕ですが，麦わらをコンバインカッターで切って，プラウ耕で鋤き込むから，代掻きをするときにあまり浮き上がりません。

麦を刈り取った後は，いろいろな土壌改良材を散布しながら，わが家の場合は水稲の準備作業として，プラウ作業を行います。わが家には決まりがありまして，秋，麦を作る前は用水路の上流側に向かってプラウ作業を行い，春の麦を刈った後は下流の方に向かってプラウ作業を行います。そして畔際の方は，最初は内盛りにして，春は外盛りにするという鉄則を設けて，それで土の偏りをなくしております。

水を溜める水稲作の重要性を認識 タバコで湛水防除がありますが，必ず稲作で湛水した後に，タバコを作付けします。以前，葉タバコを耕作しているころに地域でグレー葉が出たのです。イネ科を作って水を溜めれば良いわけです。水田を畑地化して，2年はどうにか大豆が穫れるのですが，3年目は稲を植えなかったら，ツユクサとかの雑草が優占してしまい栽培できません。若いころか

らいろいろな失敗を繰り返した結果，水田を畑地化したら，2年以上たったら，絶対，水田に返すことを鉄則にしています。

水田での耕畜連携への取組み

相互に作業も分担する耕畜連携 稲を刈り取った後は，すぐに麦の播種作業の準備をしないといけません。それで，相当規模の肥育を行っている畜産農家の方に，すぐに田に来てもらい，稲わらをロールベーラーで集めてロール状にして，私が4t車で畜産農家へ運搬をするなど共同作業を行って，稲わらを処理しています（写真3）。間を置かず，麦の播種作業を行える体系で，耕畜連携の作業です。ホールクロップとか麦わらも畜産農家に提供して，堆肥として，稲わら，麦わら，全てが返ってきます。

堆肥の散布は，絆グループとして，今，キャベツ15ha作っていますが，そこに畜産農家が堆肥を全部ふってくれます。私の家に1回1回運ぶわけにはいきませんので，全部ダンプに積んでそれをショベルですくって私の圃場に入れます。10a当たり稲わら代が仮に4,500円として，作業料金などを含めてプール計算して，その差額はお互いが持っています。今年は雨ばかり多くて，播種作業が遅れているのですが，畜産農家のわらの梱包作業なども私たちが行って手伝っているわけです。

麦でも，刈り取った廃わらをすぐ梱包し，ラッピングして，畜産試験場に送ったら，すごく牛の餌に良いということで，麦わらの処分も全部畜産農家がやってくれております。

バレイショ作業でも連携 加工用バレイショの収穫作業では，畜産農家がタイヤショベルカーを

写真3　耕畜連携
畜産農家がわらを集めロール状にし運搬する

持ってきて，奥さんも家族も連れてきて，ポテトディガーでイモを浮かせた後に，コンテナに大，中，小，グラム数を分けて分別する，人手のかかる作業を手伝ってくれ，本当に助かっています。

　耕畜連携の成果として，畜産農家からの労働の補完があり，また，私たちも畜産農家の梱包作業を手伝うことで，短期間で計画的な農作業ができます。ですから大掛かりなポテトハーベスターなどの機械に投資するよりも，こうした畜産農家

との労働補完，人と人とのつながりで，今まではやってきております。

食育支援活動

　小学校で3.11支援米の取組み　私は食育支援活動も行っていまして，皆さんご存じのとおり，3.11東北の大震災がありました。私はいても立ってもいられず，母校の米ノ津小学校に，どうにかして被災地に支援米を送りたいと持ちかけました。6年生の担任の賛同を得て，6年生全員がわが家の倉庫に来て，私がお米の一生について話をし，その後，被災地に送る稲を小学6年生に栽培して貰いました。

　「私たちが育てたお米を被災地に届けます」ということで，まずは種まき，そして田植えは綱を張って1本1本手植えです。秋には，稲株を鎌で刈って掛け干しをして米を生産しました。出来た米は，福島原発の30km圏内にある久之浜第二小学校の方へ，支援米として，2年生が学校農園で作ったサツマイモも一緒に届けられました。久之浜第二小学校からは写真を添えていろいろな手紙，作文等が来て，米ノ津小学校に展示してあります。

　ピザ焼きまで行う小麦栽培授業　また，高尾野小学校4年生の小麦栽培の授業にも協力しています。90名の生徒に，畝間を測る人，溝を切る人，種子を量る人，種子を播く人，肥料をまく人を区分けして，「種子は10a当たりに8kg」とか，「肥料が40kg」と示せば，生徒たちが，1人当たりの面積など自分たちで計算をして，グループごとに効率良くやっています。

　小麦の収穫作業は5月末なので，穂だけ刈って，校庭に干して，粉にしてピザを作る。グルテ

鹿児島県出水市・野中保

273

ンとか，薄力粉，中力粉，強力粉のどれがパンに向くのか，麺に向くのかといった話をしてからです。自分たちで播いて育てて，ピザまで作る体験は，良い勉強になったと父兄からも喜ばれています。

サツマイモづくりへの支援　米ノ津小学校2年生のサツマイモづくりも手伝っていて，必ず葉っぱを船底型に差し込んで，「葉っぱを2枚以上は全部差し込んでね」と話します。生徒たちは自分で植えたところをちゃんと覚えているのです。そして収穫が10月，生徒が「たもっちゃん，いいのがなっとったよ」と言って持ってくるのです。それで「ああ，指導してよかったな」と思います。

出水市の企画による高校生民泊への協力　それに，神奈川県内の高校生を迎えました。彼らを，田んぼの用水路に連れていったら，半翅目の幼虫とかが，草のところから用水に落ちるのです。そうしたらメダカがぴょこっとその幼虫を食べるのです。「ああ，自然というのは素晴らしい，自然というのはお互いの共生なんですね」とびっくりし，「メダカも餌を食べないことには生きられない」ということを教えました。出水市が出水民泊プランニングといって企画したもので好評でした。

地域農業の担い手として発展

人と人のつながりで50年かけて農地集積　就農してから50年になり，45戸の農家から250筆の圃場を借りています。わが家は一番広い圃場で30aです。甚だしいのは，三角地の3aというのがあります。だから1筆当たりの平均面積は15〜17aぐらいになるのではないかと思っています。

今までは人と人とのつながりで，土地の集積ができてきました。K氏との交換もそうなのです

が，受託作業，高齢農家の田も「田を植えてくれ」「はい」と言って，また稲刈りもですが，人様からの依頼された作業を優先してきて，そういう中で「田の苗はおまえが作ってくれ」「もう全部作ってくれ」と言われて…。これだけの農地を集積するのに，約50年近い年月を要しました。後継者の息子は「今は農地管理システムとして農地中間管理機構ができたのだから，農地の貸借は機構に委ねながら，安心して経営ができるようにしたい」ということで，農地中間管理機構に期待を持っております。

この地域は，耕盤が10cmあるかないかで下は礫質で，ざる田です。私はそこにサブソイラー，プラウで，集落の古老から批判を受けながらも起こしました。区画の拡大については，高低差があまりないところは，まず畦畔を取っ払って，代掻き，ドライブハローで大区画化，均平化がある程度できます。汎用コンバイン等の高能率機械の導入については，麦に加え大豆とかソバとかを作付ける輪作体系が復活したら，その先で考えたいと思います。

他の大規模農家との競合と協調　ブロックローテーションの写真1で，色の濃いところが私の借地と申しましたが，「H19」のところは，ほとんど塗ってなく我が家の借地ではないのです。大きなブロックローテーションの中に我が家と，Kさんの2農家の農地が入り組んでいることではなく，それぞれテリトリーを持っています。私とKさんは，ライバル同士でありながらも，仲良く連携して，私たちも加わって絆グループで話し合いをするのです。

Kさんは私より7歳ぐらい若く，まだ，息子さんに経営委譲していません。他の地区にも専業の担い手はいるものの，後継者がいないので，将来

そこの地区も我が家とKさんの息子，2人の若い人たちに委ねられると思います。ただし，少ないですが，他の集落にも担い手はいますので，2人だけで占めることにはならないでしょう。今，わが家は水稲で20haぐらい，麦で15haぐらいですが，うまくローテーションすればもう少しは規模拡大できるけど，そんなに膨大にはできないと思います。

今後の取組み

交換耕作の実施による団地化　今後ともブロックローテーションを生かした輪作体系を継続していきます。いろいろな団地がありますが，どこの団地，どこのローテンションと組んでも，わが家は1ha以上の団地化が組めるのです。これは前に申し上げましたとおり，K氏と交換耕作ということで，K氏が四十数ha耕作しているので，期間借地も可能なわけです。

栽培情報などの圃場記録の充実　耕作している圃場は，二百数十筆あって，その管理のための1筆1筆の記録作業が大変ですが，今のところ息子ではなく私が手書きで，全部書いています。生産履歴もすべてそうです。何十年も前から作業日誌を書いていますので，そうでないと10a当たり播種量が幾ら，成苗が幾ら，そして麦の防除をいつしたかがよく分からなくなります。

今は全部残留農薬を分析するので，農薬の散布は，収穫1ヵ月前までですから，逆算しないといけません。出穂がいつだから，刈取りはいつかというふうに。私はパソコンを使えませんが，いずれ商業を学んだ孫が，ICTを使って記録するだろうと期待しています。

耕畜連携の継続，新たな作物を導入した作付体系の検討　それから，稲わら・麦わらを利用した耕畜連携の継続です。加工用バレイショや野菜を作るときには，必ず畜産農家の牛糞堆肥を散布してもらいます。

将来は，ある程度，露地野菜も機械化できる，共同利用できる作付体系に持っていきたいと考えています。現在，検討しているのは，絆グループで国の事業を導入して，牛農家がたくさんまだ欲しいと言っている，WCS用水稲を作って，刈取り，ラッピングまで行うことによって，数年で元を取ることです。それから，キャベツの収穫機を絆グループで導入しようかとか，さらにカブなど，いろいろなものに取り組んでいこうとか模索していて，試験栽培もしています。

このため，異常気象でも安定生産が可能な作付体系が重要です。ただ，もう後継者が経営していて，「親父，今のキャベツ畑じゃなくて，露地野菜は，出水の地域にはどういう品目が適しているか，チャレンジして，また良い作物を見つけたい」と言っています。今のところ，普及センターやJAの技術部と一緒になって，キャベツ以外に何かあるか考えています。ブロッコリーを一部，契約栽培で取り組んでいるのと，加工用バレイショも，やはりまだ伸びる余地があると思います。ただ，大豆については，交付金を当てにしてはいけませんが，ある程度の単価になったら，汎用コンバインもありますので，また絆グループ全員である程度作ればいいわけです。

なお，サツマイモは水田地帯の当地域には合わないです。機械で苗を差し込んでいくのもトラブるし，焼酎原料用にしても向かないのです。

地区に合った，本当に適した作物を見つけて，TPPも含めて，お米の値段は支援策を入れても合わないわけですから，水田を利用して輪作体系を

鹿児島県出水市・野中保

組んで，必ず牛糞堆肥を投入し，土壌の色を見ながら，サブソイラー，プラウ等を使って耕作する体系でいこうと思っています。

長男，孫まで加えた家族農業　わが家の経営への期待ということで，父から私に，まずタバコ栽培，そして鹿児島県の種麦集団の会長を引き継ぎました。妻でも昭和60年度全国麦作共励会で農林水産大臣賞をいただきました。

妻はもちろん，現経営者である息子の長男，就農2年目の孫はミニトマトの施設化を計画しており，加えて次男坊もまだ1年にはならないのですが見習いということで手伝っています。

地域の若手農業後継者への期待　地域の農業を担う若手への期待ということで，私も高校が終わって即就農だったため，集落の古老，先輩たちから徹底して「タバコはね，窒素が1のときは，リン酸は2やぞ，カリは3やぞ」とか，1株当たりの面積を計算してそれに肥料何グラム，といった農業の基礎を教え込まれたのです。それに，「麦は銭肥で作れ，稲は地力で作れ」等の昔からの知恵を授けられました。

息子は「お父さんは考えが古い」と言います。今の若い人たちはまずコスト，単価の問題を考え，投資した結果を想定して，やるかやらないかの計算が先になります。「いや，そうじゃない。農家は，やっぱりやるだけのことをやっていないと，後で後悔するから」と言いまして，実際の農作業の中から，少しずつ分かってくれています。

うちの地域には，わが家より大きく水稲を作付けしているK氏がいて，息子同士がとても仲が良いのです。お互いが焼酎を交わす中で，うちが多く耕作している地区でK氏に「じゃあ作ってくれ」と言われたときには，「野中祐一，おまえが作れ」と言って我が家で受け，今度はK氏が多く耕作し

ている地区の方が，うちに頼んできたら，「すんませんの，ここはKさんがどうだろうか」と相談をして対応しています。今後は，農地中間管理機構にお任せして，この地域はこの人とあの人でやろうという話し合いの上に，後継者，担い手農家が安心して経営できるように農地を利用できることを期待しています。

（平成27年12月 研究会）

事例に見る全国16の先進経営

276

「わが国農業を先導する先進的農業経営研究会」について

　近年，わが国農業は，国際化の更なる進展や，国内的にも一層の市場経済の導入が求められている一方で，担い手の減少や高齢化等が進み，農業と地域コミュニティの維持が危ぶまれる地域も見られる状況となっている。

　そのような中，農業現場域においては，近年の状況変化を踏まえ，地域の条件に即して先進的な農業経営によって，多様な力強い農業が展開されつつある。各地域においては，少数の担い手に農地集積が進み，大規模な土地利用型経営が展開されるとともに，生産にとどまらず加工・販売部門を展開している経営，異業種従事経験を生かした経営，ICT技術を活用した省力・効率的な管理を導入した経営など，多様で力強いビジネスとしての農業が展開されつつある。

　このような状況を踏まえ，公益社団法人大日本農会では「わが国農業を先導する先進的農業経営研究会」を開催し，農業をビジネスとして成立させている多様な経営を取り上げ，それぞれの農業経営や農業技術などの取組みの現状と課題，展開方向などを整理・分析し，今後の農業経営の持続的発展の在り方について広く情報提供することとした。

　研究会は，都府県の大規模水田作経営を対象として，八木宏典座長のもとに，7名の学識経験者に委員等として参画いただき，平成26年度から2年間にわたり，おおむね10回開催された。

　研究会の運営は，農業現場で活躍する先進的農業経営に焦点を当てた実践的な調査研究となるように留意しつつ，農業者を東京に招いて卓話をお願いし，その後研究会委員等と意見交換・質疑応答を行う座談会方式を中心に，研究会委員等による現地訪問調査も実施した。

　研究会の議事録概要は，研究会の開催ごとに大日本農会の会誌「農業」に公表している。

編著者

公益社団法人　大日本農会

農業および農村の振興・発展に寄与することを目的として明治14年（1881年）に設立。農業関係学識経験者，農業関係団体，全国の先導的農家などを会員とし，農事功績者の表彰事業，農業・農村に関する講演会や調査研究，会誌「農業」の発行など，各種事業を行っている。

著者

八木宏典

1944年生まれ。東京大学名誉教授，日本農業研究所客員研究員。農事試験場研究員，東京大学助教授・教授，東京農業大学教授などを経て，現職。著書に『新時代農業への視線』（農林統計協会），『現代日本の農業ビジネス』（農林統計協会），『経済の相互依存と北東アジア農業』（編著，東京大学出版会），『カリフォルニアの米産業』（東京大学出版会），『水田農業の発展論理』（日本経済評論社）などがある。農学博士。

諸岡慶昇

1944年生まれ。高知大学名誉教授。元国際農林水産業研究センター理事。著書に『変貌する農産物流通システム——卸売市場の国際比較（全集 世界の食料 世界の農村）』，『開発援助の光と影——援助する側・される側（全集 世界の食料 世界の農村）』（ともに共著，農文協）などがある。農学博士。

長野間　宏

1947年生まれ。元秋田県農業試験場長，元農業・食品産業技術総合研究機構中央農業総合研究センター研究管理監。著書に『大潟村の新しい水田農法』，『特集 イネの直播栽培（最新農業技術 作物vol.4）』（ともに共著，農文協）などがある。

岩崎和巳

1941年生まれ。元農業工学研究所所長。著書に『農業土木工事図譜 第3集 水路工編』（共著，農業土木学会），『パイプライン—設計，施工，管理—』（共著，畑地農業振興会），『農業水利計画のための数理モデルシミュレーション手法—新たな広域水管理をめざして—』（共著，農業農村整備情報総合センター）などがある。農学博士，技術士（農業土木）。

地域とともに歩む

大規模水田農業への挑戦

全国16の先進経営事例から

公益社団法人 大日本農会 編著

八木宏典・諸岡慶昇・長野間 宏・岩崎和已 著

2017年3月1日　第1刷発行

発行

株式会社 農文協プロダクション

〒107-0052東京都港区赤坂7-5-17

電話：03-3584-0416　FAX：03-3584-0485

URL：http://www.nbkpro.jp/

発売

一般社団法人 農山漁村文化協会

〒107-8668　東京都港区赤坂7-6-1

電話：03-3585-1141（営業）　03-3585-1145（編集）

FAX：03-3585-3668

URL：http://www.ruralnet.or.jp/

印刷・製本

株式会社 杏花印刷

ISBN978-4-540-16188-9 C0061〈検印廃止〉

ブックデザイン／堀渕伸治©tee graphics